LabVIEW로 프로그래밍과 전자 회로 실험을 배우자

LabVIEW로 프로그래밍과 전자 회로 실험을 배우자

부상돈, 김현우

전북대학교출판문화원

LabVIEW

머리글

자연에서 무엇인가를 관찰하고, 그 관찰로부터 늘 그러한 사실을 찾아내려면, 잘 관찰하고, 관찰한 내용을 알맞게 저장하고, 분석해서, 결과를 다른 자료로 저장해야 한다. 크게 보면, 자연을 이해하려는 노력 한 가지이지만, 많은 부분들이 모여야 한다. 그 부분들을 그 부분만을 잘하는 사람들로 나눠 전문화할 수 있겠지만, 규모가 작거나, 전문화를 배우려고 하면, 이 모든 부분에 대해 어느 정도는 알아야 한다. 이 부분들을 맛보게 하려 이 책을 썼다.

관찰은 잘 느끼고(보고, 듣고 등), 바뀜을 다른 사람들도 같이 느낄 수 있는 양으로 적어야 하는 데, 이러한 일을 센서를 가진 전기, 전자 회로로 한다. 그래서 첫째로는 회로에 대해 알아야 한다. 꼭 그래야 하는 것은 아니지만, 회로에 대해 알고 있다면, 더 잘 관찰할 수 있다.

전기, 전자 신호에서 자료를 꺼낼 수 있어야 하는 데, 이런 일은 보통 컴퓨터가 맡는다. 컴퓨터가 일을 하려면, 일을 하는 과정을 잘 정리해야 하는 데, 이 과정이 프로그래밍이고, 그 정리한 대상이 프로그램이다. 따라서, 자료를 얻고, 저장하려면, 프로그래밍할 수 있어야 한다. 셀 수 없을 정도로 많은 컴퓨터 프로그래밍 언어가 있고, 모든 언어를 배울 수는 없다. 제일 쉬운 언어부터 배우는 것이 과정에 맞겠지만, 가장 쉬운 언어를 찾는 것조차도 어렵다. 상대가 무슨 말을 하는지, 뜻하는 것을 알맞은 말로 나타냈는지를 확인하는 것이 어려워 말이 어렵다. 컴퓨터에 시킬 일을 쉽게 정할 수 있고, 컴퓨터가 해 낸 일을 알아보기 쉬운 언어가 제일 쉬운 프로그래밍 언어이다. 요즘은 python 언어가 큰 힘을 얻고 있고, 많이 쓰지만, 회로에서 데이터를 컴퓨터로 옮기기에는 그 과정이 쉽지 않다. 이 책에서는 내셔널인스트루먼트 회사에서 만든 'LabVIEW'라는 그래픽 언어로 프로그래밍하는 과정을 익히려 했다.

이 책에서 프로그래밍이 가장 큰 부분을 차지한다. 중요하고, 익힐 내용도 많기 때문이다. 사람이 쓰는 말은 나라에 따라 다르지만, 생각을 전한다는 뜻에서는 같은 역할을 한다. 프로그래밍 언어도 컴퓨터가 할 일을 정한다는 역할은 똑같고, 컴퓨터에 전하는 방법이 다를 뿐이다. 그 여러 언어 가운데, 배우기가 쉽고, 회로와 연결이 쉽고, 결과를 쉽게 볼 수 있어서 LabVIEW를 골랐다. 결국 고른 이유는 쉬워서이다. 그러나, 언어가 비싸다는 안 좋은 점이 있지만, 홈페이지에서 '커뮤니티' 버전을 받아 쓸 수 있다.

감지기(센서)로 전기 신호를 만들고, 그 신호를 컴퓨터를 써 자료로 만들고, 분석하고, 무엇인가를 작동시키는 과정을 모두가 비슷하다. 마치 사람이 감각 기관에서 느끼고, 그 느낌을 생각해서, 행동을 하는 것과 비슷하다. 주변에 많은 전기, 전자 기기는 리모컨을 많이 써서 먼 거리에서 작동한다. 이때 신호를 관찰해 분석하고, 똑같은 신호를 만들 수 있으면, 리모컨이 없어도 제품을 작동시킬 수 있다. 이 과정을 제대로 알고, 그 과정에서 하는 일을 익히면, 다른 일에도 그대로 적용할 수 있으리라 생각했다. 에어컨과 냉장고는 온도를 정하고, 온도를 관찰하며, 관찰 온도가 설정보다 높으면, 콤프레셔를 작동시켜 온도를 낮추는 과정을 하고, 다시 온도가 낮아지면, 작동을 멈추게 하다. 따지면, 관찰과 분석, 작동이 한 과정이다.

리모컨 신호를 빛 감지기로 얻고, 컴퓨터로 그 신호를 분석하고, LED로 빛 신호를 만들어내는 과정을 설명했다. 리모컨을 복제한 결과이다. 이를 응용해서 이 과정과 같은 일을 해 낼 수 있을 것을 기대했다.

지식 하나를 전해 받는 것을 그치지 않고, 그 과정을 익혀 새로운 일에도 적용해 쓰기를 바라는 마음으로 이 책을 썼다.

페이지 수를 줄이려 노력한 것은 아니지만, '~적(的)', '~의' 같은 도움 글자를 쓰지 않으려 했다. 혹시 낱말 사이에 말이 이상하다면, 위 글자를 넣으면 조금은 나아지겠지만, 뜻이 바뀌지는 않는다고 생각한다.

목차

목차

CHAPTER_01

실험

CHAPTER

01 실험

어린 시절 기억에 있는 실험, 실험가, 과학자는 하얀 실험 옷을 입고, 삼각플라스크에 예쁜 색 액체를 흔들며, 거품이 보글보글 올라오는 모습과 때로는 실험 기구가 터져서 얼굴은 까매지고, 머리는 흐트러지는 모습이다.

실험과 과학이라는 말을 계속 쓰지만, 확실한 뜻, 정의를 말하기 어렵다. 앞으로 이 책에서는 전자회로 '실험'과 되풀이하거나, 손으로 직접 할 수 없을 때, 기계나 계기를 쓰려면, 과정을 정하고, 정한 과정대로 기계나 계기가 작동하도록 명령을 늘어놓아야 하는 '프로그래밍'을 말하려 한다.

'자연과학', '실험', '전자 회로' 등 쓰는 말을 정하는 것으로 이 책을 시작한다.

1.1 자연과학

과학(科學, science)는 '현상을 관찰하여, 그 결과에서 진리를 찾는 학문 또는 지식 체계'이다. 여기에서 진리(眞理, truth)는 '늘 맞는 것'을 뜻한다. '과학' 이름을 자연 과학, 사회 과학, 생활 과학 등 여러 분야에서 쓰고 있고, 관찰하는 현상이 다르다. 자연 과학(natural science)은 자연 현상을 관찰하고, 사회, 생활 과학은 각각 사회, 생활 현상을 관찰한다.

자연(自然, nature)은 한자대로, '스스로 그러한 것'으로 사람이 일부러 무엇인가를 만들어내거나, 관여하지 않아도 스스로 만들어지고, 없어지고, 늘 있는 것이다. 이런 자연 현상을 관찰하는 것은 쉬운 것도, 어려운 것도 있다. 해는 아침에 동쪽에서 떠서, 저녁에 서쪽으로 진다. 달은 한 달에 한 번 달이 둥글고, 또 아예 안 보이기도 한다. 이런 현상은 긴 시간 동안 나타나므로 관찰이 쉽다. 낮에 비가 오고 멈춘 뒤에 가끔은 하늘에 무지개가 나온다. 무지개를 늘 볼 수 있는 것이 아니어서 '가끔'이라는 낱말을 썼다. 비도 늘 오는 것이 아니니, 나날이 되풀이하는 현상보다 관찰이 어렵다. 밤에 비가 오다 그쳐도, 무지개는 볼 수 없다. 그래도 아주 짧은 시간 동안 나오는 현상은 아니라, 관찰이 어렵지 않다고 말할 수도 있다. 무지개는 오래 전에 관찰해서, 어떤 조건에서 무지개가 나타나는지도 알아냈다.

프랑스 과학자 뿌앙까레께서 제안하고, 아인슈타인께서 예측한 중력파는 100년 동안은 관찰조차 할 수 없었지만, 2016년 관찰을 성공할 정도로 어려운 현상도 있다. 만약 이 현상이 늘 그리고 자주 있는 데, 관찰을 못 했다면, 관찰 기술을 발전시켜서 관찰할 수 있을지도 모르지만, 100년에 한 번 있는 현상이라고 가정했을 때, 2016년에 관찰 못 했다면, 2116년에나 현상이 일어나고, 지금 살아 있는 사람 가운데 그때 현상을 볼 수 있는 사람은 없을 것이다.

방 안 온도를 관찰할 때, 초마다, 또는 분마다 잴 필요는 없을 것 같다. 5~20분마다 재거나, 창문을 열거나, 에어컨을 켜고 끌 때 재면, 온도가 어떻게 바뀌는지를 알 수 있을 것 같다. 에어컨을 켜고 바로 온도를 재면, 크게 바뀌지 않았을 것이지만, 시간이 흐른 다음 재면 앞서보다는 많이 바뀌었을 것을 알고 있다. 시간에 따라 그 값이 많이 바뀌지 않으므로, 재는 시간 간격이 길어도 괜찮을 것 같다. 물론 램프에 빛이 나기 시작할 때처럼 짧은 시간 동안 온도가 바뀌는 현상도 있어, 시간 간격을 짧게 재야 할 것이다.

가게 물건을 훔쳐 가는 사람을 감시한다고 하자. 물건들을 5분마다 한 번씩만 관찰한다면, 그 5분 사이에 있던 물건이 없어진 것은 알아볼 수는 있겠지만, 누가 가져갔는지는 관찰 결과로는 모를 것이다. 따라서, 더 짧은 시간마다 관찰해야 물건을 들고 간 사람을 알 수 있을 것이다. 물건이 자리를 바꾸는 것은 자연현상은 아니지만, 바람이 부는 것을 관찰하는 것으로 생각해도 비슷할 것이다.

관찰하는 현상에 따라 얼마나 빨리, 자주 관찰할지가 달라진다.

자연 현상이 어떤 조건에 나오는지를 알면, 사람이 그 자연 현상을 나오게 또는 나오지 않게 할 수 있다. 사람이 바라는 자연 현상을 쓸 수 있다. 안다고 해서 모든 자연 현상을 쓸 수 있는 것은 아니다. 아직은 해를 만들거나, 없앨 수는 없다. 낮에는 해가 떠서 밝지만, 밤에는 해가 지고 어두워서 활동을 못 하고, 달빛도 없어 밤에 앞을 볼 수 없는 날에는 잠자는 것 밖에 할 수 없었을 것이다. 사람은 불을 발견하고, 불에서 빛이 나오는 것을 알았을 것이며, 어두운 밤에 불을 피우고 빛을 밝혀, 밤에도 활동을 시작했을 것이다. 자연을 (불빛이 있으면, 밤에도 볼 수 있다는) 관찰하고, 그 관찰로 자연에서 필요한 부분을 쓸 수 있었을 것이다.

1.2 실험

앞서 말한 것처럼 자연에서 일어나는 현상을 관찰할 수는 있지만, 아무 때나 관찰할 수 있는 것은 아니다. 현상이 왜 일어나는지, 늘 똑같이 일어나는지를 알려면, 현상이 나오는 조건을 알아야 한다. 알아낸 조건이 맞다면, 그 현상을 만들어 관찰할 수도 있다.

'위키피디아'는 '실험(實驗, experiment)'은 가설이나 이론이 실제로 들어맞는지를 확인하려 여러 조건 아래에서 여러 측정을 하는 일이라고 한다.

몇 가지 실험 예를 들어본다.

가. 온도가 평형을 이루는 실험

뜨거운 물은 보통 환경(1 기압, 25℃)에서 식어 온도가 낮아지는 데, 주변 온도보다 낮아지지 않는다. 뜨거운 물을 냉장고에 넣었을 때와 온장고에 넣었을 때 모두, 물 온도는 주변과 같아지도록 바뀌지만, 시간에 따라 바뀌는 온도 변화량은 다르다. 주변과 온도 차이가 크면 시간에 따라 온도가 많이 바뀌고, 온도 차이가 작을 때는 적게 바뀐다.

물질에 따라 비열(比熱, specific heat)이 달라, 시간에 따라 바뀌는 온도가 다르다.

물체 온도가 바뀌는 현상, 처음 온도에서 시간이 흘렀을 때 온도가 얼마로 바뀔지를 알려면, 온도차와 물질을 바꾸며 실험해서, 조건을 찾을 수 있을 것이다. 온도 재는 실험은 아주 간단해서 온도계를 보고, 수를 적어 놓으면 될 것이다. 재는 일은 아주 간단하지만, 시간을 맞춰서 재는 것은 어려울 지 모르고, 여러 번 잿을 때, 피로해서 빠뜨리고 안 잴 때도 있을 지 모른다. 자주, 간단히 재는 일은 장치에 맡기면 실험이 쉬워질 수 있다.

나. 옴법칙

저항기 두 끝에 전위차가 생기도록 기전력 장치(배터리 또는 전원 공급기)를 연결하면, 저항기를 연결한 도선과 저항기를 따라 전류가 흐르고, 저항기는 뜨거워진다. 같은 저항기라면, 전위차에 따라 저항기를 지나는 전류는 달라진다. 저항값을 바꾸면서, 전류가 바뀌는 것도 관찰할 수 있다.

전류에 따라 바뀌는 온도를 관찰할 수도 있다.

다. 도플러 효과 실험

'도플러 효과'는 소리나 빛 같은 파동을 일으키는 원인(파원)이 가까이 다가오면 파장이 짧아지며, 주파수는 커지고, 멀어지면 파장이 길어지며, 주파수는 작아지는 현상이다. 예로 구급차가 울리는 경고 소리에서 관찰할 수 있다. 파원이 가까워지면서, 파장과 주파수가 바뀌지만, 소리 크기도 바뀐다. 소리가 커지는 것을 더 크게 느끼고, 주파수가 커지는 것을 느끼기 쉽지 않다. 이를 마이크 같은 장치로 재면, 주파수와 소리 크기를 나타내는 진폭이 바뀌는 것을 한 번에 잴 수 있지만, 느낌으로는 쉽지 않다. 거리가 바뀌면서 주파수와 소리 크기 둘이 바뀐다.

라. 빛

전구에서 빛이 퍼질 때, 거리에 따라 밝기가 바뀐다. 모든 방향으로 고루 퍼진다면, 거리 제곱 배로 어두워진다. 빛 특성에는 밝기도 있지만, 파장에 따라 달라지는 색도 있다. 시간에 따라 전자기파가 진동하는 주파수에 따라 특성이 다르다. 파장과 주파수는 파동 특성이므로, 회절과 간섭 현상으로 잴 수 있다.

1.3 전자 회로

자연 현상에 따라 달라지는 또 다른 물리 현상이 있다. 예로, '온도'가 바뀌면 부피가 바뀌는 물리 현상이 나타난다. 보통 물질은 온도가 올라가면, 부피가 늘어난다 (물은 예외). 물질이 차지하는 모양을 잘 알고, 특히 부피 계산을 잘 할 수 있는 모양이라면 바뀌는 부피를 나타내는 수학식에서 변수를 줄일 수 있다. 모양이 직육면체 또는 다각형 기둥이라면, 부피는 밑넓이와 높이를 곱해 계산한다. 온도에 따라 부피, 넓이, 길이는 비례해 바뀐다. 부피를 가진 물체 밑넓이를 작게 만들면, 온도에 따라 밑넓이는 적게 바뀐다. 밑넓이를 작게 하고, 높이를 길게 하면, 부피가 바뀔 때, 밑넓이보다 높이가 더 바뀐다. 빨간 원기둥 모양 알코올 온도계를 생각하자. 단면 원 넓이를 작게 모세관을 만들고, 알코올에 빨간 물감을 섞어 넣으면, 밑넓이는 적게 바뀌고, 높이가 더 많이 바뀐다. 온도 변화는 빨강 기둥 높이가 바뀌는 것으로 바꿀 수 있다. 그 기둥에 눈금을 그려, 특정 온도에서 높이를 나타내면, 온도계로 쓸 수 있다.

물질 비저항은 온도에 따라 달라지는 특성이 있다. 비저항값이 달라지므로, 저항값이 달라진다. 이 달라지는 정도를 재, 온도를 가늠할 수도 있다.

'빛'이 센서(감지기)에 들어오면, 전자기파인 빛은 센서에 있는 전하를 가속시켜 전류가 흐른다. 전류는 전위차 때문에 흐르므로 전위차가 생겼다고 바꿔 생각할 수도 있다.

'소리'는 공기를 진동시키는 데, 공기 진동은 귀 고막처럼 질량이 작은 물체를 흔들 수 있다. 공기 진동에 잘 흔들릴 수 있는 질량이 작은 가벼운 막에 가벼운 전선을 감아서 붙이고, 자석 근처에서 감은 전선이 흔들리면, 전류가 흐른다. 자기장 안에서 코일이 움직이거나, 코일 안에서 자기장이 바뀌면, 전자기 유도로 유도전류가 생긴다. 마이크는 공기 진동이 코일을 가속시켜 전자기 유도 전류를 만든다. 소리는 크기와 주파수 특성을 갖는데, 전류 크기와 시간에 따라 바뀌는 전류 양으로 그 특성을 알 수 있다.

'전류'는 단위 시간에 흐르는 전하량으로, 주변에 자기장을 만들고, 다른 움직이는 전하에 힘을 줘 가속시킨다. 자석 주변에는 자기장이 있고, 코일을 감아 자석 옆에 두고 전류를 흘렸을 때 자석과 코일 사이에 상호작용을 하는 데, 자기력이다. 둘 가운데 하나를 고정하는 데, 보통 자석을 고정하고, 코일에 바늘을 달고, 코일이 움직이는 반대 방향으로 힘을 줄 수 있게 용수철을 이어 연결해 전류계와 전압계를 꾸밀 수 있다. 이와 달리 요즘은 저항기, 축전기, 코일 등을 쓰는 전기(electrical)가 아닌 반도체 소자를 쓰는 전자(electronic) 식으로 전류와 전압을 잰다.

CHAPTER_02

프로그래밍이란

CHAPTER 02

프로그래밍이란

2.1 보통 생활에서 쓰는 말 '프로그램'

프로그램(program)이라는 말은 '순서로 늘어놓은 지시 사항' 뜻이 있다.

보통 생활에서 볼 수 있는 프로그램 종류는 TV, 행사, 교육 등이 있고, 앞으로 공부할 컴퓨터 어플리케이션 프로그램도 있다.

'TV' 프로그램은 방송 내용(contents)-영화, 드라마, 뉴스 등-을 시간 순서로 늘어놓아, 편성표라고도 한다. '행사' 프로그램은 국민의례로 시작해서, 사회자 또는 대표가 맺는말 또는 인사로 끝낸다. 교육 프로그램은 배울 내용을 시간 순서 또는 내용, 어려움 정도에 따라 늘어놓고, 그 계획대로 차근차근 진행한다. 모든 프로그램은 정해 놓은 기능이나 내용을 정해 놓은 차례에 따라 진행한다.

앞서 TV 프로그램을 시간 순서에 따라 나오는 영화, 드라마, 뉴스 등 내용을 늘어놓았다고 말했는데, 프로그램 안에 있는 뉴스나 오락 쇼도 각각 프로그램 하나이고, 뉴스는 전할 소식(프로그램)을 순서에 따라 늘어놓고, 진행자는 이 프로그램을 하나하나 실행하며, 실시간 방송을 하거나, 녹화해서 순서나 내용을 바꾸는 편집한 뒤에 방송한다.

영화, 드라마, 연극은 대본이라는 프로그램을 따라 정한 시간에 보여야 할 것을 늘어놓는다. 영화나 드라마는 대본에 따라 순서대로 장면을 찍을 수도 있지만, 장비를 옮겨야 하는 등 어려움이 있어 한 장소에서 여러 장면을 찍고, 나중에 편집한다. 연극은 생방송 TV 프로그램과 비슷하다. 대본에 따라 순차로 막과 장을 진행한다. 막 또는 장마다 바뀌는 무대를 작은 프로그램이라 할 수 있고, 작은 프로그램들을 늘어놓아 큰 프로그램인 작품을 이룬다. 작은 프로그램인 막 역시 그보다 작은 프로그램인 장으로 이뤘다고 볼 수도 있다.

생방송 뉴스는 녹화와 편집을 하지 않는 점에서 연극과 비슷하지만, 연극은 특별한 사고가 없다면, 대본대로 진행하고, 마지막에 막을 내린다. 하지만, 뉴스는 앵커가 한 꼭지에 기자를 부르는 작은 '프로그램'을 실행하고, 기자가 소식을 다 전하고 프로그램을 마치면, 다시 앵커에게 카메로가 돌아와서 꼭지를 마무리하고, 다른 기자 꼭지 '프로그램'을 실행한다. 연극처럼 똑같은 과정이라고 할 수 있지만, 다른 일이 일어날 수 있다. 지진이 일어나거나 급한 상황에서는 기자가 작은 '프로그램'을 실행하는 도중에 끊고, 새 소식을 전달하는 속보 '프로그램'을 실행한다. 뉴스 전체 프로그램을 순서로 늘어놓았지만, 그 순서는 때에 따라 바꿀 수도 있고, 순서에서 빼기도 한다. 프로그램은 때에 따라 바뀌기도 한다.

스포츠 뉴스는 보통 뉴스에 비해 짧게 진행하지만, 월드컵이나 올림픽이 열리는 때는 길게 진행한다. 스포츠는 드라마나 영화 같지 않아 끝나는 시간이 달라질 수 있다. 축구 결과가 나와 이기고, 진 팀을 알아야 뉴스에 전달할 수 있을 수 있다. 이 소식을 전달할 기자를 정했을 것이고, 어떤 시간에 소식을 전할지도 프로그램했을 것인데, 경기가 연장전을 하면서, 제때 결과가 나오지 않았다면, 프로그램을 고쳐서 다른 기사를 먼저 전하고, 축구 소식을 전할 기자는 결과가 나오기를 기다려야 한다. 컴퓨터 프로그램도 앞선 프로그램 결과를 입력받아 실행하는 경우 실행이 늦어질 수 있고, 전체 속도가 느려질 수 있다.

앞서 말한 예들은 모두에게 익숙하고, 잘 알 것이라 생각한다. 그럼에도 앞으로 할 컴퓨터 프로그래밍과 밀접하게 혹은 똑같은 일이라고 생각할 수 있어 서로 잘 맞추는 것에 익숙해져야 한다고 생각했다. 지금부터 이 프로그래밍에 익숙해지길 바란다.

2.2 루틴(Routine)과 기능(Function) 그리고 프로그램(Program)

보통 생활에서 되풀이하는 일을 모은 일상, 일과, 틀을 루틴이라고 한다. 아침에 일어나면, 이를 닦고, 씻고, 아침밥을 먹고, 학교나 일하러 갈 준비하는 등 일과를 정하고, 정한 대로 로 차례차례 해 나간다. 농사일을 위해서는 땅을 갈고, 씨앗이나 모종을 심고, 물을 주고, 때가 되면, 순을 정리하며, 잡초와 해충을 없애려 때로는 농약도 뿌리고, 비료도 준다. 그리고, 열매를 맺으면 거둬들이고, 다음 해에 농사를 짓기 위해 땅을 정리한다. 정확한 루틴은 아니지만, 보통 사람들이 알고 있는 대략 과정이다.

루틴을 잘 살피면, 하나 하나가 다 기능이고, 그 기능이 모여 큰 기능을 한다. 땅을 갈아내는 기능과, 씨앗이나 모종을 심는 기능 등은 농사일이라는 큰 기능을 이룬다. 이 기능이 영어로 function이다.

결국, function=routine이라는 관계가 있다. 완전히 같은 것은 아니므로, function ≃ routine 정도가 더 좋겠다. 프로그램하고 연결 지어 보면, program ≃ function ≃ routine이라고 말해도 될 듯하다. 앞서 프로그램을 지시 사항을 늘어놓은 것이라 했는데, 지시 사항은 어떤 기능을 하는 것이고, 루틴처럼 늘어놓는 것이다. 기능을 늘어놓은 것이 프로그램이다.

잠시 수학 시간이라 생각하고, $y = x^2 + 2x + 1$ 을 예로 함수를 살펴보자.

$x = 3$ 일 때를 계산하면, 어떤 사람은 첫 항에서 9를 둘째 항에서 6을 그리고, 마지막에 9와 6과 1을 더해 16을 얻기도 하고, 인수분해해서 $y = (x + 1)^2$으로 바꾸고, 3과 1을 더한 뒤 제곱해서 16을 얻기도 한다. 각 항 값을 구하고, 그 값들을 더하는 루틴을 정할 수도 있고, 인수분해하고, 각 인수를 계산하고, 마지막 계산을 하는 루틴을 정할 수도 있다.

프로그램을 위해서 기능을 만들거나, 순서를 정하는 데, 이것을 루틴이라고도, 함수라고도, 프로그래밍이라고도 할 수 있겠다.

2.3 컴퓨터 프로그래밍

프로그램(program) 단어 뜻을 찾으면, '컴퓨터가 작업을 하도록 컴퓨터에 넣을 수 있는 명령'이라는 명사이고, '특정 작업을 하도록 명령을 작성한다'는 뜻을 가진 동사이다. '특정 작업을 하도록 명령을 작성하는 것'을 뜻하는 명사로 프로그래밍(programming)이라

한다.

컴퓨터 프로그램 만드는 것, 즉 프로그래밍을 배우는 많은 책에서는 처음 부분에 'Hello World'(11글자)를 화면에 보여주는 프로그래밍을 한다. 자판으로 11개 글자를 누르면 화면에 보이는 것과 같은데, 프로그램은 컴퓨터가 그 실행 순서에 맞춰 내용을 만들고, 화면에 보이는 과정이 아주 다르다. 결과는 같지만, 할 일을 정하고, 그 일을 하나하나 해내는 것이 다르다.

보통 프로그램을 만들 때, '프로그래밍한다'고 하거나, '프로그램을 짠다'고 한다. '짜다'는 실이나, 나무 등을 얼기설기 엮어 어떤 물체를 만드는 뜻이다. 프로그램을 짠다는 말은 컴퓨터가 할 일을 엮고, 늘어놓는다는 뜻이다.

컴퓨터 프로그램을 프로그래밍 언어로 만든다. 가장 강하고, 인기 있었지만, 이제는 조금 그 기운이 약해진 'C' 언어를 비롯해, 'python', 'C++', 'R' 등 많은 언어가 있고, 대부분 글자(text, 텍스트)로 쓴다. 프로그래밍 언어도 쓰는 순서와 법이 있어, 문법이라 한다. 문법에 맞게 말을 해야 한다. 사람들이 뜻을 주고받는 말은 문법이 맞지 않더라도, 그 뜻을 전달할 수 있지만, 컴퓨터는 '정확히' 문법에 맞아야 한다. 그래서 많은 문법을 정확히 익혀야 한다. 많은 언어들이 'C' 언어 문법을 기본으로 기능을 더 넣거나, 고쳐서 다른 언어를 만든다.

앞서 말한 프로그래밍 언어들과 달리 그래픽 언어(G-Language)인 랩뷰는 데이터와 데이터 흐름을 글자가 아닌 그림과 선으로 이어 프로그래밍 한다. 잇는 선은 직각으로만 꺾을 수 있고, 선 색, 굵기로 데이터를 나눈다. 선으로 잇기 때문에 글자 문법보다는 쉽고, 눈으로 데이터가 지나는 모습을 볼 수 있어 배우기도 쉽다. 글자를 쓰는 언어에서 함수에 넣는 독립 변수와 결과값, 그리고 그 결과값을 함수 독립 변수로 쓰기도 하는 데, 이 연결 관계를 선으로 잇어 프로그래밍한다.

CHAPTER_03

랩뷰(LabVIEW)는 그래픽 프로그래밍 언어이다.

CHAPTER 03 랩뷰(LabVIEW)는 그래픽 프로그래밍 언어이다.

3.1 LabVIEW

LabVIEW는 미국 NI(National Instruments) 회사에서 시스템 디자인과 하드웨어 제어를 더 쉽게 할 수 있게 만든 그래픽 기반 프로그래밍 언어(G-Language)이다.

Laboratory Virtual Instrument Engineering Workbench을 줄였고, 실험실에서 공학 가상 장치를 만든다는 뜻이다. 많은 공학 장치는 케이스 앞판(front panel)에는 여러 조절 장치와 조절 양, 측정 양을 보여주는 부분이 있고, 케이스 안쪽에는 전기, 전자 회로가 있다. 케이스 안쪽 회로에서는 신호를 만들거나, 받아들인 신호를 처리해서, 보여줄 결과로 바꾸거나, 다른 신호로 바꿔주는 기능(function)을 한다. 장치를 앞판(front panel)과 기능(function) 두 부분으로 나눠볼 수 있다. 공학 장치가 아니더라도, 많은 장치(가전제품)들을 앞판과 안쪽 기능으로 나눠볼 수 있다. 텔레비젼도 장치라고 할 수 있고, 채널, 소리 크기 등을 조절하고, 화면을 보여주는 제품(장치) 겉(front panel)과 TV 안테나(혹은 셋톱 박스)로부터 전달한 신호 가운데 채널에 맞는 신호를 찾고, 앞판에서 조절한 소리 크기로 조절해서, 화면과 스피커에 전달하는 신호를 만든다. 장치 겉에서 하는 일과 안에서 하는 일로 나눌 수 있다.

LabVIEW는 만질 수 있는 실제 장치를 만드는 것과 달리, 컴퓨터 프로그래밍으로 가상 장치를 만드는 것이 목적이었다.

가상 장치(virtual instrument)를 만들어 따로 쓸 수도 있고, 다른 장치 한 부분으로 쓸 수도 있다. 먼저 실제 장치 가운데 스피커를 살펴보자. 전원을 연결하고, 소리 정보를 갖는 작은 신호를 넣어 주면, 전원을 써서 신호를 크게 혹은 작게 만들어, 귀가 들을 수 있는 공기 진동을 만든다. 소리 크기를 '조절(control)'하는 부분과 소리 신호를 넣는 부분 등이 있고, 또 다른 장치로 바뀐 소리 신호를 내보내 전달하고, 자석과 코일로 만든 떨림판은 직접 소리를 낸다. 이처럼 신호를 넣고, 그 신호를 소리로 내놓는 장치 하나로 따로 홀로 쓸 수 있다, 그리고, TV 같은 다른 장치에서 부품 역할을 할 수도 있다. 모니터, 혹은 컴퓨터 본체에 넣어서 부품으로 쓸 수도 있다. 독립 장치일 수도 있고, 어떤 장치에 종속한 일부일 수도 있다. 랩뷰로 만든 장치도 따로 기능을 하는 장치일 수도 있고, 다른 가상 장치 일부로 쓸 수 있다.

모든 프로그램이 장치는 아니고, 프론트 패널과 케이스 안쪽 기능을 가지지 않을 수 있다. 랩뷰도 '가상 장치'를 만드는 것에 그치지 않고, 장치가 아닌 프로그래밍을 할 수 있고, 컴퓨터 운영 체제 안에서 쓸 수 있는 기능도 만들 수 있어, 다른 텍스트 프로그래밍 언어와 비교해 크게 모자람이 없다고 할 수 있다.

실제 장치를 보통은 공간에 놓고, 신호를 입력하거나, 조절하거나, 보여주는 역할을 하지만, VI는 위 역할을 하는 장치(컨트롤)를 2차원 평면인 모니터 화면에 놓는다. 이 부분을 앞판(front panel)이라 하고, 앞으로 '프런트 패널'이라고 하겠다. 신호를 넣거나(물리 신호를 넣지는 못하고), 조절하는 설정을 했다면, 이 설정으로 신호를 바꾸는 계산을 하고, 보여줄 자료로 바꾸는 역할을 블록 다이어그램(block diagram)에서 한다.

랩뷰 가상 장치는 프론트 패널과 블록 다이어그램 두 부분으로 나누고, 프론트 패널에는 조절과 표시를 할 수 있는 컨트롤을 놓고, 블록 다이어그램에서는 기능을 하는 함수로 자료를 처리한다.

랩뷰로 만든 가상 장치를 실제 장치와 연결하고, 둘 사이에 자료를 주고받도록 제어할 수 있다. 앞으로 프로그래밍으로 데이터를 만들고, 프런트 패널에 보이는 프로그램과, 실제 장치와 데이터를 주고받는 프로그램도 만들 것이다.

CHAPTER_04

객체(Object)와 클래스(Class)

CHAPTER

04 객체(Object)와 클래스(Class)

객체(客體, object)는 프로그램을 이루는 단위로 프로그래밍에서는 부품이다. 객체 지향 프로그래밍 언어에서 객체를 쓰려면, 클래스(class)도 알아야 하고, 어렵다. object를 '개체(個體)'나 '대상물'이라고 번역하고 싶지만, 많은 사람들이 '객체'라고 쓰니 그를 따른다.

컴퓨터 프로그램은 눈에 보이는 물건일 수도 있지만, 보통은 볼 수 없고, 컴퓨터 안에서 실행하므로, 머릿속에서 상상하거나 미루어 생각한다.

예로 두 수를 더하는 프로그램을 만들었다고 하자. 종이에 두 수를 쓰고, 더한 값을 보여줄 수 있지만, 그렇다고 프로그램 자체가 눈에 보이거나, 만질 수 있는 물체는 아니다. 물론 프로그램에 마우스로 누를 수 있는 단추와 숫자를 나타내는 표시기를 넣어 꾸미기도 하지만, 단지 화면에 보이는 것이고, 실제 장치는 아니라는 것을 알고 있을 것이다.

여기서는 프로그램을 만질 수 있는 장치 하나라고 가정해서 객체 개념을 설명한다. 장치를 만드는 데 여러 부품을 쓰는 데, 이 '부품'들이 객체이고, 만든 '장치'도 객체이다. TV나 스피커 같은 장치 케이스는 보통 볼트와 너트로 조이는 데, 볼트와 너트 쌍을 부품 하나로 볼 수 있고, 따로 부품 두 개로 볼 수도 있다. 하나로 볼 지, 두 개로 볼 지는 장치를 만드는 사람이 마음대로 정할 수 있다. 프로그래밍에서도 객체를 만들려면 클래스를 만드는 데, 큰 객체를 만들지 작은 객체들을 먼저 만들고, 조립해 큰 객체를 만들지는 프로그래머가 정할 수 있다. 프로그래밍으로 설명하기 앞서 실제 제품 만드는 것으로 좀 더 객체를 설명한다.

배터리와 전구로 빛을 내는 손전등을 만들어 보자. 배터리, 전선, 전구, 때에 따라 전구를 고정할 소켓 등 '부품'이 필요하다. 앞서 이런 부품을 '객체'라고 했다. 이 가운데 배터리는 종류가 여럿이다. 출력 전압이 1.2, 1.5, 3, 6, 9 V 등일 수 있고, 모양이 단추, 네모, 원통일 수도 있다. 전선도 굵기, 색, 만든 재질 등이 다를 수 있다. 이러한 것은 부품 특성이고, 객체 특성이라 할 수 있다. 이런 객체 특성을 모아 '클래스(class)'라고 한다. 클래스는 교실이고, 등급이라고도 한다. 교실은 학생이 모인 묶음이고, 비슷한 성질 혹은 특징을 모아서 등급이라고 한다. 클래스에 객체 특성과 기능을 정하고, 클래스에 따라 객체를 만든다.

배터리를 클래스라고 하면, 전압, 모양, 크기 등 '특성'이 있고, 전류를 흘려주는 '기능'을 한다. 배터리를 부품으로 쓸려면 객체로 만들어야 한다. 배터리를 부품으로 쓴다고 했지만, '배터리 객체'가 실제 부품다. 배터리 객체는 배터리 클래스에 있는 특성과 기능을 구체로 정한 부품이다. 누군가에게 배터리를 사달라고 부탁한다고 하면, 부탁받은 사람은 배터리를 특정할 수 없어 살 수 없다. 배터리는 아직 클래스 단계이다. 구체 특성으로 배터리를 특정해서 샀으면, 이때가 객체를 만들었다고 할 수 있다. 1.5 V, AA 크기 등 '특징'을 가진 배터리 제품을 정해서 구했다. 전선, 전구 등 다른 객체도 비슷하다. 배터리, 전선, 전구, 소켓 4 '종류' 부품으로 손전등을 만든다면, 4가지 클래스가 필요하다. 하지만, 빨강, 검정 전선 2개가 필요하고, 같은 클래스로 객체를 2개 만든다.

부품1	배터리	1.5 V	AA 크기	싼 가격
부품2	전선	길이 0.5 m	빨간색	단면적 1.5 mm^2
부품3	전선	길이 0.5 m	검은색	단면적 1.5 mm^2
부품4	전구	최대 전압 1.5 V		
부품5	소켓	전구에 맞을 것		

앞 표에 전선 부품은 2개를 넣었고, 색 특성이 다르다. 부품은 4 종류이지만, 수량은 5개이다. 하는 일이 같지만, 특성이 조금 다른 부품 2개는 등급(클래스)이 같고, 보통 종류가 같다고 말한다. 소켓과 전구는 맞아야 하므로, 묶어서 한 부품으로 정할 수 있다.

이렇게 정하니, 클래스는 4개에서 3개로 바뀌고, 객체는 4개이다. 객체 4개로 손전등을 만드는, 손전등도 한 물체이고, 객체 하나로 볼 수 있다. 이 손전등은 자체로 독립 물체로 쓸 수도 있고, 다른 물체인 자전거에 매달아, 밤 조명처럼 다른 물체 '부품'으로 쓸 수 있다. 자전거를 장치로 볼 수도 있고, 객체로 볼 수도 있다. 따라서 모두가 객체이다. 하지만, 누구나 이렇게 정할 수도 있고, 다르게 정할 수도 있다.

클래스	객체
배터리	1.5 V–값싼 AA 배터리 제품(부품)
전선	(길이 0.5 m, 단면적 1.5 mm2) 빨강 1개, 검정 1개 제품(부품)
전구+소켓	최대 전압 1.5 V에 쓸 수 있는 전구와 전선을 이을 수 있는 소켓 제품(부품)

특성과 기능을 모아 클래스(등급, 종류)를 만들고, 클래스로 객체를 만든다. 이 책에서 클래스를 만드는 방법을 설명하지 않는다. 만들어 놓은 클래스를 쓰기만 할 것이다.

C++ 언어는 마이크로소프트에서 만든 MFC(Microsoft Foundation Class)를 많이 썼지만, 이제는 시들하다. MFC 이름 끝에 '라이브러리'를 붙인다. 클래스나 함수들을 모아 놓은 묶음을 라이브러리라고 한다.

4.1 랩뷰에서 클래스와 객체

숫자 값을 하나 넣고, 제곱한 값을 보이고 싶다.

프로그램은 기능을 하는 부품끼리 잇어 장치를 만든다. 프론트 패널에 컨트롤 팔렛에서 스위치, 인디케이터 등 컨트롤을 골라 놓는데, 가상 장치를 꾸미는 '부품'이다. 부품이 컨트롤 팔렛에 있을 때는 '클래스'이지만, 하나를 프론트 패널에 놓으면, 부품이자 객체이고, 객체가 갖는 특성을 바꿀 수 있다. 컨트롤 팔렛에는 여러 클래스를 모아 놓았고, 팔렛을 여러 폴더로 나눴는 데, 그 폴더 안에는 성질이 비슷한 클래스들을 모았다. 이렇게 클래스를 모아서 라이브러리라고 할 수 있다. 이 클래스를 하나하나 만들려면, 많은 시간이 필요한데, 랩뷰는 미리 만들어 놨으니, 바로 쓸 수 있고, 프로그래머가 따로 만들 수도 있다.

컨트롤 팔렛에서 쓰고 싶은 스위치 하나를 프론트 패널에 놓는다. 클래스를 고르고, 그 클래스로 '객체' 하나를 만들었다. 클래스에 정해놓은 모양, 색 같은 '특성'들은 객체마다 바꿀 수 있다. 스위치 객체는 변수 값을 바꾸거나, 변수 값을 나타내는 등 '기능'을 한다.

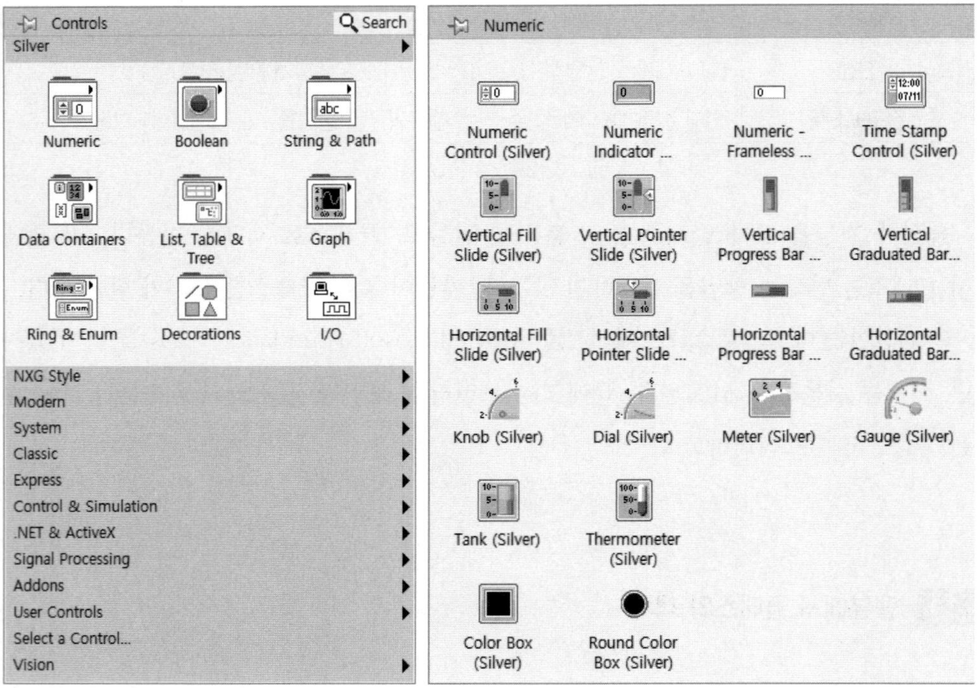

컨트롤 팔렛에서 'Numeric'을 골랐고, 숫자에 관한 클래스들이 모여 있는데, 컨트롤과 인디케이터가 있다. 컨트롤은 프론트 패널에서 블록 다이어그램 쪽으로 숫자를 넣는 것이고, 인디케이터는 블록 다이어그램에서 전달 받은 숫자를 프론트 패널에서 보여준다.

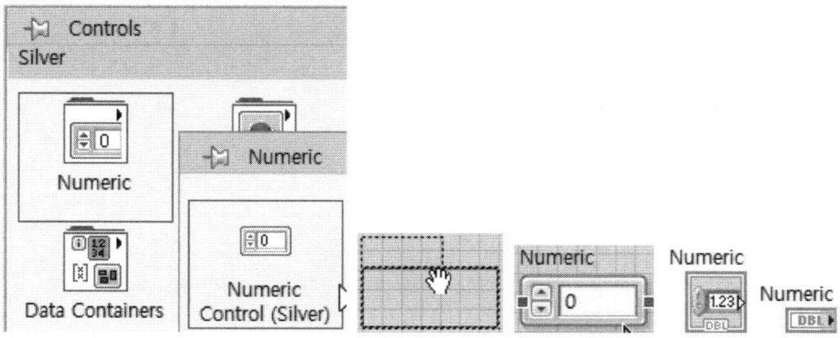

프론트 패널에 놓으면, 블록 다이어그램에는 이 컨트롤과 이어진 아이콘이 생긴다. 아이콘으로 놓을 수도 있고, 공간을 줄일 수도 있다.

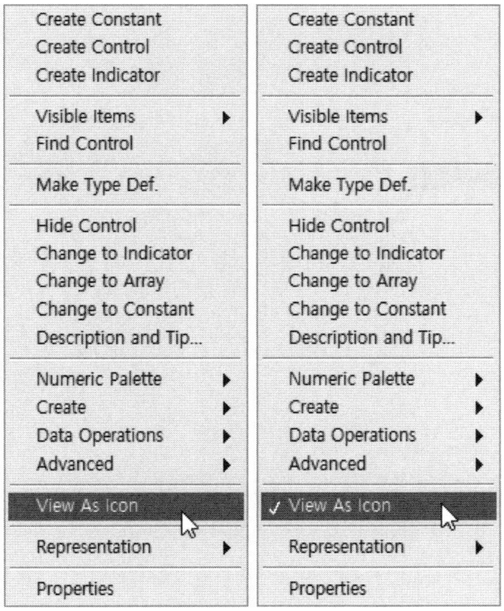

아이콘에서 마우스 오른쪽을 누르면, 'View As Icon'을 바꿀 수 있다.

앞서 예로 말했지만, 실제 장치를 만드는 데, 스크류 나사가 필요하면, 나사 클래스에서 객체를 하나 만들어(물론, 만들지 않고, 철물점에서 사서) 부품으로 쓴다. 먼저 부품(객체) 특성인 길이, 나사산 간격, 재질 등을 바꾸면, 부품으로 특정할 수 있다. 클래스로 객체를 만들고, 바라는 대로 특성을 바꾼다. 특성은 처음 객체를 만들 때, 정할 수 있고, 만든 뒤에도, 프로그램을 실행하면서도 바꿀 수 있다. 숫자 컨트롤을 하나 만들었는데, 특성을 바꾸려면, 컨트롤을 마우스로 오른쪽 클릭하고, 가장 아래 'properties(특성)'를 누르면, 특성을 나타내는 많은 메뉴가 나온다.

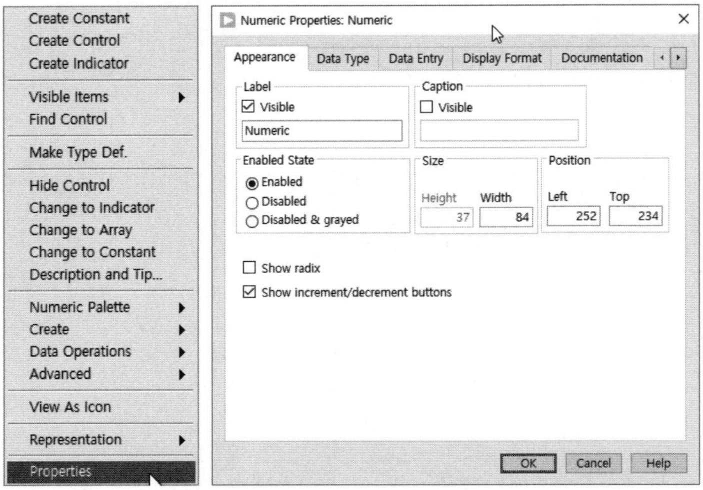

모양, 레이블, 캡션, 크기, 위치 등을 바꿀 수 있고, 패널 탭에서 'Data Type'을 누르면 다른 특성을 바꿀 수도 있다.

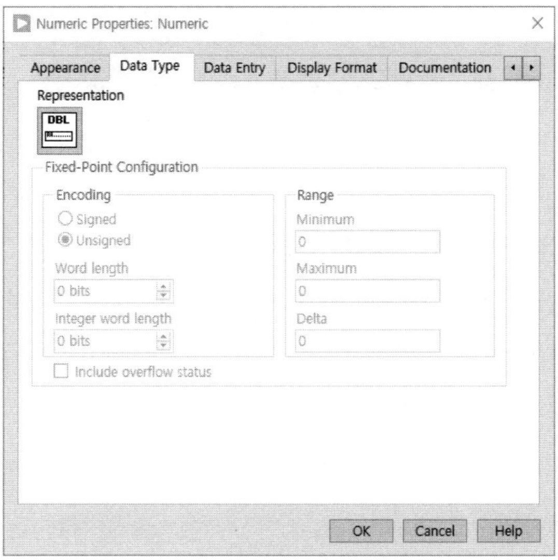

이 컨트롤은 Double형 숫자를 다루므로, DBL로 나타낸다.

4.2 랩뷰 객체 프로그래밍

바꿀 수 있는 특성이 더 많이 있어, 설명이 길어지므로, 필요할 때, 더 설명하겠고, 지금은 이런 특성을 바꿀 수 있다는 정도로 마무리한다.

계산한 값을 보여줄 인디케이터를 하나 놓는다.

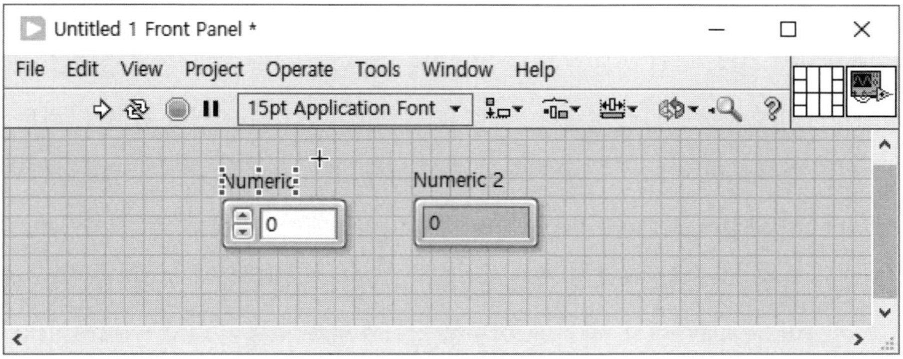

각 컨트롤 위에는 레이블이 있는 데, 이 컨트롤이 많아지면, 구분하기 어려우니, 이름을 알맞게 지어야 한다. input(입력)과 Result of square(제곱 결과)로 바꾸겠다.

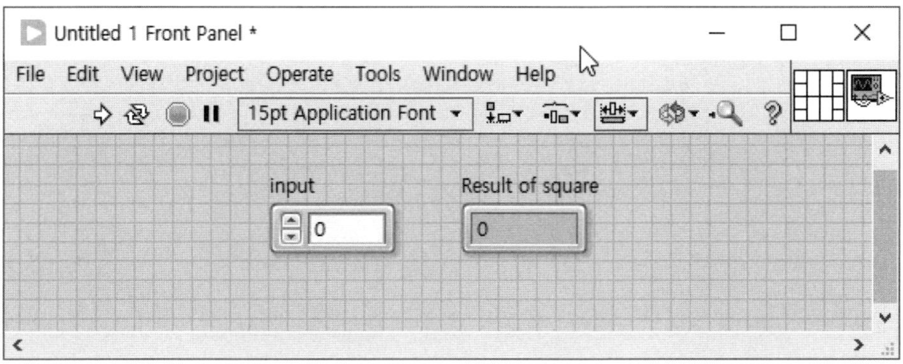

이때, 블록 다이어그램이다.

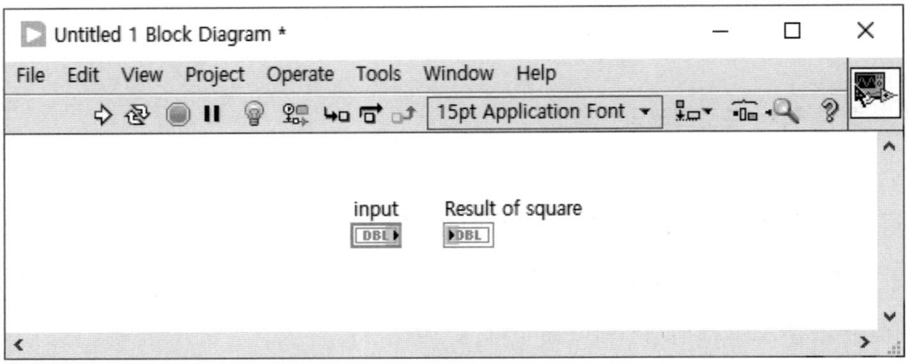

아이콘들은 변수이고, 세 특징이 있다. 'DBL'과 '주황색'이 하나이고, '두겹 네모', 네모 안에 '검정 세모'이다. 두겹 네모는 값을 하나 갖는 '변수'를 나타낸다. 뒤에 설명할 배열은 안쪽 네모가 네모 괄호('[ ]')로 바뀐다. 검정 세모는 값이 들고나는 연결 점이다. 컨트롤과 인디케이터는 메모리 어느 곳을 차지하고 있는 변수이다. 프론트 패널에 있는 컨트롤에서 블록 다이어그램으로 값을 주기 때문에 네모 아이콘에서 나오는 듯한 모습으로, 인디케이터에는 블록 다이어그램에서 값을 넣어 주고, 프론트 패널에서 보여주기 때문에 아이콘으로 들어가는 모습이다. 하지만, 변수는 입력과 출력 구별이 없고, 인디케이터와 컨트롤는 서로 바꿀 수 있다. 변수는 크게 셋으로 나누는 데, 컨트롤, 인디케이터와 여기에 없는 상수이다. 상수는 블록 다이어그램에만 있고, 값을 넣지는 못하고, 값을 주기만 한다. DBL과 주황색은 Double형을 나타낸다. 이 세 특징을 다 더하면, input에서는 실수형 수가 나오고, Result of square에는 실수형 수를 넣는다.

제곱하는 기능을 넣고, 이어 보자.

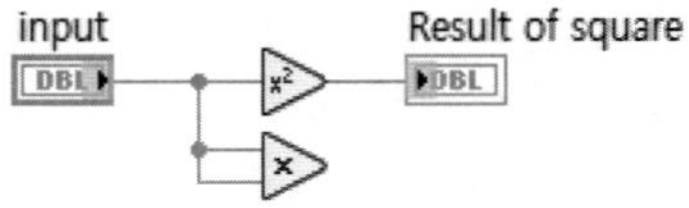

두 연산이 있는데, 하나는 변수 하나를 넣어 제곱 값을 내보내는 것이고, 다른 하나는

두 변수를 입력해 곱하고, 같은 값을 넣었기 때문에 제곱 값이다. 인디케이터에는 한 숫자만 넣을 수 있어, 아래 곱 출력은 연결하지 않았다. 두 연산 기능은 같고, 보여주기 위해 넣었으므로 아래 곱은 지우고 실행했다.

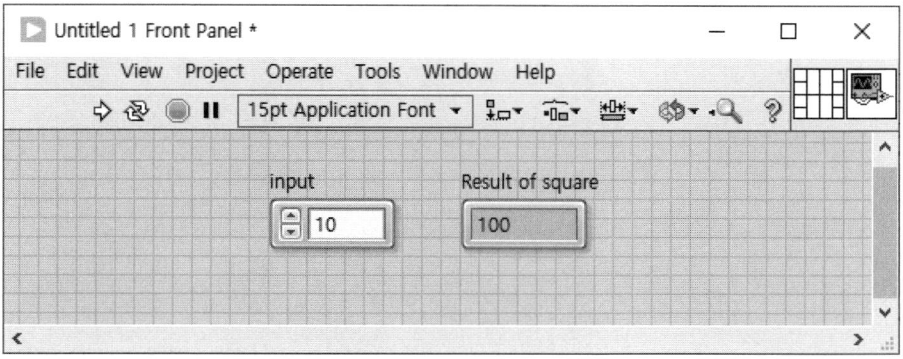

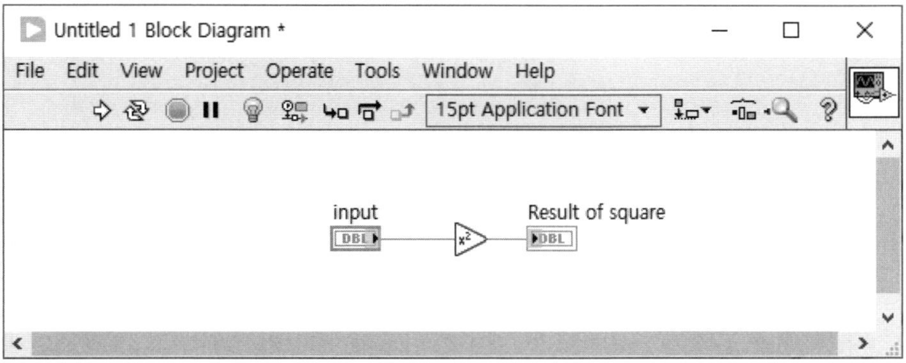

클래스인 팔렛에서 프로그램 부품으로 컨트롤과 인디케이터를 만들었다. 이 컨트롤과 인디케이터가 객체이다.

랩뷰에서도 클래스를 따로 만들 수 있지만, 이 책에서는 더 깊게 쓰지는 않는다. 다만, NI에서 많이 만들어 놓은 클래스로 객체를 만드는 것으로도 충분할 것이라 생각한다. 클래스를 한 번 만들면 조금씩 고쳐서 다른 클래스를 만들 수 있다는 상속성 등이 쓸 모가 크다. 앞으로 쓸 Waveform Chart와 Waveform Graph는 매우 비슷하지만, 다른 클래스이다. 매우 비슷해서 서로 바꿔 쓸 수도 있다.

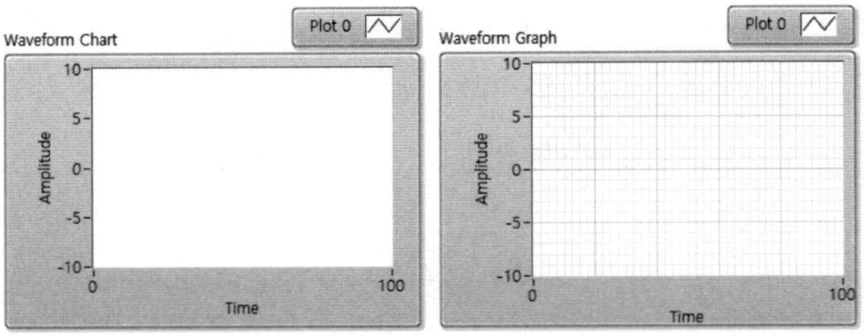

클래스 특성을 4 구역으로 나눴는 데, 처음 3 구역은 다음처럼 두 객체에서 같다.

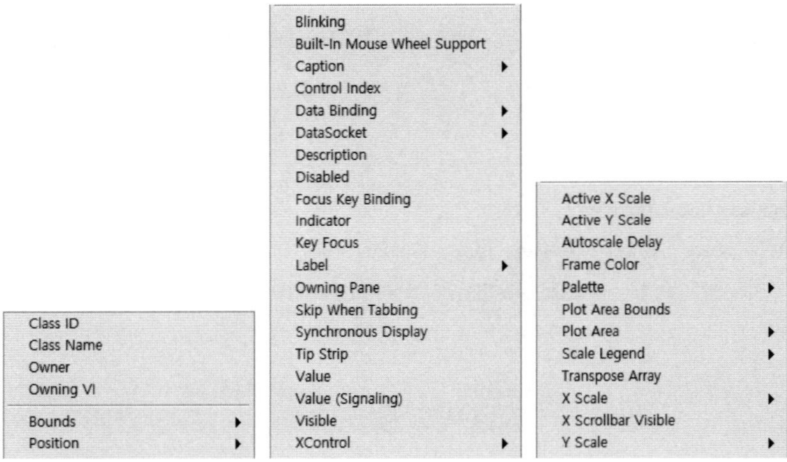

그러나, 마지막 구역은 다음처럼 두 개체가 다르다. 차트가 앞쪽이고, 그래프가 뒤쪽이다.

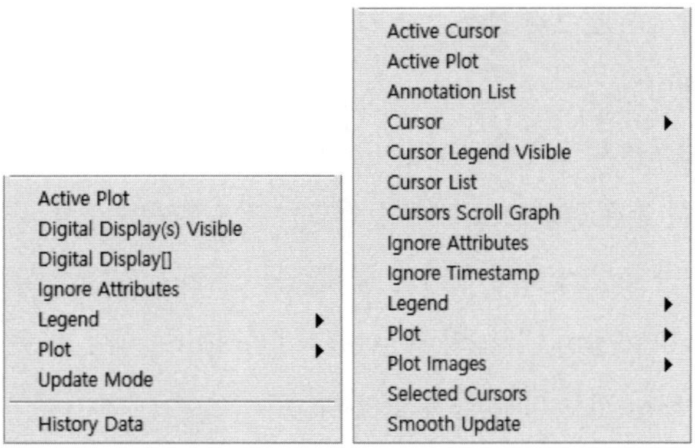

특성 메뉴가 겹치는 부분이 많이 있지만, 다르다. 그래프에서 파생한 'XY Graph'도 있는 데 Waveform Graph와 특성이 같은 데 다음 구역이 더 들어있다.

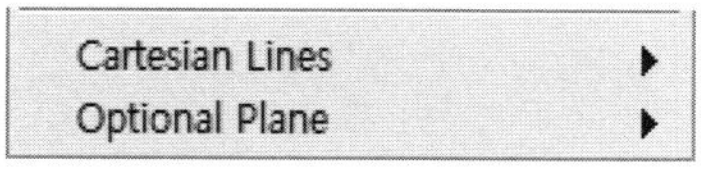

비슷한 'Intensity Chart'와 'Intensity Graph'에는 다른 차트나 그래프에 없는 특성이 있다. 필요에 따라 특성을 없애기도 한다.

다음은 Numeric 컨트롤 특성이다. 처음 2 구역은 그래프, 차트와 같고, 3 구역만 다르다.

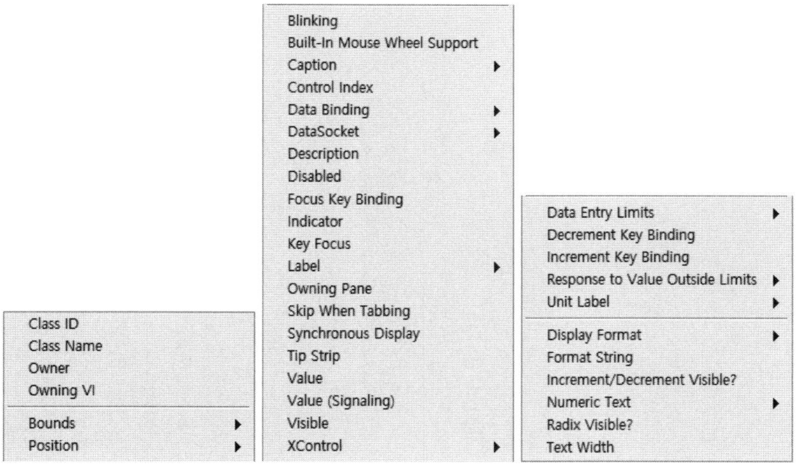

랩뷰는 많은 재료를 모아 놓은 커다란 창고(팔렛)가 있고, 그 창고에는 부품을 복제 또는 더 좋게 만들 틀(클래스)도 많이 있으니, 좋은 제품(프로그램)을 만들 준비는 충분하다.

CHAPTER_05

함수

CHAPTER

05 함수

5.1 보통 알고 있는 함수

함수는 영어로 function이고, '기능'을 뜻한다. 보통은 중학교 수학에서 일차함수, 일대일 대응 함수 등으로 처음 배웠다고 기억하지만, 그에 앞서 초등학교 저학년에서 상자에 어떤 수를 넣으면, 안에서 그 수에 더하거나 빼는 기능을 하고, 결과 값 내놓는 것을 배웠다. 이렇게 들어간 수와 나온 수는 대응 관계가 있다. 함수 하나에 값 하나를 넣으면, 결과 값이 나오고, 그 값을 넣으면 항상 같은 결과 값이 나오고 때에 따라 다른 결과 값이 나오면 안 된다. 같은 값을 넣었을 때, 때에 따라 다른 값이 나오면, 이 상자는 기능을 잘 못했고, 이 대응 관계는 함수가 아니다.

정의역(domain)에 함수에 들어갈 수 있는 수를 모아 놓았고, 정의역 원소는 공역(co-domain) 원소 하나에만 이어져야 한다고 배웠다. 그리고, 치역(range)은 공역 원소 가운데 정의역 원소와 이어진 원소 모음이다. 만약 정의역에 있는 한 원소가 공역 원소 둘과 이어졌다면, 결과 값이 둘이라는 뜻으로 함수가 아니다. 하지만, 공역에 있는 한 원소에 정의역 원소는 두 개 이상도 이어질 수 있다. 초등학교 저학년에서는 더하거나 빼는 간단한 문제에 적용하지만, 학년이 높아지면, 함수는 더 복잡하다. 제곱을 생각해 보면, 2와 -2를 넣으면 모두 4가 나온다. 공역에 있는 4와 정의역에 있는 2, -2가 이어졌고, 정의역에 있는 원소 두 개가 공역 원소 하나와 이어졌으므로, 이때는 함수라고 한다.

이때 정의역에 있어 함수에 넣어주는 수는 여럿이고, 바뀔 수 있어, 변수라고 하는 데, 넣어줄 때, 제약이라고는 정의역에 있기만 하면 되므로, 독립이어서, 독립 변수라 한다. 이와 달리 독립 변수에 기능을 한 다음 내놓는 변수는 독립 변수에 따라 달라지므로, 종속해 있다는 뜻으로 종속 변수라고 한다.

5.2 수학 함수 나타내기

수학에서 함수를 보통 $y = f(x)$ 처럼 쓴다. 그리고, 또 다른 함수가 필요하면, $g(x)$, $h(x)$처럼 알파벳을 바꾸며 쓴다. 그리고, 각 함수가 하는 기능을 따로 설명하는 수학 식을 쓴다. 예로 $y = f(x)$가 2차 함수라면, 다음처럼 쓴다.

$$f(x) = ax^2 + bx + c$$

다음은 이것을 나타낸 그림이다.

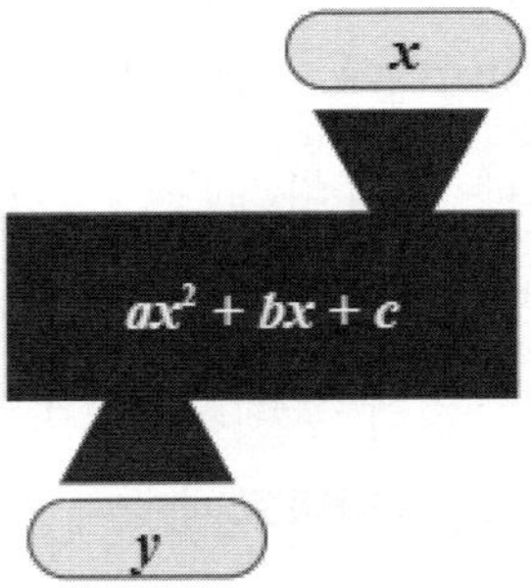

상자는 함수이다. x는 함수에 넣는 독립 변수이고, y는 함수에서 나오는 종속 변수이다. 위 상자는 기능에 따라 달라질 수 있고, 그때마다 상자를 구분하기 어려우므로, 이름을 붙인다. 여러 사람이 있을 때, 그 사람들에게 '이름'을 붙여 나타내는 것이 가장 좋은 방법일 것이다. 한글 이름은 보통 3 글자를 쓰니, 만들 수 있는 이름수는 많지 않고, 여러 사람이 같은 이름을 가질 수 있다. 이름 하나로 유일하게 한 사람을 가리킬 수 없다. 그래서, 사람마다 번호를 붙여, 주민 등록 번호를 만든다. 이름을 많이 지을 수 있다면, 뜻이 없어 외우기 어려운 번호를 쓰지 않고, 기능을 뜻하는 이름을 지으면 더 좋을 것이다.

f는 보통 가장 많이 쓰는 함수 이름이다. 기능 $f(x) = x^2 + 6x + 9$라고 정했다고 하

자. 이 함수에 2, 4, 6 등 세 수를 되풀이해서 기능시킬 때, 2차 식을 되풀이 해서 쓸 필요는 없이, $f(2)$, $f(4)$, $f(6)$으로 쓰고, 계산은 위 식을 참조해서 계산하고, 값을 25, 49, 81 값을 내놓는다. 이 식은 2차식으로 간단해서 하나하나씩 $2^2 + 6 \times 2 + 9 = 25$, $4^2 + 6 \times 4 + 9 = 49$ 등으로 써도 큰 문제가 없을 것 같아 보인다. 그러나, 더 복잡하고 긴 식으로 기능하는 함수라면, 다른 종이나 공책에서 계산하는 것이 더 좋을 것 같다. 더군다나 x 값만 바뀔 뿐 계산 방법과 순서는 안 바뀌니, 루틴으로 정하고 그 루틴을 되풀이 할 수 있을 것이다.

위 식 말고 다른 계산이 필요해서 $x^3 + x^2 + 7x + 3$을 정한다고 하자. 위 식에도 새로운 이름을 붙여서 구분한다. g 라고 이름 붙이면, 수학 식에서 함수인지, 수를 대신해서 쓴 문자인지 구분하기 어렵다. 따라서, g 가 함수임을 나타내려, 뒤에 괄호를 붙여 $g()$로 쓴다. 이제 저 괄호 안에는 이 함수를 지배하는 독립 변수를 넣는다. x 값에 따라 기능을 한 값(=함수 값)이 달라지므로, $g(x)$ 로 쓰고, $f(x)$ 와 다른 함수이다. 이 함수 이름은 몇가지 미리 정해 쓰고 있는 함수 이름을 빼면 정하는 사람 마음이다. 위 식을 $h(x)$라고 정해도 된다.

수학에서 함수 이름을 위처럼 보통 한 글자로 쓴다. 하지만, 여러 글자를 쓸 수도 있다. $\sin(x)$ 함수도 위처럼 이름(sin)과 괄호(( ))와 독립 변수(x)를 갖는 형식이다. 보통 이 함수 값을 표에서 찾거나, 계산기를 써서 계산하는 데, 손으로 계산한다면 조금은 복잡하지만, 계산 못 하는 것은 아니다.

$$\sin(x) = x - \frac{x^3}{3!} + \frac{x^5}{5!} - \frac{x^7}{7!} + \cdots = \sum_{n=0}^{\infty} \frac{(-1)^n x^{2n+1}}{(2n+1)!}$$

위 식은 무한 급수로 계산은 지루하고, 끝이 없겠지만, 값 한계를 따져 몇 항까지만 계산한다.

지수 함수는 독립 변수 지수를 잘 보이게 e^x 로 쓰지만, 프로그래밍에서는 $\exp(x)$로 써서 함수 이름, 괄호, 독립 변수 형식으로 쓴다.

독립 변수가 둘 이상일 수도 있다. 이때는 $z = f(x, y)$처럼 독립 변수를 나열한다. '=' 표시는 완전히 같은 것을 뜻한다. 결과 값만 필요하다면, z와 $f(x, y)$ 둘 가운데 z를 쓰는 것이 간단하다.

$f(x) = x^2 + 6x + 9$ 식으로 돌아가서, 여러 함수를 조합해서 이 함수를 만들 수 있다. $f_1(x) = x^2$, $f_2(y) = 6y$, $f_3(z) = 9$, $g(a,b,c) = a + b + c$ 와 같은 함수들이 있다고 하자. f_1, f_2, f_3, g는 각각 함수 이름이고, 변수를 다르게 썼지만, $f_2(y) = 6y$는 $f_2(x) = 6x$와 똑같고 독립 변수를 넣으면 6배한 값을 주는 기능을 한다. 함수 $f_3(z) = 9$ 는 독립 변수로 어떤 수를 넣더라도 상수 9를 내놓는 상수 함수이다. 이제 이를 조합해서 다음처럼 나타낸다.

$$g(x^2, 6x, 9) = g(f_1(x), f_2(x), f_3(x)) = x^2 + 6x + 9 = f(x)$$

$g(x^2, 6x, 9)$나 $g(f_1(x), f_2(x), f_3(x))$을 쓰는 것보다 $f(x) = x^2 + 6x + 9$를 쓰는 것이 훨씬 좋지만, 함수를 다른 함수로 만들 수 있음을 보이려고, 복잡한 식을 일부러 만든 것이다. **sin**함수는 프로그래밍에 무한 급수 식을 쓰면 마칠 수가 없어, 쓸 수 없다. 대신 $h(n,x) = \frac{(-1)^n x^{2n+1}}{(2n+1)!}$을 정하고, x에 한 값을 넣고, n 값을 바꾸면서, 계산을 되풀이하는 함수를 꾸미고, 값이 나올 때 마다 그 값을 더하는 데, 값을 평가해서 어떤 정한 값보다 작아지면, 되풀이를 멈추게 하면, 오차가 크지 않은 무한 급수 근사 값을 구할 수 있다.

수학에서는 함수를 합성하고, 합성 함수(composite function)라고 한다.

$$g(f(x)) = g(y) = z = g \circ f : x$$

이 합성 함수를 나타낸 그림이다.

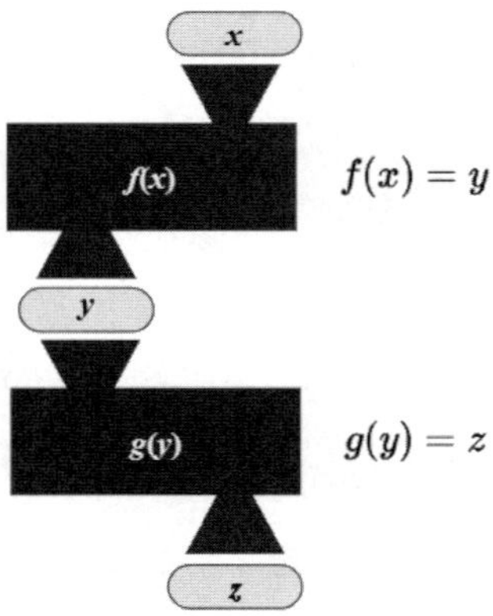

간단한 함수 계산은 이처럼 합성 함수를 안만드는 것이 좋지만, 복잡한 함수 계산은 나눠서 함수들을 합성하면 더 간단하고, 구조를 쉽게 알 수 있다.

합성 함수도 한 함수이고, 함수 안에 함수가 들어 있다고 할 수도 있고, 함수와 함수가 이어져 한 함수를 만들 수도 있다. 프로그래밍에서는 프로그래머는 이 함수를 정할 수 있다. 함수를 작게 만들면, 여러 함수를 써야 해서, 복잡해질 수 있고, 크게 하나로 만들면, 작동을 잘못하는 부분을 찾거나 고치는 것이 어려울 수 있다. 알맞게라는 말이 아주 어렵지만, 알맞은 함수 크기를 프로그래머가 정해야 한다.

5.3 랩뷰에서 함수

프로그래밍을 배운다고 말하고, 프로그래밍에 대해 말하기보다 수학 시간을 만들어서 복잡한 함수 모양을 따져봤다. 그에 앞서 함수는 루틴이고, 프로그램이라는 말을 했다. 결국 프로그래밍은 만들어 놓은 과정을 따라 기능을 하는 함수를 만드는 것이다. 또 그 기능(함수)은 다른 기능(함수) 안으로 들어갈 수도 있고, 합성 함수라고 말했다. 결국 프로그램은 합성 함수이다.

다시 말하지만, 함수는 어떤 '기능'을 한다.

변수와 함수를 연결해 프로그래밍한다. 블록 다이어그램에서 변수와 함수를 선으로 연결해 랩뷰 프로그래밍을 한다. 랩뷰는 비슷한 기능을 하는 '함수'들을 [Functions] 팔렛에 모았다. 함수는 독립 변수를 입력, 종속 변수를 출력하는 부분이 있다고 했지만, 입력과 출력이 없을 수도 있다.

더하기는 두 수가 필요한 이항 연산자이지만, '더하는 연산'이라는 '기능'을 하기 때문에 함수라고 말할 수도 있다. 더하기 함수는 독립 변수 값 두 개를 더해 종속 변수 값 하나를 내놓아, 독립 변수를 입력으로 종속 변수를 출력으로 정해줄 수 있다. 랩뷰에서는 더하기 함수를 세모를 뉘어놓은 모양으로 나타내는데, 왼쪽에 값 두 개를 넣으면, 오른쪽으로 값 하나가 나온다.

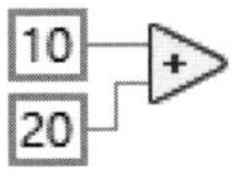

위 그림은 10과 20을 더하는 모습이다. 블록 다이어그램에서는 이 덧셈한 결과를 볼 수 없다. 위 과정은 두 수를 더하는 루틴을 정했을 뿐이고, 그 루틴을 실행한 것은 아니다. 계산기에서도 '=' 또는 'enter'를 눌러야 계산 결과를 보여주는 것처럼 프로그램을 실행해야 결과를 얻을 수 있는데, 그 결과를 보려면, 계산기는 액정 창에 결과를 주지만, 랩뷰에서는 프론트 패널에 볼 수 있는 기능을 더 넣어야 한다. 프로그램은 결과 값을 메모리 어딘가에 저장한다. 그 어딘가는 프로그램을 실행하는 윈도우가 알아서 할 일이고, 특별한 일이 없으면, 사용자는 알 필요 없다. 프론트 패널에 인디케이터를 놓고, 값을 연결하면, 랩뷰는 그 값을 보여주는 기능을 한다. 다음은 프론트 패널 인디케이터에 더한 결과를 연결하는 그림이다.

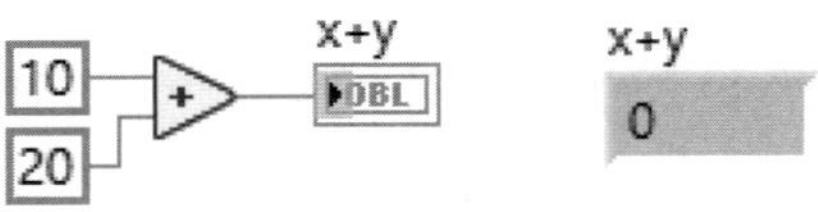

결과는 세모 오른쪽 꼭짓점에서 나오는데, 보여주는 기능이 없어서 확인을 못 한다. 이 값을 다른 데 쓸 수 있는 데, 이때는 선으로 연결해 쓸 곳에 연결한다. 이렇게 연결한 선은 값을 가질 수 있고, 'Probe'를 설정해 임시로 값을 볼 수는 있다.

보여주는 기능을 만들려, 출력이 나오는 곳에 마우스 오른쪽을 누르면, 팝업 메뉴가 나오는 데, [Create Indicator]를 고르면, 랩뷰는 블록 다이어그램에 위 그림처럼 아이콘을 만들고 선으로 연결한다. 동시에 프론트 패널에 윗 그림 오른쪽처럼 설정한 모양으로 인디케이터를 만들지만, 0 값이 보인다. 이 값이 틀린 것이 아니고, 인디케이터를 처음 만들 때 기본 값이 나타난다. 아직 연산을 하지 않아서 값이 맞지 않지만, 창(윈도우) 왼쪽 위에 (실행) 화살표를 눌러 실행하면, 프로그램이 작동하고, 기능 결과를 프론트 패널에 올바로 나타낸다.

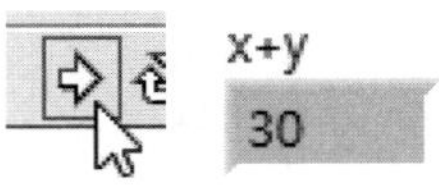

함수는 그 자체로 프로그램이다. C나 C++ 언어에서는 모든 함수를 따로 실행할 수는 없고, 메인(main) 함수만 실행할 수 있어, 함수 기능을 쓰거나 확인하려면 메인 함수 일부로 써야 한다. 랩뷰로 만든 vi 하나는 함수일 수도, 프로그램일 수도 있다. 다른 vi 일부로 쓸 수도 있고, 그 자체로 실행할 수 있어, 함수가 잘 작동하는지를 확인하기가 더 쉽다.

5.4 SubVI

보통 수학에서는 1 변수 또는 2 변수 함수를 주로 쓰지만, 프로그래밍에 쓰는 함수는 여러 변수를 입력한다. 또, C나 C++에서 쓰는 함수는 결과값을 오직 하나만 주고, 더 많은 결과값을 쓰려면, 포인터 등 다른 방법을 써야 하지만, 랩뷰에서는 여러 값을 내 줄 수도 있다.

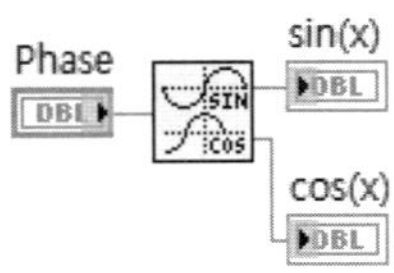

위는 [Functions] 팔렛에 있는 [Mathematics]→[Elementary]→[Trigonometric Functions]에 있는 <sine&cosine> 함수이다. 사인, 코사인 함수는 독립 변수인 '위상'에 따라 결과 값을 달리 내준다. 따라서 위상 하나를 넣으면, 사인과 코사인 함수 값을 내놓는다. 이를 다음처럼 다른 방법으로 만들어 본다.

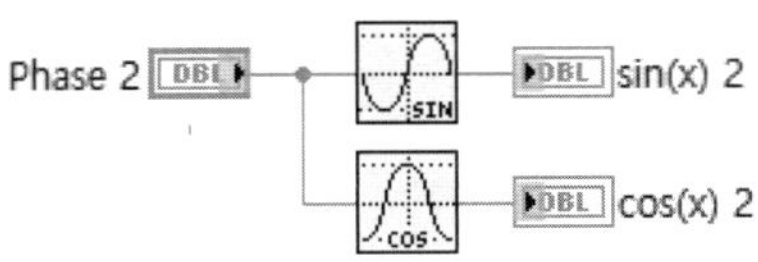

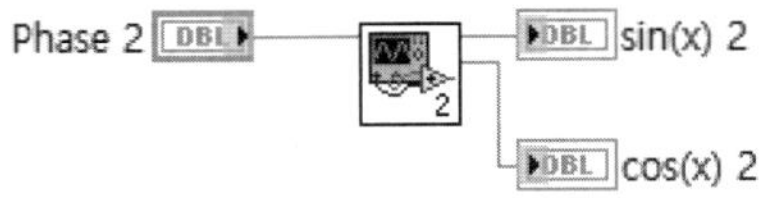

위는 사인, 코사인 함수 두 개로 값을 두 개 만들었다. 두 함수를 묶어 하나로 만들 수도 있는데, 옆에 하나로 만들었다. 블록 다이어그램 메뉴에서 [Edit]를 열면, 가운데에서 조금 아래에 [Create SubVI]가 있다. vi 안에 있는 vi여서 'SubVI'라고 부르고, 만들려는 함수와 객체를 골라 하이라이트(둘레가 점선으로 깜박이는) 상태에서 [Create SubVI]를 고르면, 고르지 않은 객체는 그대로 남아 있으면서, 함수와 이은 선들이 vi 하나로 바뀌는데, 함수를 새로 만들었다고 말할 수도 있다. 함수이므로, 왼쪽에는 입력 객체인 컨트롤이 오른쪽에는 출력 객체인 인디케이터를 연결한 상태로 vi가 생긴다. 기본으로 정사각형 모양 아이콘이 생기고, 앞서 만든 SubVI 수에 따라 '1' 큰 수가 나타나고, 위 그림에서는 두 번째로 만든 SubVI라는 뜻으로 '2'가 쓰여 있다. 이때, SubVI를 더블 클릭하면, 이 SubVI 프론트 패널과 블록 다이어그램이 보인다. 블록 다이어그램은 [Create SubVI]를 누르기 앞서 고른 하이라이트와 같다.

5.5 아이콘 배선

위 SubVI 아이콘에 마우스 오른쪽 버튼을 누르면, 메뉴가 나오는 데, 'Visible Items'에서 'Terminals'를 누르면, 다음 모습이다.

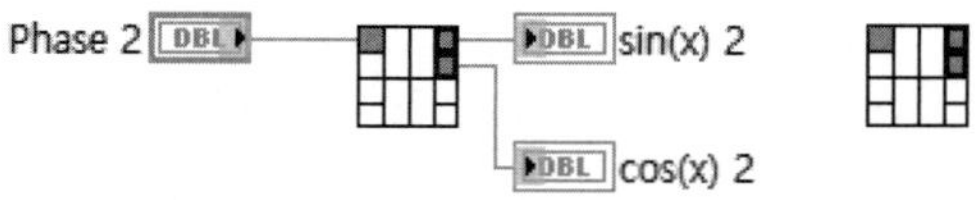

연결 선을 지우면, 오른쪽과 같다. 프론트 패널 오른쪽 위에서도 이것을 찾을 수 있다.

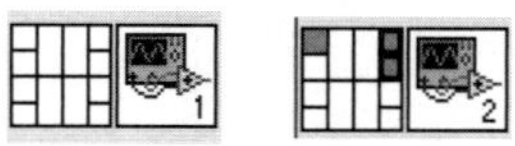

프로그래밍하고 있는 메인 vi와 그곳에서 만든 SubVI 프론트 패널 오른쪽 위 귀퉁이를 캡처했다. 왼쪽 정사각형은 12개 사각형으로 나눴는데, 선을 연결할 수 있는 곳은 주황색이고, 오른쪽은 왼쪽과 달리 테두리가 진하다. 테두리가 얇은 왼쪽은 값을 넣는 독립 변수를 연결하고, 테두리가 진한 오른쪽은 값을 내주는 종속 변수이다. 이렇게 선을 이을 수 있는 작은 네모를 터미널(terminal)이라고 한다. 함수에 여러 형태 값을 넣을 수도 있고, 내놓을 수도 있다.

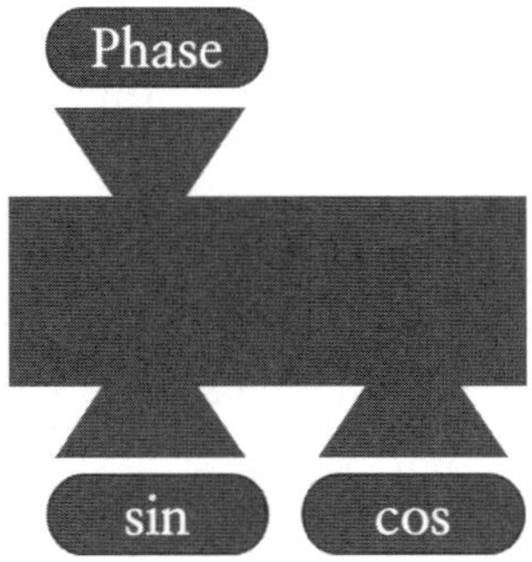

위 랩뷰 프로그램을 그림으로 나타냈다. 넣는 독립 변수 값은 하나이고, 나오는 종속 변수 값은 두 개다. 상자에 들어가고 나가는 꼬깔은 더 많을 수도, 적을 수도, 없을 수도 있다.

랩뷰가 vi 터미널 12개를 기본으로 만들었지만, 위 프로그램에서는 넣는 값 1개, 나오는 값은 2개뿐이어서, 터미널 수가 필요보다 많다. 'Create SubVI' 명령은 자동으로 연결한 상태를 만들었지만, 이 연결을 끊을 수도 있고, 더 많은 객체와 연결할 수도 있고, 터미널을 연결을 끊고 다른 곳에 연결해 터미널을 바꿀 수도 있다. 프론트 패널에 있는 오른쪽 위 터미널에서 마우스 오른쪽 클릭하면, 아래 메뉴가 나오고, 'Patterns'를 고르면, 랩뷰가 만들어 놓고 기본으로 주는 터미널 모양을 고를 수 있다. 'Patterns' 바로 위에 'Add Terminal'과 'Remove Terminal'로 객체를 이을 수 있는 사각형 수를 바꿀 수 있다.

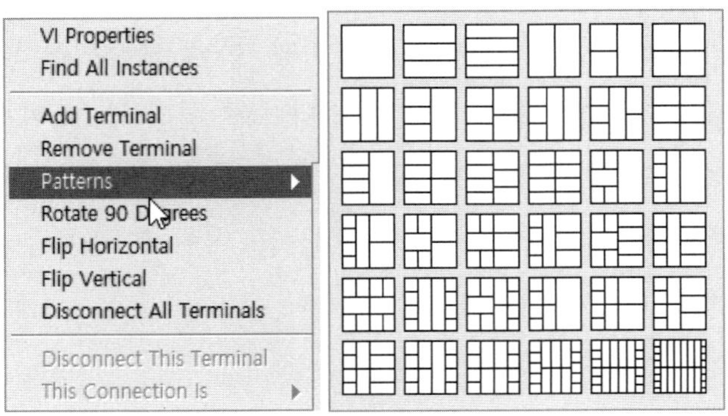

이제 객체와 터미널을 잇는 방법을 살핀다.

프론트 패널에 있는 오른쪽 위 터미널에서 잇고 싶은 작은 네모를 고르면, 커서는 선을 잇는 '와이어 뭉치 ⯁'로 모양이 바뀐다. 블록 다이어그램처럼 선으로 잇는 것은 아니지만, 터미널과 프론트 패널에 있는 객체를 연결한다는 것을 뜻한다. 이제 잇고 싶은 객체를 '와이어 뭉치'로 고르면, 터미널은 객체가 가진 데이터 형 색으로 바뀐다. 연결한 입력 객체는 네모 둘레가 굵지 않은 선이지만, 출력은 굵은 선이다.

오른쪽 왼쪽 맨 아래 터미널은 에러(오류)를 넣고, 내놓는 것으로 정한다. 대부분 에러를 주고받는 vi는 이곳을 에러를 주고받도록 정했다. vi 사이에 순서를 정할 필요가 있을 때, 이 에러를 주고받도록 해 순서를 정하기도 한다. 이 에러 터미널은 이처럼 위치를 정하는 것이 좋다.

5.6 아이콘 꾸미기

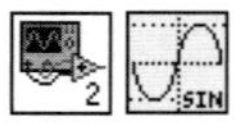

블록 다이어그램에 있는 두 아이콘은 크기가 같고, 왼쪽에 값을 넣어주면, 기능을 해서 오른쪽으로 값을 내주는 성질이 비슷하다. 그러나, 왼쪽 '2'가 써진 아이콘을 더블 클릭하면, 독립 프로그램으로 프론트 패널과 블록 다이어그램이 열리지만, 오른쪽처럼 노랑 바탕 vi는 대부분 안 열린다. NI가 만든 vi이고, 랩뷰는 열리는 것을 막아놨다. 또 다른 점은 사용자가 만든 왼쪽 SubVI는 아이콘만 보고는 어떤 기능을 할지 미리 알 수 없지만, 오른쪽은 사인 값을 줄 것이라는 것을 미리 알 수 있다. vi를 설명하는 아이콘 그림을 편집할 수 있는 기능이 있다. 프론트 패널에서 오른쪽 위에는 터미널과 아이콘이, 블록 다이어그램에서 오른쪽 위에는 아이콘만 있다. 둘 가운데, 어느 아이콘이든 마우스 오른쪽 클릭을 하면, 편집할 수 있는 메뉴가 나온다.

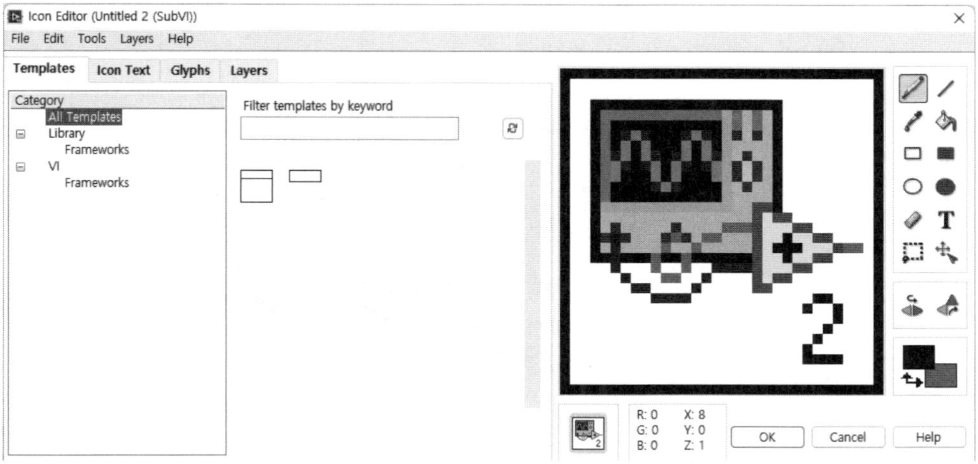

아이콘은 MS 윈도우 기본 프로그램 '그림판'처럼 그림을 그릴 수도 있고, 글자를 쓸 수도 있다. 사인, 코사인 그래프를 그려 넣어 나타낼 수 있겠지만, 쉽지 않다. 그래서 함수가 하는 기능만 잘 설명할 수 있는 글자를 써넣는 것도 좋다. 아이콘은 기능과 아무런 상관이 없다.

5.7 초기값 설정

둘 사이 차이가 있는 데, 만든 SubVI는 값을 연결하지 않아도 기본 값을 입력해 값을 주지만, 랩뷰가 가진 사인/코사인 함수는 위상을 넣지 않으면 오류가 나와 프로그램을 실행할 수 없어 반드시 값을 넣어 줘야 한다. 이때는 터미널에서 마우스 오른쪽을 클릭해 'This Connection is'를 고르고, 'Recommended'를 'Required'로 바꾸면, 터미널에 값을 반드시 넣어주어야 한다. 그렇지 않으면, vi는 오류 때문에 실행할 수 없다.

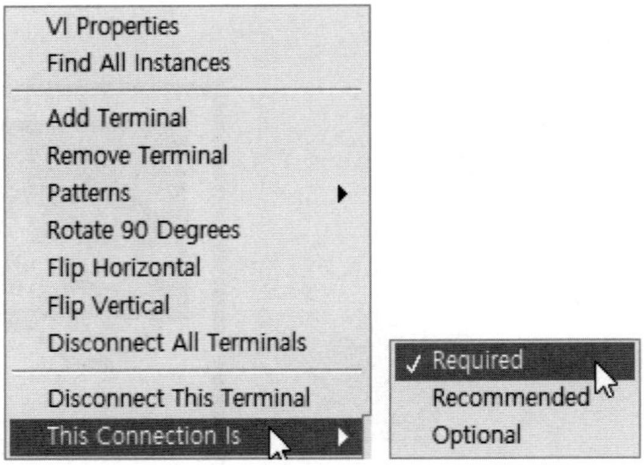

랩뷰에 이미 있는 vi는 객체들과 함수로 만들었다. C나 C++에서는 main() 함수를 꾸며 프로그램을 만든다. 이 main 함수는 변수들과 함수로 만든다. 결국 프로그래밍은 객체와 함수로 함수를 새롭게 만드는 것이다. 보통 함수는 입력이 필요하지만, 없을 수도 있다. 또한 출력이 있을 수도, 없을 수도 있다. 입력은 여럿일 수 있지만, 보통 프로그래밍 언어에서는 출력이 하나뿐인데,다른 방법(포인터 등)을 써서 여럿을 출력할 수 있고, 랩뷰에서는 다른 방법을 안 쓰고 여럿을 출력할 수 있다. 출력이 '하나'라는 말은 '값이 하나'를 뜻하는 것이 아니라, 어떤 것이든 하나라는 뜻이다. 학교에 갈 때, 가방을 하나 가지고 간다고 해서 책이 하나인 것을 뜻 하는 것이 아니듯, 값이 여럿이라도 묶어서, 묶음을 하나 내놓을 수도 있다는 것이다. 이것은 다음 데이터에서 자세히 알아본다.

5.8 변수(variable)와 상수(constant)

때에 따라 값을 바꿀 수 있으면, 변수이고, 바뀌지 않고 일정하면 상수이다. 이 값들은 메모리 어딘가에 저장한다. 프로그래머나 사용자는 값을 저장한 메모리 위치 주소를 정확히 알 필요는 없지만, 프로그램 코드는 주소를 정확히 알고 있어야 한다.

함수에 독립 변수를 넣으면, 기능을 한 결과를 내보낸다(return). 함수는 필요한 독립 변수가 있고, 그 변수 형태도 맞아야 제대로 기능을 한다. 예로, 사람을 특정하려면, 이름을 부르기도 하고, 주민 번호를 알아야 할 때도 있다. 지문을 알아야 할 때도 있고, 더 복잡하게 DNA를 살피기도 한다. 이름이 같지만, 나이가 다른 두 사람이 있다면, 두 사람을 구분하기 쉽다. 사람을 구분하는 기능을 하려면 이름과 나이를 넣어야 하는데, 순서를 바꿔 나이와 이름을 넣는다면, 완전히 다른 값을 줄 수도 있어 제 기능을 못 한다. 형태를 잘 맞춰야 한다는 뜻이다.

변수도 함수처럼 이름을 붙여 쓰는 것이 좋다. 엑셀(스프레드시트) 연산을 살펴보자.

	A	B	C	D	E
1	x	y		amplitude	1
2	0	=E1*sin(2*pi()*E2*A2+E3)+E4		freqeuncy	10
3	0.01			initial phase	0
4	0.02			DC	0

주소 'E1'에는 amplitude 값 '1'이, 주소 'E2'에는 frequency 값 '10'이 있고, 주소 'E3'에는 initial phase 값 '0'이, 주소 'E4'에는 DC 값 '0'이 있고, B2 셀에는 사인 함수 값을 계산 $A\sin(2\pi fx+\phi_0)+D$을 했다. 주소 E1, E2, E3, E4를 기억해 알맞은 곳에 넣어야 한다. 아래 $x=0.01$을 계산할 때, 똑같은 식을 쓰고, 바로 옆이어서, 볼 수 있어 쓰기 어렵지 않겠지만, 시트에서 멀리 있는 곳에서 계산하려면, 주소가 기억나지 않아 다시 찾아봐야 한다. 이 주소에 이름을 붙여주자.

amplitude ▾ | fx 1

	A	B	C	D	E
1	x	y		amplitude	1
2	0	0		freqeuncy	10
3	0.01			initial phase	0
4	0.02			DC	0

E1 은 'amplitude'로 E2는 'frequency'로, E3는 'initial_phase'를 E4는 'DC'로 이름 붙였고, 특히 initial phase는 빈 칸이 들어가서, 이름으로 쓸 수 없어 '_'를 빈 칸 대신 넣는다. 이제 셀에 이름으로 식을 써 넣을 수 있다.

	A	B	C	D	E
1	x	y		amplitude	1
2	0	0		freqeuncy	10
3	0.01	0.5877852523		initial phase	0
4	0.02	0.9510565163		DC	0
5	0.03	=amplitude*sin(2*pi()*frequency*A5+initial_phase)+DC			

변수는 스프레드시트 같은 메모리에 윈도우가 정해주는 주소에 값을 저장한다. 그 주소 값을 알아낼 수는 있지만, 뜻이 없어 외워 쓰기 어렵다. 주소 길이는 보통 4 바이트(32비트)이다. 그래서 변수 이름을 붙인다. 앞서처럼, 짧은 주소 E1에 이름을 붙인 것과 똑같다. 이제 이 시트 안에서는 어디서든지 이름으로 E1, E2 등 값을 불러 쓸 수 있다.

C나 C++ 같은 프로그래밍 언어에서는 변수를 정하면, 그 변수 값을 불러올 수도 있고, 변수 주소를 찾아 그곳에 있는 값을 지우고, 새 값을 넣을 수도 있지만, 랩뷰에서는 컨트롤 객체에서는 값을 프로그램에 주고, 인디케이터 객체에는 프로그램에서 값을 넣어 프론트 패널에 그 값을 보여준다. 상수 객체도 있는 데, 값을 바꾸지 못하고, 읽기만 할 수 있다. 이 세 객체는 프로그래밍하는 가운데 서로 바꿀 수 있다. 컨트롤을 인디케이터나 상수로, 그 반대로도 바꿀 수 있다. 그러나, 이때는 연결선이 끊어지거나, 끊어져 있던 연결선에 제대로 이어지기도 한다.

상수 객체와 컨트롤, 인디케이터 객체는 조금 다르지만, C나 C++에서 쓴 변수이다. 때로는 컨트롤 값을 프론트 패널이 아닌 블록 다이어그램에서 바꿀 필요가 있는 데, 지역 변수(local variable) 만들면, 값을 넣을 수 있다. 또 객체와 멀리 떨어져 있어 아이콘에서 선을 잇는 것이 복잡하게 만들 수도 있는 데 이때도, 지역 변수를 쓰면 원격으로 쓸 수 있다. 값을 읽으려면, 객체 아이콘에서 오른쪽 클릭한 뒤 'Change to Read' 메뉴를 고르면, 아이콘에 있는 세모가 오른쪽으로 옮겨와 값을 꺼낼 수 있다.

5.9 함수 이동과 확대 축소

다음은 독립 변수 한 개를 가진 함수이다.

$$y = f(x)$$

이 함수를 독립 변수 x 축 방향으로 x_0만큼 평행이동하면, x 대신에 $x - x_0$을 넣어 쓴다. 종속 변수 y축 방향으로 y_0 만큼 평행이동하면, 똑같은 방법으로 y대신에 $y - y_0$ 을 넣는다.

$$y = f(x - x_0) + y_0$$

위 함수를 독립 변수 x축 방향으로 B만큼 확대하면, x 대신에 x/B을 넣어 쓴다. 종속 변수 y 축 방향으로 A만큼 확대하면, 똑같은 방법으로 y대신에 y/A을 넣는다.

$$\frac{y}{A} = f\left(\frac{x}{B}\right) \ \rightarrow y = Af\left(\frac{x}{B}\right)$$

다음은 가장 많이 쓰는 함수 가운데 하나인 $y = \sin(x)$ 함수로 위 변환을 나타냈다.

$$y = A\sin\left(\frac{x - x_0}{B}\right) + y_0 = A\sin\left(B'x - C\right) + y_0 = A\sin\left(2\pi fx + C'\right) + y_0$$

여기에서 A는 사인 함수 진폭을 나타낸다. y_0는 x값에 상관없이 일정하고, 바뀌지 않아, 'DC(Direct Current)'라고 하거나, 'Offset' 또는 'Bias'라고 한다. $2\pi fx + C'$ 값에 따라 사인 함수 값이 결정되므로, '위상(phase)'이라고 한다. 그 가운데 C'은 독립 변수 $x = 0$ 일 때 위상이어서 처음 위상, 초기 위상(initial phase)라고 한다. 사인 함수는 위상이 2π 바뀔 때마다 되풀이하므로, 변수 x에 2π를 곱하면, 2π에 곱한 fx가 정수이면, 되풀이한다. 따라서, x는 f 역수 정수배가 될 때마다 사인함수는 되풀이하고, f를 진동수, 주파수(frequency)라고 한다. 그리고, $B' = \omega = 2\pi f$를 각주동수(angular frequency)라고 한다. 위에 있는 함수 이름 $f()$와 이름이 같지만, 여기에 쓴 주파수는 ()가 없으므로, 변수 또는 상수를 나타낸다.

C' 은 되풀이하는 사인 함수 모양이 $x = 0$에서 시작하는 값을 나타내어, 만약 $\pi/2$ 이면, 코사인 함수와 같다. 한 번 되풀이하는 한 주기에 대해서 평균값은 y_0 이다. 기본 사

인 함수는 이 값이 '0'이다.

$$y = A\sin\left(2\pi fx + C'\right) + y_0 = A\sin\left(2\pi fx + C'\right) + y_0\sin\left(0\times x + \pi/2\right)$$

주파수가 f인 사인과 주파수가 '0'이면서 처음 위상이 $\pi/2$인 사인 함수를 더한 것과 같다.

CHAPTER_06

데이터 만들기

CHAPTER 06

데이터 만들기

6.1 데이터

데이터를 자료라 번역하고, '어떤 뜻을 가진 단위'이다. 데이터는 문자, 숫자 등으로 나눌 수 있다. 또 문자는 영어, 한글, 특수 등으로 나눌 수 있고, 숫자는 실수, 정수, 자연수 등으로 나눌 수 있어 종류는 더 많다.

데이터는 어떤 뜻을 가지고 있는데, 정리해서 정보를 만들 수 있다. 연구나 조사하며 무엇인가를 잰(측정) 결과물도 데이터이다. 뜻을 가지고 있기는 하지만, 아직 그 뜻, 정보를 알지 못할 수 있다. 정보를 알기 위해 데이터를 표로 정리하고, 표를 바탕으로 그래프를 그린 다음 그래프에 맞는 수식을 찾아 자료들 사이 관계를 찾는다. 그래프가 꼭 필요하지는 않지만, 그래프를 그리면, 데이터를 한꺼번에 볼 수 있고, 그 추세와 데이터들 사이 관계를 미루어 생각할 수 있다.

예로, 자유 낙하하는 물체 위치를 시간에 따라 재고, 그 데이터를 정리하고 관계를 찾으면, 이론에 따라 시간에 따른 위치를 다음 식을 찾을 수 있어야 한다.

$$y = \frac{1}{2} \times 9.8 \times t^2$$

이 연구 결과로 직접 실험하지 않은 위치를 계산으로 데이터를 만들 수 있고, 물체 위치를 새롭게 배우는 사람들이 이 데이터를 가지고, 정보를 얻을 수 있다.

위 식으로 데이터를 만들어 보자.

시간(t)	0	1	2	3	4	5	6	7	8	9
위치(y)	0	4.9	19.6	44.1	78.4	122.5	176.4	240.1	313.6	396.9

위 식으로 똑같은 계산을 하는데, 시간(t)에 따라 위치(y) 값이 달라지므로, 계산을 되풀이 한다. 되풀이 할 일을 사람이 하나하나 직접 하는 것보다 기계(컴퓨터)에 프로그램으로 시키는 것이 알맞다. 되풀이 결과 데이터를 모아 '하나'로 묶을 수 있다.

6.2 데이터 분류

데이터는 문자(영어, 한글, 특수 등)와 숫자(실수, 정수, 자연수 등)로 나눌 수 있다. 보통 데이터 형(type)이라 부른다. 데이터 형을 크게 정수'형'(integer), 실수'형'(float), 이진'형'(bool), 문자'형'(character) 등으로 나눌 수 있다. 이 형들 가운데 어느 한 형을 가진 데이터를 컴퓨터 메모리 어딘가에 저장한다. 메모리에서 저장하는 곳은 컴퓨터 운영체제(OS, operating system)가 맡아 설정한다. 이 설정 등에 대한 설명은 이 책 범위를 벗어나므로, 데이터 쓰는 방법에 집중한다.

저장하는 '곳'은 운영체제가 분배하지만, 형과 차지하는 크기는 프로그래머가 정한다. 형마다 읽고 쓰는 방법에 차이가 있어서 형을 정한다. 같은 형이라도 데이터 크기에 따라 차지하는 크기를 따로 한다. 수가 크지 않아 100 정도이면, 저장할 메모리를 크게 설정하지 않아도 되지만, 10만, 100만 정도로 크면, 100일 때보다 메모리를 크게 설정해야 한다. 가장 크게 정하면, 모두 같은 크기를 쓰기 때문에 이것저것 바꿀 필요가 없어 편하지만, 메모리 낭비가 크다. 요즘 컴퓨터는 메모리 자원 값이 싸기 때문에 조금은 낭비를 해도 괜찮고, 연산 속도도 빨라, 걱정할 게 없지만, 성능이 안 좋은 상황이나 자원이 부족한 상황에서 프로그램을 잘 실행하려면, 데이터 형을 효율성 있게 정해야 한다.

컴퓨터 메모리는 8 비트, 16 비트, 32 비트, 64 비트를 단위로 묶어 쓴다. 1 비트(bit)는 저장 공간 하나에 0 또는 1을 저장할 수 있다. 8개 비트를 연결해서 한 단위로 1 바이트라

하고, 2^8=256가지 가운데 한 값을 나타낼 수 있다. 정수나 자연수 또는 문자를 256가지 나타낼 수 있다. 16 비트는 2 바이트이고, 이 메모리에는 2^{16}=65,536으로 0~65,535 또는 -32,767~32,768까지 정수값 가운데 하나를 저장할 수 있다.

6.3 데이터 묶음

데이터는 여러 종류가 있음을 봤다. 같은 종류 데이터를 묶을 수도 있고, 다른 종류 데이터를 묶을 수도 있다. 같은 종류 데이터는 '배열'로 묶고, 다른 종류 데이터는 '클러스터'로 묶는다.

11

11	12	13	14

11
12
13
14

11	12	13	14
21	22	23	24
31	32	33	34
41	42	43	44

위는 네 종류 숫자 데이터이다. 왼쪽 위는 숫자 하나이고, 그 오른쪽은 네 숫자가 가로로 이어있고, 왼쪽 아래는 네 숫자가 아래로 이어있다. 마지막 오른쪽 아래는 가로 세로 모두 네 숫자로 총 16개 숫자가 있다. 보통 첫 번째를 숫자 하나로 '상수(constant)'라 한다. 오른쪽 위와 왼쪽 아래는 한 방향으로 수를 늘어 놓아 묶은 '1차원(1 D)' '배열(array)'이다. 오른쪽 아래 16개 수 묶음은 두 방향으로 수를 늘어 놓았고, '2차원(2 D)' '배열(array)'이라고 한다.

데이터를 값 한 개와 여러 값 묶음으로 나눌 수 있다. 앞서 많은 프로그래밍 언어에서 함수는 결과로 '한 개'만 내놓을 수 있다고 말했다. 여러 데이터를 내놓으려면, 묶어서 '한 개'로 만들면, 한 개를 내놓을 수 있게 된다. 여기에서는 이렇게 값 하나를 만드는 것과 여러 값을 묶는 방법을 설명한다.

마이크로소프트에서 만든 엑셀, 구글에서 만든 스프레드시트 등 애플리케이션 프로그램을 자주 쓴다. 이 프로그램 시트(sheet)에 자료를 써넣는 데, 보통 차곡차곡 쌓는다. 그러다가 자료 사이에 다른 자료를 끼워 넣으면, 끼워 넣은 자리 앞 자료는 그 자리에 있지만, 뒤 자료는 자리가 바뀐다. 가로 방향 순서는 '열(column)'이고, 그 열 이름을 영어 알파벳으로 나타낸다. 그리고, 세로 방향 순서는 '행(row)'이고, 숫자로 나타낸다. 알파벳 문자와 숫자 조합으로 자료가 있는 곳을 가리킨다. A1, Z100과 같다. 자료를 2차원 평면에 놓으므로 자리를 가리키는 두 정보가 필요하다. 순서쌍으로 (A, 1), (Z, 100)으로 나타낼 수 있다.

	A	B	C
1	A1	B1	C1
2	A2	B2	C2
4	A3	B3	C3

수학 시간에 점 위치를 2차원 좌표에 나타낼 때는 (1, 100), (5, 20)처럼 숫자 두 개를 썼다. 이것을 1100, 520이라고 줄여 쓰면, 어디서 나눌지 몰라 (11, 00), (52, 0)이라고 할 수도 있을 것이다. 알파벳과 수를 섞어서 낱말 하나(A1, Z100 등)로 자료가 있는 곳을 나타낼 수 있다. 이 낱말을 '주소(address)'라고 할 수 있다. 자료가 있는 곳을 알려면, 그 주소를 알아야 하는데, 알파벳과 수가 가리키는 주소는 뜻이 없어 외우기 어렵다. 그래서 시트 왼쪽 위에 '이름 상자' 기능으로 셀(cell) 이름을 지을 수 있다. 셀에 이름을 붙이면, 그 셀 자료를 보려면, 주소 대신 이름을 쓸 수 있다. 프로그래밍에서는 셀이 변수이고,이 이름은 '변수(variable) 이름'이다. 메모리 어느 곳에 변수 값을 저장하는 데, 그 어느 곳 시작 주소와 차지하는 길이 정보가 필요하다. 이 주소는 컴퓨터 운영 체제가 정하고, 정해져 있지 않고 프로그램을 실행할 때마다 상황에 따라 달라진다.

이 변수를 저장한 메모리에는 데이터를 쓸 수도 읽을 수도 있고, 읽기만 또는 쓰기만 하는 변수가 따로 있지 않다. 쓰지 못하고, 읽기만 하면, 상수이고, 쓰기만 하고 읽지 못하면, 아무것도 아니다. 값을 쓰고, 읽고, 바꿀 수 있어야 변수이다. 랩뷰는 입력하는 변수와 나타내는 변수로 나눴고, 각각 '컨트롤'과 '인디케이터'이다. 물론, 컨트롤과 인디케이터 값을 바꿀 수 있고, 읽어올 수도 있다. 다만, 기능을 그처럼 정한 것이다.

여러 값이 형이 같고, 되풀이 기능에 쓰면, 하나로 묶어 쓰는 게 효율이 좋다. 필기구 여러 개를 따로 가지고 다니는 것보다는 필통에 넣어 하나를 가지고 다니면 관리가 편하다. 학교에서 학생 기록부를 한 장씩 가지는 것보다, 한 파일로 묶으면 관리가 편하고 효율도 좋다. 하지만, 필통에는 연필만(같은 종류) 넣을 수도 있지만, 칼, 자 등 서로 다른 성질을 가진 학용품도 함께 넣을 수도 있다. 또 필통과 파일은 서로 다른 '묶음'이지만, 가방에 넣어 한 묶음으로 다룰 수 있다. 같은 종류 데이터와 다른 종류 데이터를 묶는 방법이 다르고, 이름도 다르다.

같은 종류 데이터는 배열(array)로 묶고, 다른 종류 데이터는 클러스터(cluster)로 묶는다. 다른 언어에서도 같은 데이터 묶음을 배열이라 하지만, 클러스터는 구조체라고 한다.

	랩뷰	다른 언어
같은 형 데이터	배열(array)	배열(array)
다른 형 데이터	클러스터(cluster)	구조체(structure)

데이터를 묶었으나, 그 묶음에서 바라는 데이터를 꺼낼 수도 있어야 한다. 묶음을 이루는 각각을 원소(element)라고 한다. 그 원소가 있는 차례를 가리키는 수를 '지수'(index)라고 한다. n 차원 배열은 지수가 n개 있다. 마치 1차원 수선에는 수 1개로 위치를 정하고, 2차원에서는 수 2개로 위치를 정하는 것과 같다.

클러스터는 원소를 이름에 따라 묶고, 이름 없이 차례에 따라 묶을 수도 있다. 이름을 따라 정했다면, 이름 또는 순서에 맞게 원소를 읽고, 쓸 수 있다. 클러스터는 여러 원소로 한 묶음 객체를 만들었기 때문에 클래스와 비슷하지만, 다른 부분이 많이 있어, 클래스와 다르지만, 완전히 다른 것이 아니어서, 클래스 한 종류로 생각할 수 있다.

6.4 되풀이해서 데이터 만들기

되풀이해서, 여러 데이터를 만들 수 있다. 예로, 수를 1~100까지 만들 수도 있고, 홀수만(1, 3, 5, …), 짝수만(2, 4, 6, …) 만들 수도 있다. 문자를 a, b, c, …, z로 만들 수도 있고, a만(a, a, a, …) 여러 개를 만들 수도 있다. 이렇게 되풀이하는 일은 반복문(iteration)으로 만드는 데, 이는 함수는 아니고, 제어이지만, 랩뷰에서는 블록 다이어그램에서 쓰기 때문에, [Functions] 팔렛에 있고, [Structures]에서 찾을 수 있다.

보통 for loop, while loop, do-while loop 세 가지 반복문을 쓰는 데, 랩뷰에서는 for와 do-while 두 가지만 쓰고, for loop와 while loop라 부른다. 되풀이하는 것은 끝을 반드시 알고 있어야 한다. 그래야 멈출 수 있다. 멈추는 방법에 따라 위 둘을 나누는데, for 루프는 정한 수만큼 되풀이하고, while 루프는 한 번 실행한 다음, 조건에 따라 끝나는 곳이 달라진다.

for 루프에서 되풀이할 횟수를 정할 때, (1) 시작 수와 (2) 멈추는 조건, 그리고 (3) 그 수가 증가하는 방법을 정한다. 다음은 대표로 C 언어 문법이다.

```
for( int i=0; i < 10; i++)
```

int i는 정수형 i 변수를 쓰겠다는 선언을 하고, 0으로 시작 값을 정했다. 마지막 *i* ++는 1 씩 더하는 것을 뜻 하고, 가운데 *i* < 10 은 i 값이 10보다 작으면 되풀이를 한다는 뜻이다. 여기에서 *i* 를 변수 이름으로 쓰고, 'iteration', 되풀이를 뜻한다.

랩뷰에서 for 문은 0으로 시작해서 1 씩 늘어나고, 마지막 수 만큼 되풀이한다. 다음은 랩뷰 for 문이다.

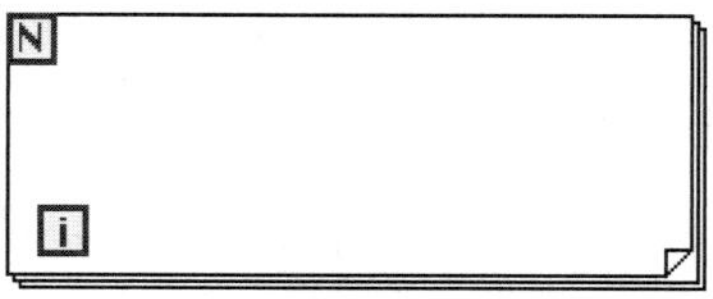

위에 파랑 네모 안 N과 아래에 파랑 네모 안 *i*가 흰 바탕이 위에 있는데, 마치 흰 종이를 여러 장 겹쳐놓고, 맨 위 종이를 접어서 넘기려는 듯하다. 되풀이하려는 코드를 이 흰 바탕에 넣으면, 한 번 실행하고, 종이를 한 장 떼어내면 다음 장에 똑같은 되풀이가 있어 실행하는 모습을 그림으로 나타냈다. 위 N은 겹친 종이 수이고, 다 떼어내면, 되풀이가 끝난다. N과 *i*는 파란색인데, 정수형을 뜻한다.

while 루프는 파랑 네모 안에 *i*와 오른쪽 아래 빨강 동그라미를 감싸는 초록 상자가 있고, 그 옆에 화살표가 있어 시계 반대 방향으로 돌고 있음을 보인다. for 루프처럼 *i*는 0부터 되풀이할 때마다 1씩 늘어난다. 초록 상자는 루프 조건(loop condition)으로 화살표에서 다음으로 넘어가는 판단을 한다. 빨강 동그라미는 'stop if true'이고, 로 바꿀 수도 있는 데, 'continue if true'이다. 이 네모는 부울 수를 입력받는 데, 'stop if true'는 'true' 즉 '1'을 입력하면, 루프를 멈추는 조건이고, 'continue if true'는 이와 반대로 'true' 즉 '1'를 입력하면 멈추지 않고, 계속 되풀이해서 'false'를 연결해야 되풀이가 끝난다.

이 구조(여기에서는 loop이지만, 다른 구조(structure)도 같아서)에는 데이터를 넣을 수도 있고, 되풀이한 다음 데이터를 내줄 수도 있다. 이처럼 데이터가 들어가고 나가는 곳을 터널(tunnel)이라 한다. 이곳을 지나서 데이터를 구조 안팎으로 오갈 수 있다.

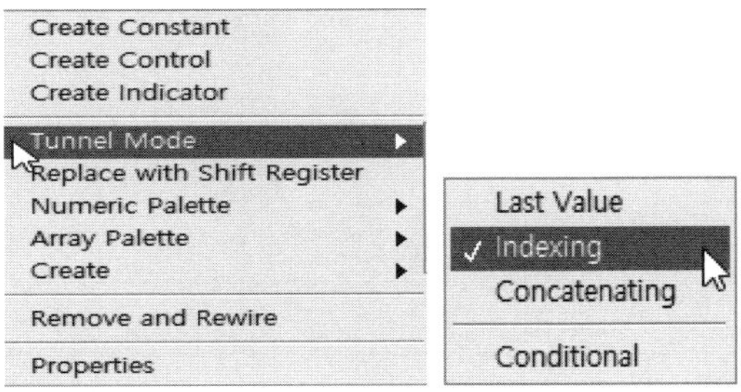

가장 위에 있는 'Tunnel Mode'를 고르면, 'Last Value', 'Indexing', 'Concatenating',

'Conditional' 등 메뉴가 나온다.

Last Value	루프를 마치고 마지막 값을 터널 밖으로 내놓는다.
Indexing	루프를 돌 때마다, 차례로 값을 쌓아 배열로 내놓는다.
Concatenating	루프를 돌 때마다, 만들어진 배열을 차례로 이어 차원이 높아지지 않는 배열을 내놓는다.(배열에서 자세한 설명)
Conditional	구분선이 위 세개와 나눈다. 위 세개에 모두 적용할 수 있는 데, 조건에 따라 터널로 값을 내보낼지를 결정한다.

6.5 Shift Register

Shift Register를 '이동 등록기'로 번역한다. 되풀이하는 루프에서 앞에 했던 작업에서 썼던 값을 다시 쓰고 싶을 때가 있다. 예로 1에서 10까지 더하는 일을 살펴보자.

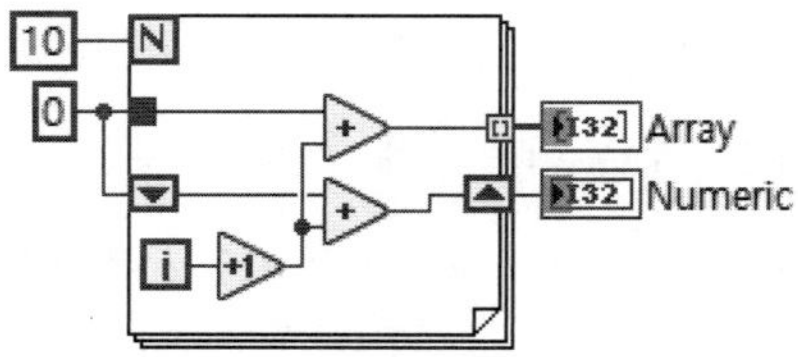

10번을 되풀이하는 데, 처음 0에 시작해서, 1을 더하려고 'i'에 +1 해서 더한 결과를 터널로 내놓았다. 10번 되풀이하고, 지수(index)로 쌓으면, 10개 원소를 갖는 배열이 만들어지고, 원소는 1, 2, 3,... , 10이다.

i	0	1	2	3	4	5	6	7	8	9
tunnel value	1	2	3	4	5	6	7	8	9	10

결과는 '55'이다. 물론 아래처럼 배열 모든 원소를 더해서 값을 낼 수도 있다.

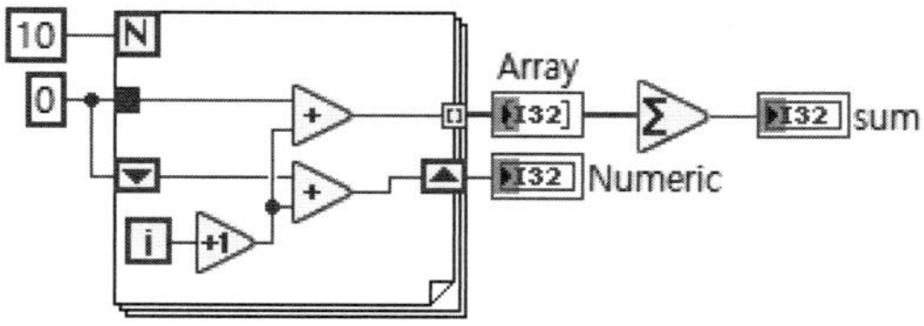

루프 안에 있는 아래 덧셈에서는 위로 바라보는 세모가 그려진 네모에 출력을 잇고, 아래를 바라보는 세모에서 덧셈에 선을 이었다. 앞서 while 루프가 시계 반대 방향을 따라 돌아가는 형태라고 했다. for 루프도 마찬가지로 그 방향으로 돌아간다고 하면, 오른쪽 네모로 나간 값이 루프를 돌아 왼쪽 네모에서 나오는 모습이다. 오른쪽 터널로 값이 들어가면, 한 번 되풀이를 마치는 데, 다음 되풀이에서는 이 값이 돌아서 왼쪽 네모에서 나오는 것이다. 시프트 레지스터에서는 '0'이 아니고, 앞서 오른쪽 시프트 레지스터에 들어간 값이 나온다. 왼쪽 네모에서 처음에는 '0'이 나오고, '1'과 더해져 '1'이 오른쪽 네모로 들어간다. 되풀이는 오른쪽 네모에서 값이 나오는 데, '1'이 나오고, 이제 '2'와 더해져 '3'이 들어가고, 다시 '3'은 '3'과 더해져 '6'이 들어간다. 그래서, 값을 등록하는 곳으로 되풀이 끝과 처음을 오간다 해서 시프트 레지스터(이동 등록기)라고 말한다.

i	*i*+1	previous shift register	shift register
0	1	0	1
1	2	1	3
2	3	3	6
3	4	6	10
4	5	10	15
5	6	15	21
6	7	21	28
7	8	28	36
8	9	36	45
9	10	45	55

바로 앞 값만을 쓸 때는 위처럼 쓰지만, 두 번 앞 값을 쓰거나, 세 번 앞 값이 필요할 때도 있다. 이때는 왼쪽 이동 등록기에 마우스를 화살표로 가져가면, 칸을 넓힐 수 있는 점이 나오고, 이 점을 드래그 하면 다음처럼 여러 네모를 만들 수 있다.

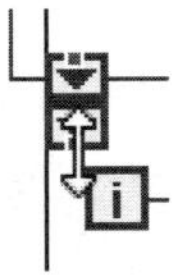

차례로 앞 값(last value), 앞-앞 값(2nd to last value), 앞-앞-앞 값(3rd to last value)을 쓸 수 있다. 앞 값(last value)은 한 번도 실행하지 않은 값이므로 초기화 않으면 오류로 실행할 수 없다.

for 루프에서 마우스 오른쪽 클릭해서 나오는 메뉴 가운데, 'Visible Items'에서 'Subdiagram Label'을 고르거나, 메뉴에서 'Properties'를 열면 레이블과 Subdiagram 레이블을 쓸 것인지를 정하는 메뉴가 있고, 루프에 설명을 붙여 놓으려면 Subdiagram 레이블을 선택하면, 설명을 써 놓을 수 있다. 단지 설명을 써 놓을 뿐, 기능은 안 달라진다.

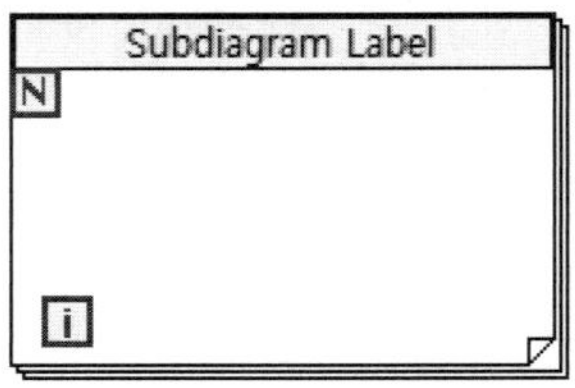

계산해서 나온 결과를 다시 계산 식에 넣기를 되풀이해서 한 값을 내놓을 수도 있고, 계산할 때마다 나온 결과 값을 따로 내놓아 여러 값을 낼 수도 있다. 값이 하나 일 때는 변수 하나가 필요하지만, 여러 값을 낼 때는 배열이 필요하다.

터널을 지나는 값에 조건에 맞는 값만 내놓게 할 수도 있다. 다음 예는 홀수만 통과하는 조건을 넣었고, 0~9 사이에 홀수는 5개(1, 3, 5, 7, 9)만 있고, 요소가 5개인 배열을 내놓는다.

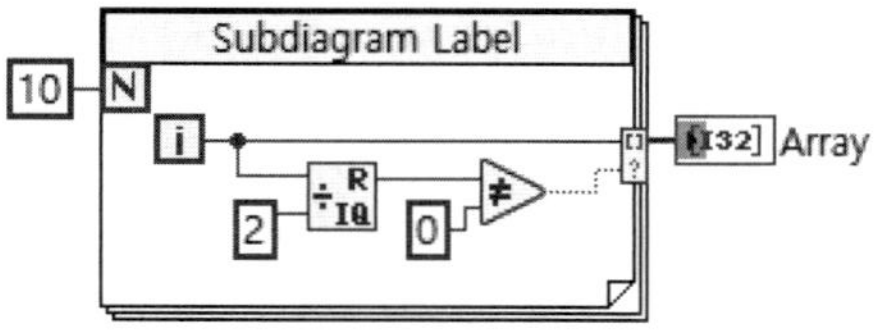

가운데 있는 계산 함수는 위쪽에 넣은 값(i)을 아래 넣은 값(2)로 나누고, R에서는 나머지를 Q에서는 몫을 준다. 2로 나눈 나머지는 0 또는 1인데, 0이 아니면 1 만이 조건이고, 홀수를 뜻한다.

6.6 형이 같은 여러 데이터 묶기–배열

배열은 형이 같은 여러 값 묶음이다. 되풀이 계산을 할 때, 과정에서 나온 값을 묶어 배열을 만든다. 배열은 변수 여럿을 차례로 묶었고, 차례를 지수(index)라고 하는 데, 거듭제곱을 나타내는 지수(exponent)와 다르다. 둘 다 모두 한자로 指數를 쓴다. 그래서 여기서는 순서를 가리킨다고 해서 헷갈리지 않게 가리킴 수라고 부르겠다. 가리킴 수 갯수가 차원을 나타낸다. 가리킴 수가 1개 있으면, 1차원이다. C나 C++ 언어에서는 변수 이름에 가리킴 수를 '[ ]'에 넣어 배열을 만들고, 이 괄호를 수가 차원이다.

1차원: a[10]

2차원: a[10][3]

랩뷰에서는 배열을 블록 다이어그램과 프론트 패널에서 모두 만들 수 있다.

왼쪽은 블록 다이어그램, 오른쪽은 프론트 패널에서 만드는 기초이다. 먼저 블록 다이

어그램에서는 [Functions] 팔렛 → [Programming] → [Array]에서 찾을 수 있고, 검은 색으로 데이터 형을 정하지 않았음을 나타낸다. 왼쪽에 값을 올리고 내릴 수 있는 버튼이 있는데, 이를 '스핀 컨트롤'이라고 하고, 가리킴 수(지수)를 나타낸다. 가리킴 수가 하나 있어, 1차원이다. 오른쪽에는 상수를 넣어 배열 상수를 만든다.

각각 정수, 실수, 2진수, 문자열 상수이다. 색은 같으나, 선명하지 않은 흐린 색인 이유는 형은 정했으나, 값을 안 정했기 때문이다.

아무 값을 넣었다. 이를 여러 차원으로 만들려면, 왼쪽 가리킴 수 개수를 늘려주는 데, 툴 팔렛에서 (Position/Size/Select)로 가리킴 수에 가져가면 파랑 점이 8개 나오며, 아래 점 3개 가운데 하나를 아래 방향으로 드래그하면, 가리킴 수 개수가 늘어간다. 왼쪽 점 3개를 오른쪽 왼쪽으로 움직일 수 있는 데, 가리킴 수를 보이는 칸 크기가 달라진다.

한 칸만 늘려 2차원으로 만들었다.

값이 있는 곳에 마우스 포인터를 가져가면, 다음처럼 두 모양으로 바뀐다.

왼쪽은 값에, 오른쪽은 값 살짝 밖에 마우스를 두었다. 왼쪽은 상수 값이 보이는 것을 늘릴 수 있고, 오른쪽은 보이는 상수 값개수를 바꿀 수 있다.

이처럼 가리킴 수를 바꿔가면서 값을 바꾸면, 배열을 만들 수 있지만, 값 사이에 어떤 관계가 있어 계산을 되풀이해서 만들 수 있다면, 이처럼 써넣는 것이 불편하고, 지루한 일

이다. 예로, 1에서 100까지 배열을 만든다면, 이처럼 만들면 너무 힘이 든다.

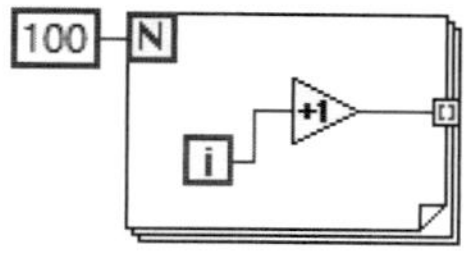

for 루프로 1에서 100까지 배열을 만들었다. 루프에서 터널 방법(mode)을 'indexing'을 골라, 자동으로 가리킴 수가 있는 배열을 만드는 것이다. 터널에 선을 이으면, 앞서 만든 상수 배열과 같은 역할을 하지만, 혹시 위처럼 따로 떨어지는 배열을 만들려면, 터널에서 인디케이터로 만들고, 실행해서 인디케이터에 값을 넣고, 인디케이터에서 마우스 오른쪽을 눌러 'Change to Constant' 명령으로 바꿀 수 있다.

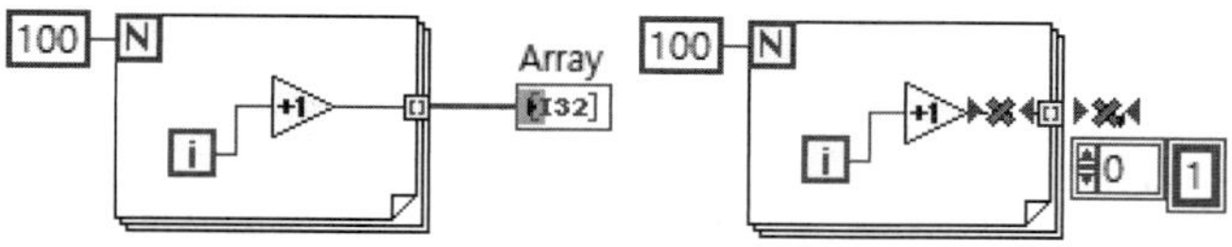

물론 상수에는 값을 넣을 수 없어 연결이 끊어지고, 선을 정리해야 한다.

다른 방법으로 수학식으로 값을 만들 수 있고, [Functions] 팔렛 → [Signal Processing]에서 [Waveform Generation] 또는 [Signal Generation]을 쓸 수 있다.

프론트 패널에서는 [Controls] 팔렛 → [Array, Matrix&Cluster]에서 기본을 찾아 놓는다. 앞서 블록 다이어그램처럼 비어있는 값에 컨트롤 또는 인디케이터를 가져다 놓아 배열을 만들 수 있다.

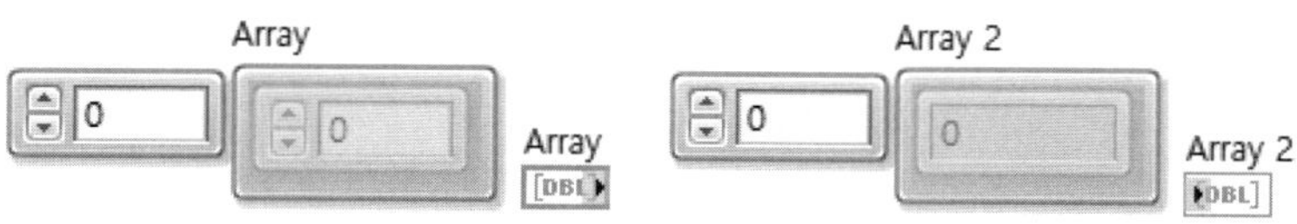

왼쪽은 값에 스핀 컨트롤(안 보이게 할 수 있지만)이 있어 컨트롤이고, 오른쪽은 인디케이터이다. 프론트 패널에 개체를 만들면, 블록 다이어그램에는 쌍으로 아이콘이 나온다. 네모 안에는 '[ ]'가 있고, 배열을 뜻한다.

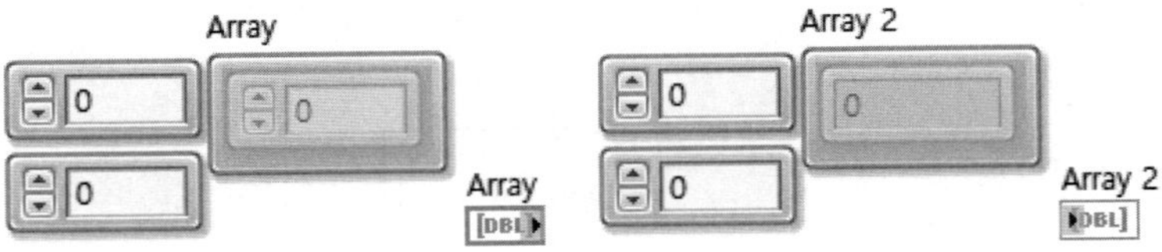

블록 다이어그램처럼 가리킴 수를 드래그해서 차원을 바꿀 수 있고, 차원이 바뀌면, 아이콘에 '[ ]' 선이 조금 두꺼워진다.

차원에 따라 두꺼워진 선을 보였다.

여러 데이터를 만들어 하나로 묶어 배열을 만들었다. 묶음이 관리하기는 편하지만, 어떤 부분 데이터를 읽거나 쓸려면 그 위치를 배열에서 그 위치를 찾아야 한다. 배열에서 원소 위치를 알면 값을 읽거나, 바꿀 수 있다. 앞서 텍스트 언어에서는 '[ ]'를 쓴다고 했는데, 이 괄호 안에 위치를 넣으면 그 원소를 가리킨다. 예로 'a[2]'는 배열 a에서 세 번째 원소를 가리킨다. 반복문처럼 첫 번째는 0이다.

랩뷰에서는 'Index Array'를 쓴다.

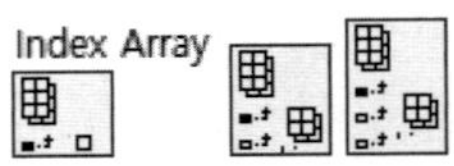

왼쪽에는 (1) 배열과 접근하려는 (2) 원소 번호를 넣으면, 오른쪽으로 그 원소 값이 나온다.

배열 차원이 높아지면, 번호개수도 달라진다.

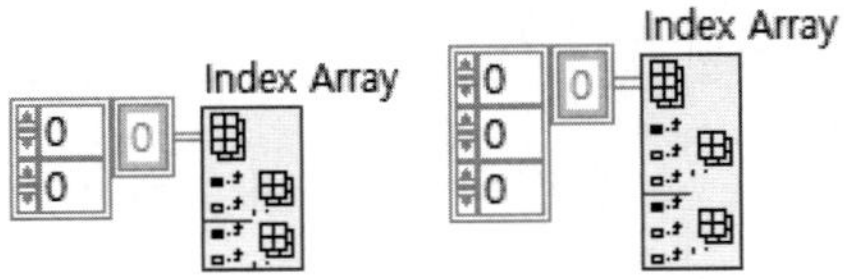

배열(array)은 데이터 묶음이라면, 행렬(matrix)은 연산을 위해 배열을 바꾼 것이라 할 수 있다. 연산 등을 미리 정해놨다. 행렬은 벡터 연산 등을 더 할 수 있다. 여기에서는 행렬에서 쓰는 말만 따서 쓰고, 연산 등을 설명하지 않는다. 행렬(matrix)은 '행(row)'과 '열(column)'을 붙여 이름 붙였다. 행은 가로줄이고, 열은 세로줄이다. 데이터를 하나하나 쌓으면, 가로줄을 늘리며, 다음 줄에 쌓는다. 행 묶음을 여럿 쌓는 것은 세로줄을 늘리며 쌓는다. 행과 열로 데이터를 쌓으면 2차원이고, 평면을 이룬다. 이 평면을 통틀어 페이지(page)라 하고, 페이지를 쌓으면 부피(volume)가 바뀐다.

1차원 데이터 묶음에서 가리킴 수로 원소 위치는 정해 값을 정할 수 있다. Index Array에 가리킴 수를 넣을 곳은 검정 작은 네모이다. 2차원 데이터 묶음에서는 검정 네모와 속이 비어 노랗게 보이는 네모도 있다. 이곳에 선 연결을 위해 커서를 놓으면, 다음처럼 'disabled index (col)' 메시지가 나온다. 뜻을 풀어보면, col에 가리킴 수를 쓸 수 없는 혹은 쓰지 않는 상태인데, 가리킴 수가 없으니, 열에 있는 모든 원소이다. 행렬에서 행번호가 같은 모든 열 값을 내준다는 뜻이다. 행 가리킴 수가 기본값 '0'으로 정해 있어, 행이 검정 네모였다. 열에 가리킴 수를 넣었다면, 행이 'disabled' 되고, 가리킴 수가 가리키는 열에 있는 모든 행 원소로 1차원 배열을 만들어 내놓는다. 이 'disabled'는 가리킴 수를 넣지 못한다는 뜻이 아니고, 특정하지 않는다를 뜻한다. 따라서, 행과 열 모두 가리킬 수 있고, 두 수를 정하면, 배열이 아닌 원소 값 하나가 나온다.

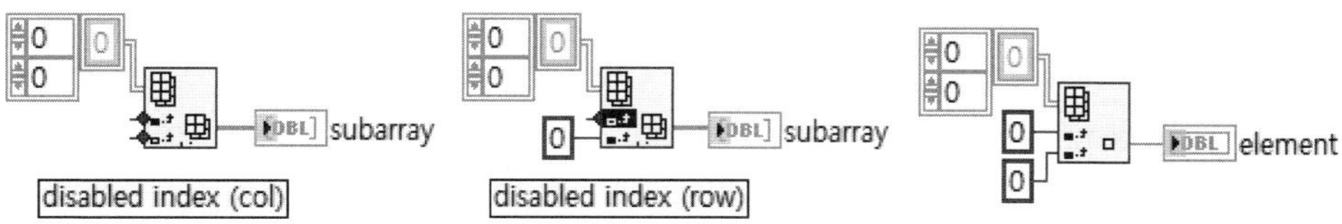

배열에서 가리킴 수 개수만큼 차원이 줄어든 배열을 내놓고, 배열 차원과 가리킴 수 개수가 같으면 원소를 내놓는 것을 알 수 있다.

6.7 형이 다른 여러 데이터 묶기–클러스터

형이 다른 자료는 클러스터(cluster)로 묶는다.

배열과 마찬가지로 여러 자료를 묶으면 하나로 처리할 수 있어 편하다. 예로, 한 사람을 나타낸다면, 키, 몸무게, 나이 등을 늘어놓을 수도 있고, 이는 모두 숫자이지만, 키나, 몸무게는 아날로그이고, 나이는 정수로 나타낼 수 있어 형이 다르다. 물론 나이도 정수가 아닌 실수로 나타낼 수도 있어, 저장 공간을 조금 낭비하더라도 같은 형으로 묶을 수 있다. 여기에 눈 색, 머리카락 색, 피부색은 보통 색이름으로 나타내므로 문자열이고, 형이 다르다. 이런 자료를 묶는다면, 형이 달라 배열로 만들 수 없다.

이때, C나 C++에서는 구조체(structure)를 쓴다. 랩뷰에서는 구조체 역할을 클러스터가 한다. 클러스터도 입력, 출력, 상수로 만들 수 있고, 입력과 출력은 객체로 만들고, 상수는 블록 다이어그램에 만든다. 또 블록 다이어그램에서 직접 데이터를 묶을 수도 있다. 세 가지 방법으로 묶어 클러스터를 만든다.

프론트패널	컨테이너에 객체를 넣어 묶음
블록 다이어그램	컨테이너에 상수를 넣어 묶음
	직접 데이터를 묶음

클러스터는 3가지 형이 있다.

보통(여러 데이터 형)	숫자만	오류형(2진수+정수+문자열)

블록 다이어그램에서 컨트롤 또는 인디케이터 자료형을 '주황', '파랑', '초록', '분홍' 색과 'DBL', 'I32', 'TF', 'abc' 등 문자로 나타낸다. 그러나, 클러스터는 위처럼 여러 데이터형이 모여있는 것처럼 모양이 다른 네모들을 모았다. 위 클러스터 아이콘은 각각 상수, 컨트롤, 인디케이터를 나타낸다.

6.8 형이 다른 여러 데이터 묶기-1. 프론트 패널

프론트 패널에서 [Controls] 팔렛 - [Data Containers]에서, 'Cluster'를 골라 놓고, 크기를 조절한다.

기본으로 (오른쪽에 검정 삼각형이 있는) 컨트롤 객체를 만드는 데, 형을 정하지 않아 검은색이다. 아이콘에서 오른쪽 마우스 버튼을 눌러 나온 메뉴에서 'View As Icon'을 골라 오른쪽 큰 아이콘으로도 바꿀 수 있다. 이 컨테이너 안에는 컨트롤 또는 인디케이터를 넣을 수 있는데, 처음 넣는 객체가 가진 특성에 따라 클러스터 종류가 정해진다. 클러스터로 형이 다른 데이터를 묶을 수 있지만, 입력(컨트롤)과 출력(인디케이터)을 같이 못 묶는다. 컨트롤을 먼저 넣고, 뒤에 인디케이터를 넣으면, 뒤에 넣은 인디케이터는 컨트롤로 자동으로 바뀐다. 클러스터 전체를 입력과 출력을 서로 바꿀 수 있고, 한 번에 모두 바뀐다. 클러스터 원소 가운데 하나를 바꿔도 모두 바뀐다.

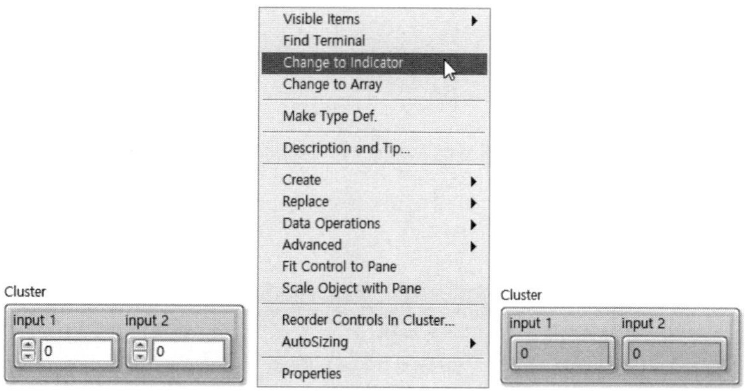

컨테이너 안에 있는 객체 값은 블록 다이어그램에서 읽을 수 있어야 하는 데, 묶음 안에서 객체 위치를 특정할 수 있어야 한다는 말과 같다. 어떤 물체를 차곡차곡 쌓았다면,

쌓은 순서를 알거나, 이름을 알면 위치를 알 수 있다. 따라서, 컨테이너에 넣는 순서가 중요하다. 순서가 중요하므로, 바꿀 수도 있다. 위 팝업 메뉴에서 'Reorder Controls in Cluster..'를 골라 바꾼다.

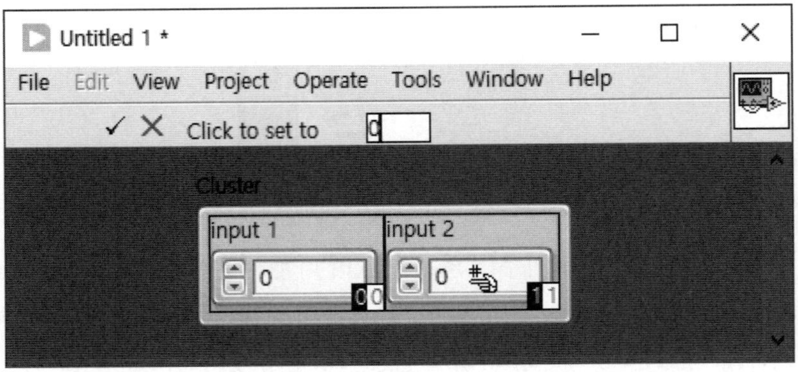

메뉴를 고르면, 클러스터를 뺀 나머지 부분은 짙은 회색으로 바뀌고, 클러스터 안에 순서를 바꿀 수 있는 객체에 검색 바탕에 흰 글씨, 흰 바탕에 검정 글씨가 나타나고, 'input 2'에 있는 '손가락 모양과 #' 커서를 옮겨 클릭하면, 메뉴 줄에 있는 'Click to set to' 설정 '수'(여기에서는 '0')로 검정 바탕 수가 설정 수로 바뀌고, 수가 하나 커진다. 예는 객체가 둘이지만, 더 많아 모든 순서를 다 정하려면, 복잡할 수 있지만, 설정 수 값을 바꿔 바로 바꿀 수도 있다. 이 수는 객체 개수보다 1 적은 값까지만 바꿀 수 있다. 설정을 마치면 '✓'를 눌러 마치거나, '×'를 눌러 취소할 수 있다.

클러스터 컨테이너 안에 있는 객체를 자동 정렬할 수 있다. 공백 없이 크기를 바꿀 수도 있고, 가로와 세로로 순서에 따라 정렬할 수 있다.

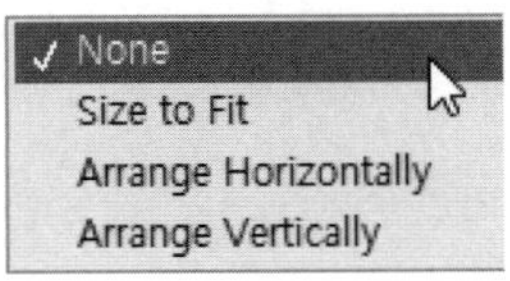

오른쪽 클릭 메뉴에서 위 고를 수 있는 데, 고르면, 메뉴가 정해지고, 전체 크기를 바꿔 여백을 늘릴 수 있다. 'Size to Fit'을 골랐다면, 객체를 옮겨 놓으면 전체 크기가 바뀐다.

가로/세로 정렬을 골랐다면, 전체 크기는 바뀌지만, 위치를 바꿀 수 없다.

6.9 형이 다른 여러 데이터 묶기-2. 블록 다이어그램

블록 다이어그램에 [Functions] 팔렛→[Programming]→[Cluster, Class,&Variant]에 있는 'Cluster Constant'를 골라 데이터를 묶을 수 있다. 프론트 패널에 있는 컨테이너와 비슷해서 객체를 넣는 데, 상수만 묶을 수 있다. 실수, 정수, 문자열 상수를 묶어 클러스터를 만든다. 블록 다이어그램에서 컨테이너를 놓으면, 기본으로 갈색 숫자 클러스터를 만든다.

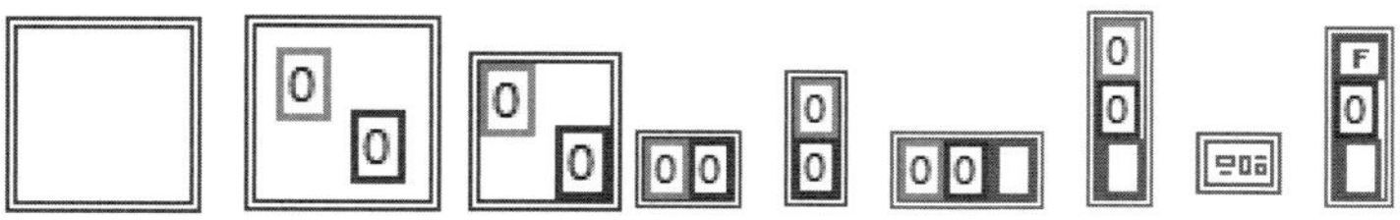

블록 다이어그램은 아이콘이 너무 많은 넓이를 차지하면 복잡해져서 간결하게 만드는 것이 좋은데, 컨테이너 안에 넣은 객체들을 자동으로 정리할 수 있다. 세 번째는 처음 상수를 놓은 위치를 바꾸지는 않지만, 공백을 없애 크기를 맞춘 것이고, 네 번째는 수평 정렬했고, 다섯 번째는 수직 정렬한 결과이다. 두 클러스터를 더 보였고, 컨테이너를 두 번 클릭해, 작은 아이콘으로 바꿨다. 마지막에는 에러를 나타내는 상수 클러스터이다. 블록 다이어그램에서도 프론트 패널처럼 컨테이너 안에 있는 객체 순서를 'Reorder Controls in Cluster..'로 바꿀 수도 있다.

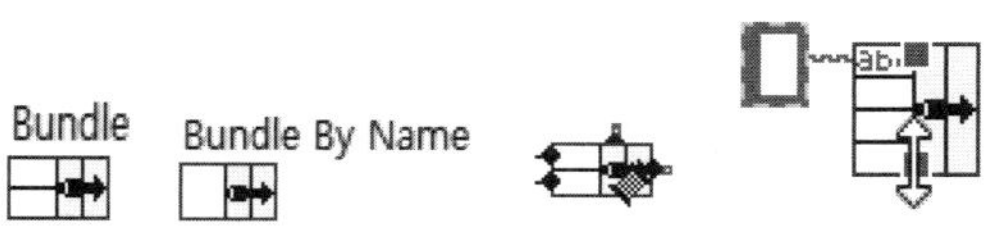

마지막으로 직접 묶을 수 있다. '상수'와 '컨트롤' 객체를 'Bundle' vi로 묶을 수 있다. 인디케이터는 와이어가 들어가는 형태이고, 'Bundle' 또한 들어가는 형태이므로 서로 이을 수 없어 묶을 수 없다.

6.10 클러스터 데이터 읽고, 바꾸기

클러스터 안에 있는 컨트롤 객체 값은 프론트 패널에서 값을 바꿀 수 있고, 인디케이터 객체나 상수는 프론트 패널에서 다룰 수 없고, 블록 다이어그램에서 다룰 수 있는 데, 값을 꺼내 읽고, 묶음을 나눠서(unbundle) 접근해야 한다. 두 가지 나누는 방법이 있다. 하나는 이름으로 나누고 다른 하나는 앞서, 컨테이너에 넣는 순서가 중요하다고 했는데, 그 순서에 따라 접근하는 방법이 있다.

'Unbundle'을 쓰면, 묶은 순서에 따라 차례로 모든 값을 내놓는다. 만약 여러 데이터를 묶었다면, 그 수만큼 연결할 수 있는 터미널이 나타나서 다 쓰지 않으면 복잡하기만 하다. 'Unbundle By Name'은 'Label'을 쓴 아이템만 나눌 수 있고, 고를 수도 있다.

위는 실수, 정수, 문자열 상수를 묶은 클러스터인데, 셋 가운데 두 아이템에 'Num1'과 'Num2'로 레이블했다. 레이블하고, 오른쪽은 안 보이게 숨겼다. 레이블을 숨겼어도 레이블이 있다면 고를 수 있는데, 다른 아이템은 못 고른다.

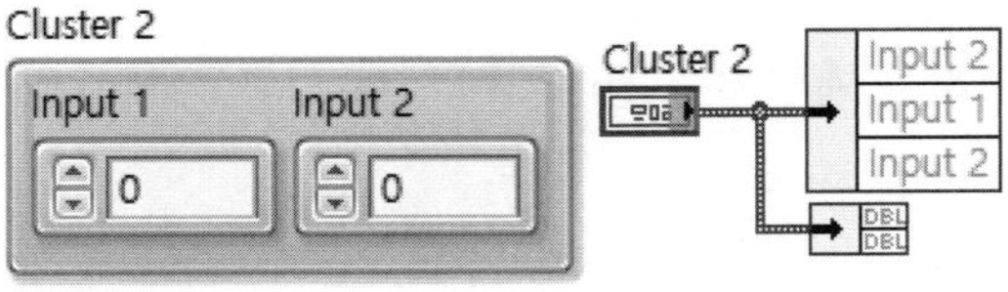

'Cluster 2'는 'Input 1', '2' 컨트롤 객체 둘을 묶었는데, 모두 기본으로 레이블이 있다. 'Unbundle'로 나누면, 두 객체를 순서대로 보여준다. 그러나 두 객체가 같은 형이어서, 구분이 어려우므로 순서를 잘 기억해야 한다. 'Unbundle By Name'을 골라 나누면, 순서를 바꿀 수도 있고, 같은 것을 여러 개로 나눌 수도 있고, 순서를 기억하지 않아도 된다.

아래는 위에서 만든 클러스터 원소 가운데 실수 값을 바꾸는 방법이다. 클러스터가 포함하는 아이템이 왼쪽 입력에 나타나고, 바꾸려는 값을 넣으면 출력에 값이 바뀐 클러스터가 나온다.

따라서, 위 Cluster 3에는 (0, 0,)이지만, output cluster는 첫 항이 10으로 바뀐다. 만약 만들어 놓은 클러스터를 바꾸지 않고, Bundle에 값만 넣으면, 새로운 출력이 나온다. 넣으려는 아이템 수에 맞춰 Bundle 수를 바꿀 수 있다. 그리고, 넣는 아이템에 따라 자동으로 형이 정해진다. 아직 결정하지 않은 입력이 있어서 오류가 생긴다. 더 넣을 입력이 없다면, 입력 수를 줄이거나, 입력에서 마우스 오른쪽 클릭 메뉴에서 'Remove Input'을 골라 없앨 수도 있다. 순서를 바꾸려 중간에 입력을 넣으려면, 'Add Input'을 골라 칸을 늘릴 수도 있다. 앞서 말한 것처럼 마우스로 늘리면 마지막 순서가 생긴다.

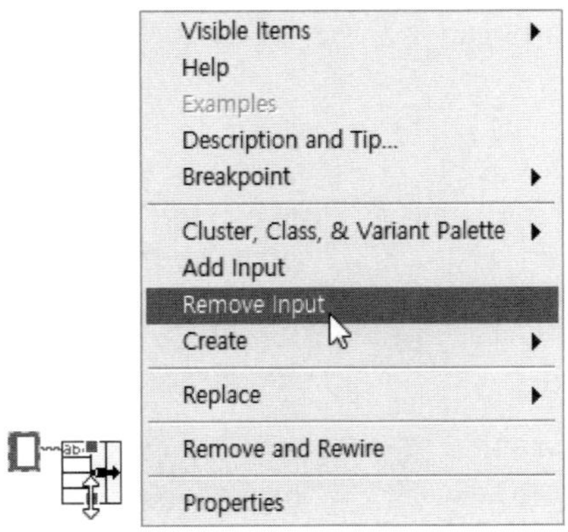

형이 같은 데이터를 묶은 클러스터는 배열로 바꿀 수 있다.

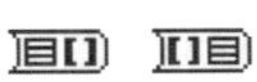

왼쪽 'Cluster to Array'에 형이 같은 데이터 클러스터를 넣으면, 오른쪽으로 배열이 나온다. 같은 방법으로 'Array to Cluster'를 써서 배열을 클러스터로 바꿀 수도 있다.

6.11 다항식 값 만들기

$$y = f(x) = a_0x^0 + a_1x^1 + a_2x^2 + a_3x^3 + \cdots$$

다항 함수를 위처럼 쓸 수 있고, 독립 변수 한 값에 개수가 같은 계수 배열과 독립 변수 거듭 제곱 값 배열을 원소 순서대로 곱하고 더해서 함수 값을 구할 수 있다.

원소	0th	1st	2nd	3rd		
계수배열	a_0	a_1	a_2	a_3	$\cdots$	함수 값
독립 변수 x	x^0	x^1	x^2	x^3	$\cdots$	$\sum_{i}^{n} a_i x_i$
곱 배열	a_0x^0	a_1x^1	a_2x^2	a_3x^3	$\cdots$	

한 독립 변수로 만드는 함수 값은 위 계산이 필요하다. 랩뷰는 두 배열 곱은 각 원소끼리 곱해서 곱 배열을 만든다. 두 배열 크기가 다르면, 원소 수가 적은 쪽을 따른다. [Functions] 팔렛 → [Numeric]에는 〈Add Array Elements〉 함수가 있어 곱 배열 모든 원소를 더할 수 있다.

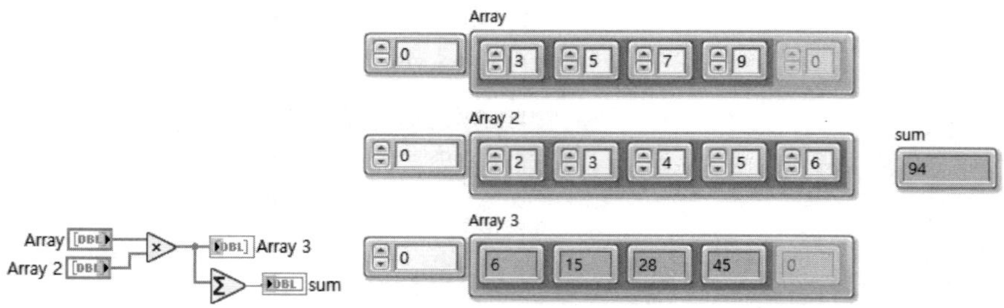

첫 배열은 원소가 4개이고, 둘째 배열은 원소가 5개이어서, 곱한 결과는 원소가 4개이다.

첫 배열을 계수들이고 여기에서는 정한 값을 입력한다. 둘째 배열은 독립 변수로 만드는 거듭 제곱으로 정의역에 있는 독립 변수에 따라 계산해야 한다. 여러 번 되풀이 계산이 필요하므로, for 반복문을 쓴다. 4 차식은 상수항까지 5항이므로, 4번 또는 5번 되풀이한다. 독립 변수 값을 넣고, 한 값은 이 값과 곱해서 다시 입력하는 시프트 레지스터를 쓴다.

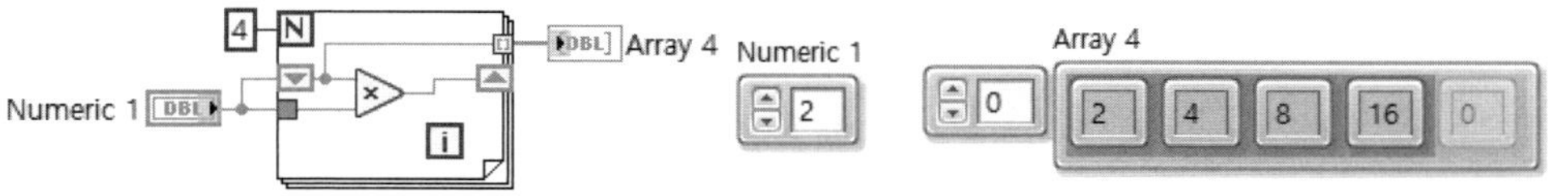

독립 변수 2를 넣었을 때 바랬던 거듭 제곱 배열은 (1, 2, 4, 8, 16)이므로, 늘 배열에서 첫 번째 원소에는 1을 넣어야 하므로 Array 4에 1을 첫 번째 원소에 더 넣어준다.

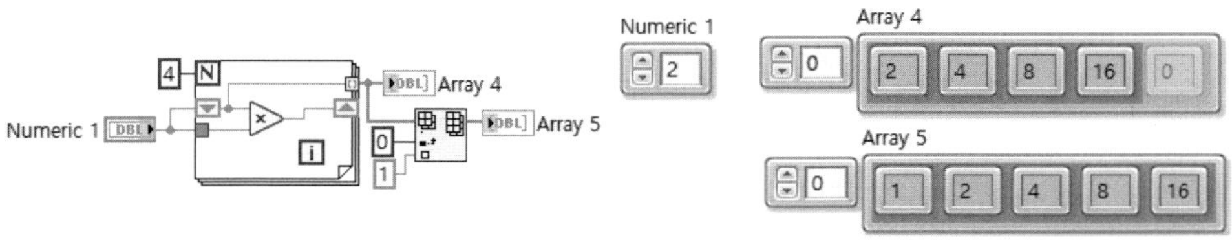

Array 5를 독립 변수 거듭 제곱 수로 쓸 수 있다.

거듭 제곱 수를 만드는 vi로 쓰는 방법이 있다. [Functions] 팔렛 → [Mathematics] → [Elementary&Special Functions] → [Exponential Functions] 에 〈Power of X〉 vi를 고른다.

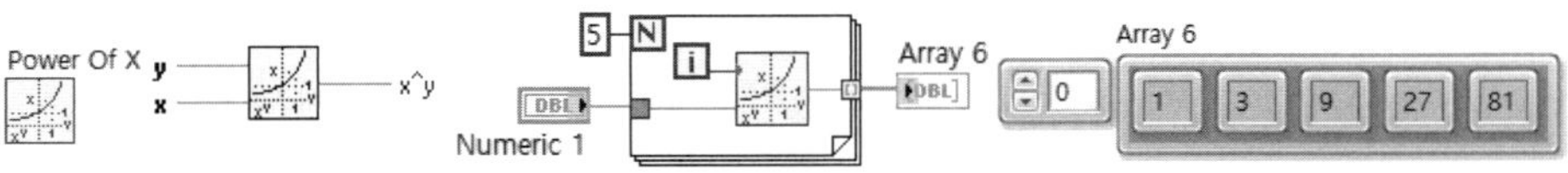

되풀이 수 'i'는 0부터 시작해서 4까지 5 원소를 만들 수 있어 간단하다.

이제 독립 변수 정의역을 정할 차례이다. 보통 정의역 값은 0부터 시작해서 일정 간격으로 눈금을 정한다. 하지만, 실제로 무엇인가를 잴 때는 그 간격을 정확히 지키지 못할 수도 있다. 또 시작점도 음 값(예, -a)에서 시작해서 양 값(+a)으로 끝나게 할 수도 있다. 이것은 정의역 방향으로 평행이동시켜 만들 수 있으므로, 0부터 시작해서 끝점까지 2,500개 데이터를 만들겠다.

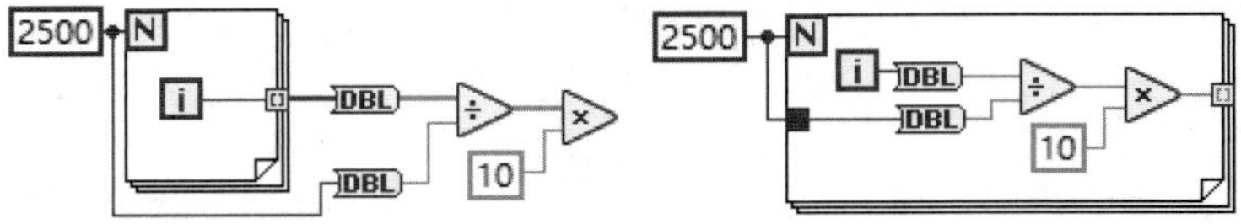

위 두 방법은 결과를 같이 주지만, 왼쪽은 i 값 배열을 만들고, 배열을 계산했고, 오른쪽은 나누기와 곱하기를 2,500번씩 한다. 보통은 왼쪽이 더 빨리 계산되지만, 컴퓨터 성능은 위를 구분할 수 없을 정도로 빨라, 어느 것을 해도 괜찮다. 반복문으로 2,500개 데이터를 그리고, 반복수 i는 0에서 2,499이므로, 곱한 '10'보다 약간 작은 9.996까지를 만든다. 마지막 값을 '10'으로 만들려면, 2,501번 되풀이하고, 2,500으로 나누거나, 2,500번 되풀이하고, 1 작은 2,499으로 나눈다.

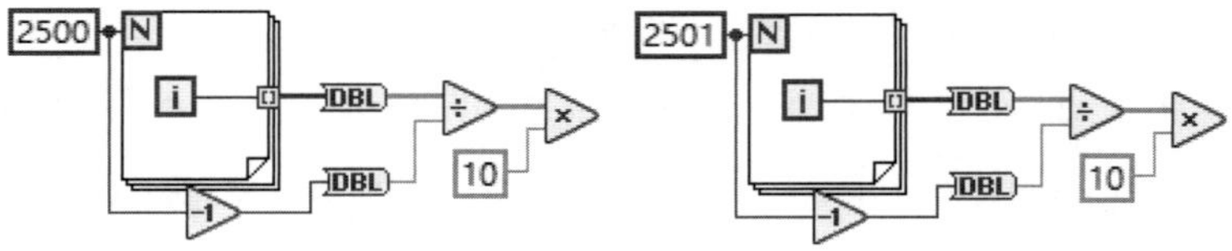

왼쪽은 배열 크기가 2,500이지만, 정의역을 2,499로 나눴으므로, 간격이 무리수(0.00041600…)이다. 오른쪽은 배열 크기는 2,501로 100자리로 떨어지지 않지만, 정의역 간격은 0.0004이다. 먼저 한 위쪽 예는 배열 크기가 2,500, 간격도 0.0004로 유리수 값을 갖지만, 마지막 '10'이 없다.

위에서 한 과정을 [Functions] 팔렛 → [Signal Processing] → [Sig Generation]에서 〈Ramp Pattern〉 vi로 할 수도 있다. 이 함수는 이름은 같지만, 역할을 달리하는 다형성 함수인데, 아래 사각형에서 함수를 고를 수 있다. 〈Ramp by Samples〉, 〈Ramp by Delta〉이다.

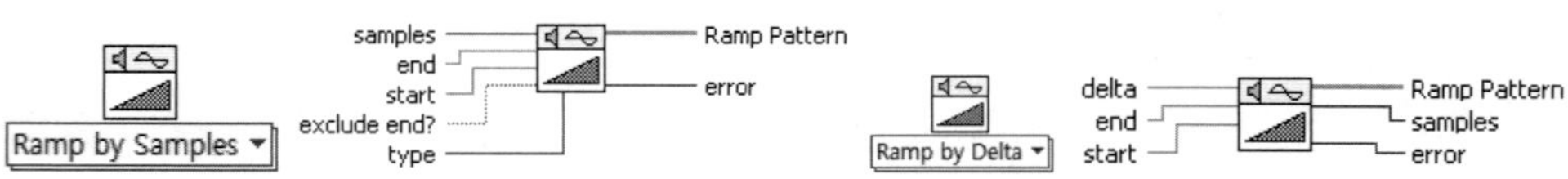

<Ramp by Samples>는 배열 크기를 정하고, 처음 값과 마지막 값, 마지막 값을 넣을 것인지를 정하면, 'Ramp Pattern'에 배열 값을 낸다. <Ramp by Delta>는 처음, 마지막 값 그리고, 사이 간격을 주면, 배열 크기와 배열 값을 낸다.

이제 다항식 값을 계산한다. 계수 배열과 정의역 각 값이 필요하다. 미리 알고 있는 4차 함수를 만들려, 해가 0, 3, 6, 9인 함수를 만들고, y 축 방향으로 50 정도 평행이동했다.

$$y = x(x-3)(x-6)(x-9) + 50 \;=\; x^4 - 18x^3 + 99x^2 - 162x + 50$$

계수 배열은 (50, -162, 99, -18, 1)을 입력하고, <Ramp Pattern> vi로 정의역 값을 만들어 for 반복문으로 2,501번을 되풀이한다. 배열 값을 넣으면서, 터널을 'Enable Indexing'으로 속이 빈 네모 모양으로 넣으면, 이 배열 크기만큼 되풀이하므로, 반복문 'N'에 값을 넣지 않았다. 계수 'Coefficients'도 1차원 배열인데, 'Enable Indexing'을 쓰면, 배열 크기가 독립 변수보다 작으므로, 이 경우 5번 되풀이하고 끝나므로, 'Disable Indexing'으로 터널로 보낸다.

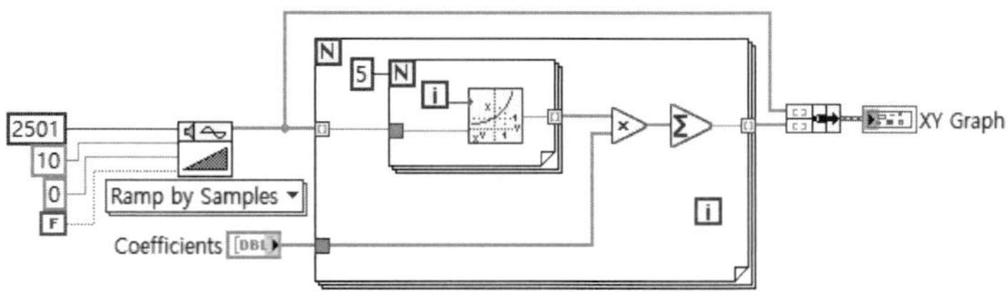

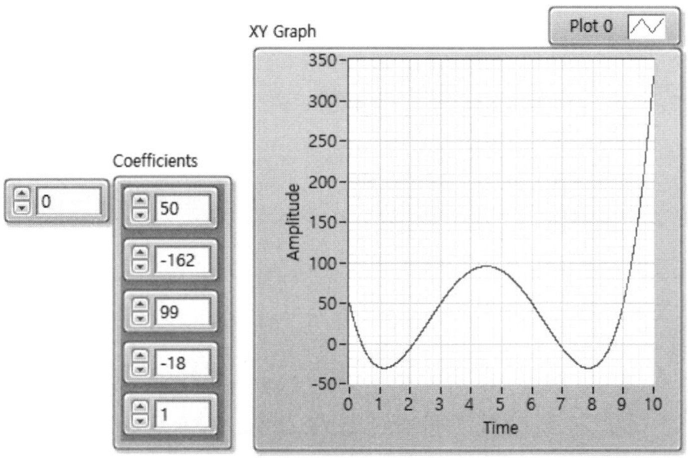

x 값과 y 값 배열을 클러스터로 묶어 XY 그래프를 그렸다.

나중에 분석을 위해 실제 데이터처럼 오차가 있는 데이터를 만들어 보자. 보통 오차는 랜덤 한 수를 더하거나, 곱해 만들 수 있다. 랩뷰로 0~1 사이 임의 수를 만들 수 있는 데, 0.1에 더하면, 크게 바뀌지만, 1,000에 더하면 오차가 아주 작을 것이다. 그래서, 임의 수에 1을 더해서 곱하면, 원래 값 1~2 배 사이값을 임의로 만들 수 있다. 이 값은 늘 1보다 크므로 큰 오차만 만들어지므로, 임의 값 평균은 0.5일 것이고, 0.5를 임의 값에서 빼면, 평균은 0을 더하는 것이고, -0.5~0.5 범위 값이 더해져, 0.5~1.5 사이값을 곱한다. 이 오차는 매우 클 수 있어서, 오차 범위를 10%, 20%, 50% 정도로 제한하려면, 임의 값에서 0.5를 뺀 다음 0.1, 0.2, 0.5를 곱하면, 알맞은 오차를 만들 수 있다.

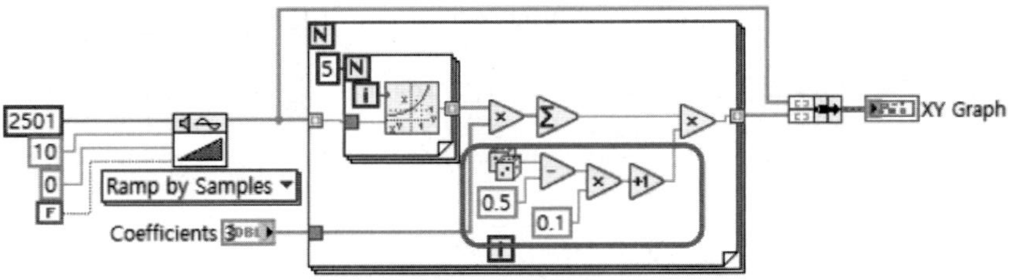

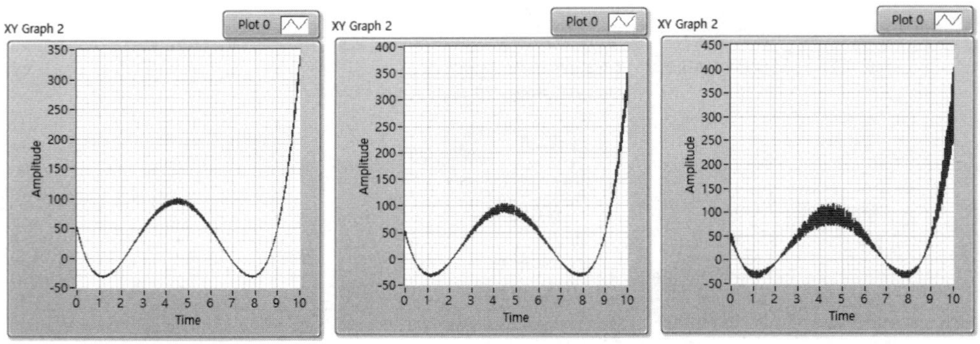

임의 값은 난수라고도 하고, [Functions] 팔렛 → [Numeric]에서 <Random Number (0-1)> vi를 찾을 수 있다. 0~1 사이값을 주므로, 0.5를 빼고, 위에서는 0.1을 곱한 뒤 1을 더해, 만든 값에 더했다. 위 그래프는 각각 10%, 20%, 50% 오차를 넣었을 때 모습이고,

값이 작은 오목한 곳에서는 오차가 작고, 값이 큰 볼록한 곳에서는 오차도 커지는 것을 볼 수 있다.

대략 값 범위를 알고 있으므로, ±10 정도 값을 더해주는 것도 한 방법이다. 임의 수는 0~1 사이값이므로, 앞서처럼 평균값인 0.5를 빼고, 10, 20, 50을 곱해 오차를 만들어 보자.

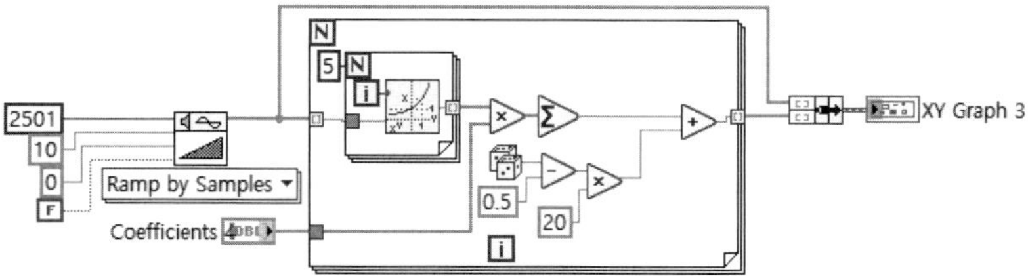

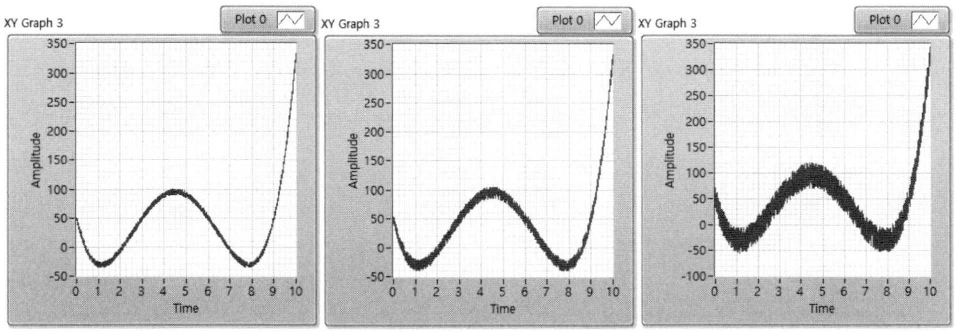

6.12 신호 생성기(Signal Generator)

일련 데이터를 for 루프로 되풀이해서 만들 수 있었다. 데이터를 함수로 만들 수도 있는데, 먼저 신호 생성기(Signal Generator by Duration)를 자세히 알아본다.

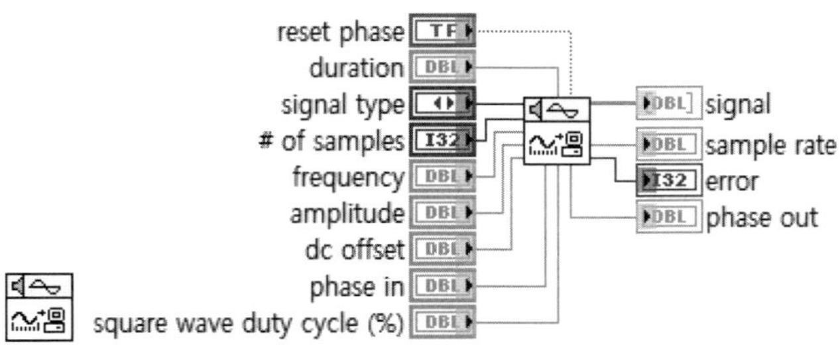

입력이 9개 있고, 출력도 4개나 있는 복잡한 함수이다. 이 함수로 사인, 코사인, (이등변) 삼각형, 직사각형, 직각 삼각형 형태를 가진 톱니, 증가, 감소함수 등 총 7가지 형태를 만들 수 있다. 증가, 감소함수는 되풀이하지 않지만, 나머지 5가지 함수는 되풀이 함수이고, 사인 함수를 기본 형태로 변형해서 만들 수 있어, 사인 함수로 설명한다.

기본 사인 함수를 평행이동, 확대/축소하려면, 진폭, 주파수, 초기 위상, DC offset이 필요하다는 것을 알아봤다.

$$y = A\sin(2\pi fx + C) + D$$

함수를 정했지만, 독립 변수 범위를 정하지 않았다. 지속 시간(duration)으로 범위를 정하는 vi이므로, 'duration' 컨트롤로 정한 시간 동안 지속하고, 그 범위에 있는 점개수를 정하면, 각 점 사이 시간을 구할 수 있고, 단위 시간 동안 점 수를 구할 수도 있다.

진폭을 '1', 주파수를 '1', 초기 위상을 '90'도, DC offset을 '0', '1'초 동안 지속하면 한 주기에 해당하고, 샘플 수를 '100'으로 정한 신호는 다음과 같다.

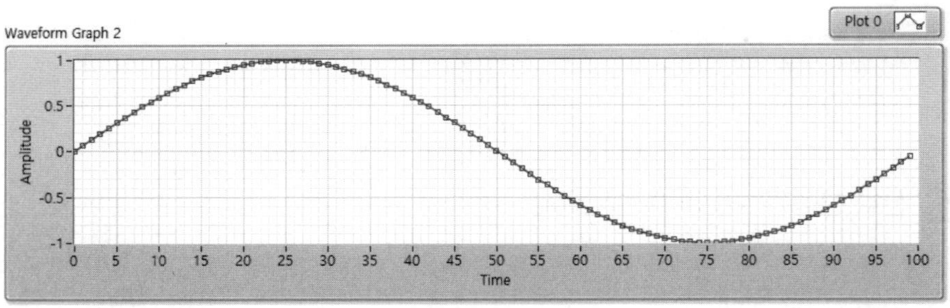

6.13 기본 함수 생성기(Basic Function Generator)

다음은 기본 함수 생성기이다.

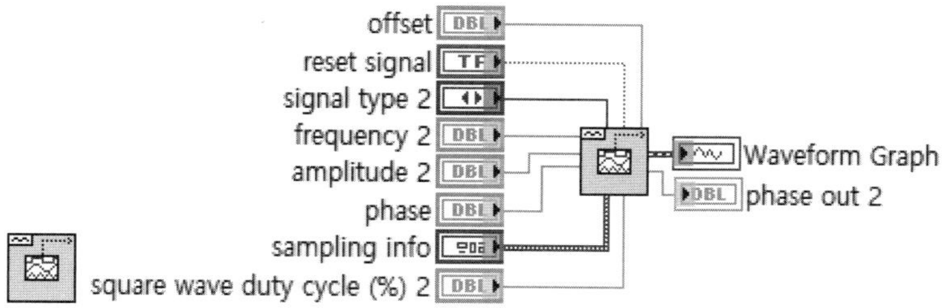

앞 선 신호 생성기와 겹치는 부분이 많이 있다. 다음은 신호 생성기와 기본 함수 생성기 vi 블록 다이어그램이다. 두 vi 모두 기본 신호 생성기 vi로 이룬 프로그램이다.

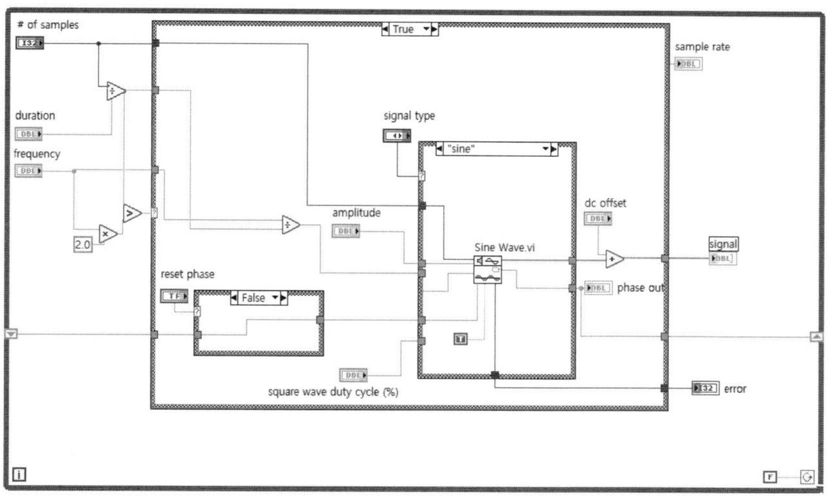

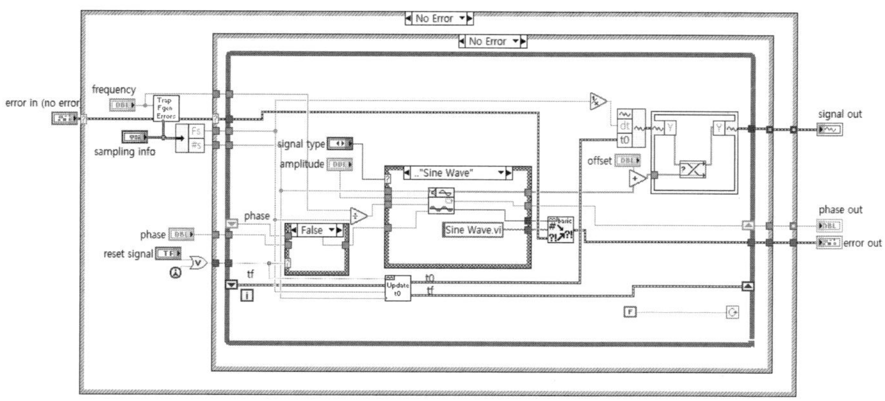

CHAPTER_07

데이터 보이기

CHAPTER

07 데이터 보이기

신호를 보내면, 그 신호를 누군가는 받는다. 사람은 다섯 감각을 쓸 수 있고, 그 가운데, 냄새를 맡거나, 맛보는 것은 참으로 어렵다. 냄새나 맛 신호를 만드는 것은 매우 어려워 아직은 쉽게 만들 수 없어 보인다. 이제 남은 세 감각인 소리, 빛, 어떤 움직임을 줘서 신호를 만들 수 있겠다. 이 가운데 한계가 가장 큰 것은 움직임으로 촉각을 자극하는 신호일 것이다. 닿아야 신호 전달이 가능하고, 그 신호를 느끼는 감각 훈련도 필요할 것이다. 눈 기능을 잘하지 못하는 사람들에게 점자로 신호를 전달하는 것이 가장 알맞은 예일 것 같다. 앞서 말한 것처럼 닿아야 하므로 한계가 크다. 빛과 소리는 닿지 않고, 떨어져도 신호를 전달할 수 있어 쓸 모가 크다.

소리는 '크고', '작은' 그리고, '높고', '낮다'라고 말하는 특성이 있다. 소리 에너지가 크고 작다는 소리 크기와 높고 낮다는 주파수를 뜻하고, 이들이 합쳐져서 말소리, 멜로디 등으로 신호를 나타낸다. 소리 신호는 방향성을 없앨 수 있다는 장점도 있다. 빛 신호는 눈이 바라보는 방향으로 한정해 있지만, 소리는 머리 뒤에서도 위에서도 꼭 그 방향을 향하지 않더라도 신호를 받아들일 수 있다. 학교 종이 땡땡땡 울려, 수업 시작과 끝을 알렸었다. 일어나면 안 되지만, 재난이 난다면, 민방위에서는 경보음으로 알린다. 이처럼 방향성이 없다는 장점은 다른 단점이다. 다른 소리 신호를 만드는 음원 신호가 섞일 수 있다. 바라는 신호가 아닌 신호는 잡음이다. 따라서, 잡음이 많아, 신호를 왜곡하거나, 방해할 수 있다.

단점이 더 있는데, 많은 곳에서 스피커 방송으로 정보를 안내하고 전달한다. 안내를 처음부터 끝까지 긴 시간을 다 듣지 않으면, 정보가 달라질 수도 있어, 시간을 많이 들여야 한다.

이에 비해 방향성을 가지고 있고, 또 다른 빛으로 왜곡이나, 방해받을 수 있지만, 짧은 순간 많은 정보를 전달할 수 있는 빛을 정보 전달하는 수단으로 많이 쓴다. 빛도 소리처럼 밝기(크기)와 색(주파수) 특성이 있고, 밝기를 시간에 따라 바꾸며 신호를 만들 수도 있다. 빨강고, 초록 신호를 주는 신호등부터, 영화를 보여주는 스크린까지 여러 예가 있다.

7.1 데이터 보이기

빛은 신호를 전달하는 좋은 방법이고, 많은 정보를 한 번에 전달할 수도 있다. 그래서 장비나 장치, 제품 등에서 내부 상태나 데이터를 빛으로 나타낸다. 신호를 나타내는 부품들을 인디케이터라고 한다. 전원이 켜졌는지, 꺼졌는지, 램프로 나타내는 것이 가장 간단한 예일 것 같다. 에어컨 같은 장치에서는 온도를 나타내거나, 시간을 나타내는 데는 LED로 만든 7-세그먼트나 LED 매트릭스를 쓴다. 이것보다 비싼 제품에는 LCD(액정) 화면을 쓰기도 한다. 앞서 말한 7-세그먼트나 LED 매트릭스는 숫자를 나타내기 알맞지만, 문자를 나타내는 데는 해상도가 안 좋지만, 알파벳은 쓸 수 있으나, 한글이나 한자를 쓰거나, 문자를 해상도 좋게 하려면, 액정을 쓰는 것이 더 알맞다.

정보나 신호를 전달하는 데, 컴퓨터를 많이 쓴다. 그리고, 컴퓨터를 쓴다는 말에는 본체만을 말하지 않고, 신호 입력 장치인 키보드와 마우스와 함께 화면을 보여주는 모니터가 들어가고, 모니터는 빛(시각) 정보를 한꺼번에 많이 전달할 수 있다.

할 수 있는 기능이 적은 장치로 많은 기능을 할 수는 없지만, 많은 기능을 할 수 있는 장치로 적은 기능을 할 수 있다. 앞서 가장 간단한 그래서 기능이 적은 등불 하나로 영화를 보여줄 수 없지만, 영화를 볼 수 있는 모니터에 등불 하나가 할 수 있는 기능을 시키는 것은 할 수 있다.

랩뷰는 시각 신호를 가장 잘 전달할 수 있는 모니터를 신호를 보여주는 부품으로 쓴다. 모양도 쉽게 바꿀 수 있는 가상 부품이므로, 많은 일을 할 수 있다. 빛을 켜고, 끄는 LED도 보여줄 수 있고, 글자를 보여줄 수도 있고, 숫자가 연이어 있는 데이터를 그래프로 보여줄 수도 있다. 2차원 사진을 보여줄 수 있고, 3차원 물체를 2차원으로 투영해서 보여줄 수도 있다.

켜고 꺼서 나타내는 2진수 데이터, 현재 온도처럼 숫자 하나로 나타내는 데이터, 시간에 따른 온도 변화를 나타내는 것처럼 숫자를 늘어놓은 데이터, 문자와 여러 문자를 이은 문자열 데이터 등 여러 종류를 한 화면에 보일 수 있다.

7.2 랩뷰에서 숫자 하나 보이기

실제 소자나 부품으로 장치를 만드는 것은 아니지만, 랩뷰는 가상 LED, 문자 LCD, 영상 LCD 소자와 부품으로 가상 장치를 만든다. 장치를 개발하는 동안은 장치 안에서 어떤 일이 일어나는지 알아야 잘못된 곳을 고쳐서 장치 개발을 완성할 수 있어 안에서 일어나는 일을 보여줄 필요가 있겠지만, 완성한 제품에서는 장치 안 상황은 복잡하고, 알 필요가 없는 부분이 많아 보여줄 필요가 거의 없다. 보여주고 싶다면, 장치 밖에 상황을 알려줄 수 있는 부품을 놓고, 그 부품에 신호를 전달한다. 장치 개발이 끝났더라도 때로는 장치 안에 작동을 잘하는지를 나타내는 부품을 넣기도 한다.

되풀이해서 말하지만, 랩뷰에서 장치 밖은 프론트 패널이고, 안은 블록 다이어그램이다. 장치 안에서, 부품들을 납땜으로 붙이고, 선으로 잇는 데, 이 부품들은 크기와 기능에 따라 다르지만, 프론트 패널과 블록 다이어그램을 가진 장치라고 할 수 있고, 그 안쪽에서 하는 기능은 감싸져서 그 부품을 쓰고 있는 vi에서 부품으로 보이는 부분은 그 부품 프론트 패널이라고 말하는 것이 맞을 것 같다. 단지 그 부품들이 하는 기능들은 블록 다이어그램으로 숨겨져 있다고 해야 할 것이다.

장치 밖으로 보이고 싶은 데이터는 2진수, 숫자(정수, 실수 등), 문자(열) 등으로 나눌 수 있다. 데이터는 프론트 패널에서 인디케이터라는 부품으로 보여준다.

2진수는 빛이 나오고, 안 나오는 아래 인디케이터로 충분하다.

위 인디케이터는 실제로 빛이 켜지고, 꺼지는 부품이 아닌 화면 일부분이다. 단지 색이 다를 뿐이고, 화면에서는 빛이 계속 나오고 있다. 하지만, 빛이 켜지고, 꺼진 것처럼 화면에 잘 나타냈다. 보통 왼쪽을 '켜졌다', '작동한다', '1'이라고 하고, 오른쪽을 '꺼졌다', '작동이 멈췄다', '0'이라 나타낸다. 약속이다.

숫자와 문자열은 아래 인디케이터를 쓴다.

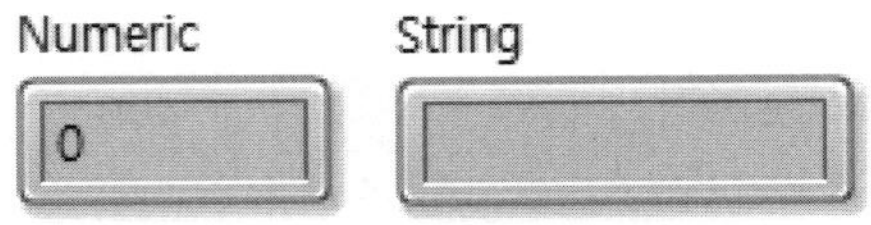

요즘은 몸무게를 잴 때 디지털 저울을 많이 쓴다. 앞서는 아날로그 저울이 많았고, 바늘로 숫자를 가리켜 몸무게를 나타내지만, 숫자 하나를 나타내는 방법이 다른 뿐이다. 물리량을 나타내는 부품에는 온도계도 있고, 보일러 연료 탱크 안에 들어있는 양을 나타내려 투명 창을 만들거나, 투명 파이프로 높이를 보여주는 유량계도 있다. 휴대폰이나, 손목시계에 숫자로 시간을 알려주기도 하고, 바늘로 보이는 시계도 있다. 아래는 이렇게 숫자를 여러 모양으로 보이는 부품들을 늘어놨다.

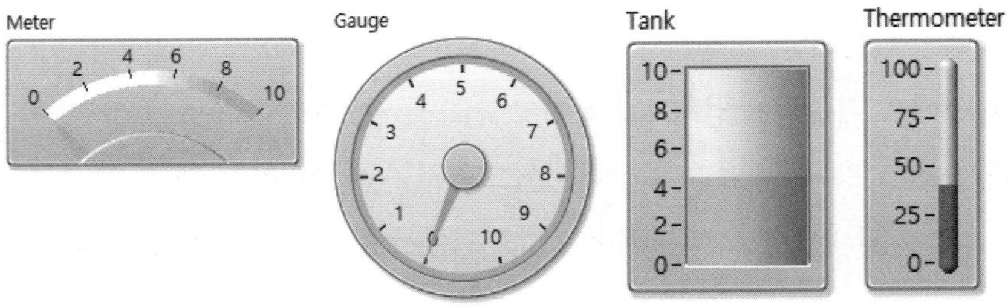

위 왼쪽 같은 바늘 모양으로 나타내는 부품은 안쪽에 코일이 있어 전류를 흘려 넣으면, 안에 있는 자석과 자기력 상호 작용을 하고, 코일에 연결한 용수철 힘과 평형을 이루는 곳에 멈춘다. 바늘이 나타내는 곳에 눈금을 알맞게 써 놓으면, 가리키는 값을 나타낼 수 있다. 전압계는 전압을 넣어주고, 그 단자에 저항을 연결해 전류량을 바꾸어 같은 기능을 한다. 빨강 온도계는 온도에 따라 알콜 부피가 바뀌는 데, 단면은 작아 온도에 따라 적게 바뀌고, 높이 방향은 길이가 길어 온도에 따라 많이 바뀌는 것을 이용한다.

랩뷰에서 위 부품들에 값을 넣어 나타내는데, 블록 다이어그램에서 값을 넣어준다. 프론트 패널에 위 부품(컨트롤)을 놓으면, 쌍을 이루는 아이콘이 블록 다이어그램에 나온다.

주황색 네모 아이콘 안에 작은 같은 색 네모가 나오고, 왼쪽에는 검은색 세모가 있고, 그 안에는 'DBL' 글자가 써 있고, 그 오른쪽에는 'Meter' 등과 같은 글자가 있다. 주황색과 'DBL'은 double형 실수를 뜻하고, 왼쪽 검정 세모에는 숫자를 넣어주어야 하는 인디케이터를 뜻한다. 'Meter' 같은 문자들은 부품 이름이다.

7.3 랩뷰에서 배열 데이터 한꺼번에 보이기

13개 점으로 사인 함수 데이터를 만들었다.

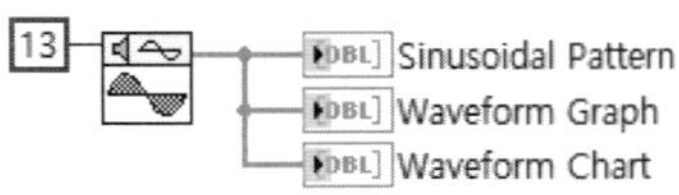

표로 나타내면, 숫자 데이터를 보고, 그 데이터가 뜻하는 것을 알기가 쉽지 않다.

그래프는 추세 등을 표보다 알아보기가 쉬워 보통은 데이터를 그래프로 나타낸다.

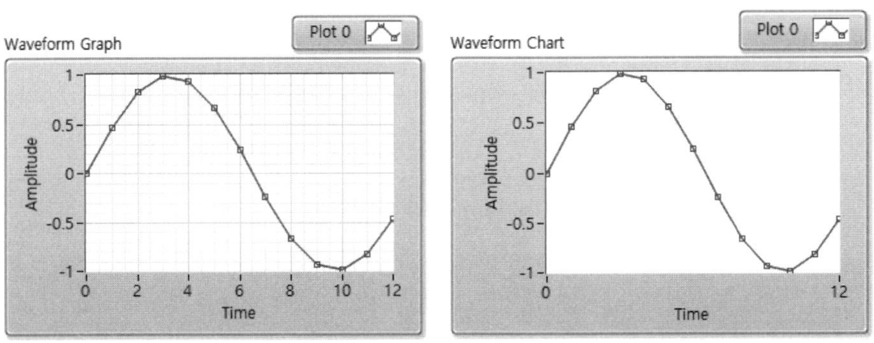

랩뷰에는 크게 두 종류 그래프가 있다. 차트(chart)와 그래프(graph)인데, 차트는 정한 수 만큼 점을 그리고, 그래프는 이어진 데이터 배열을 한 번에 그린다.

위 함수를 몇 번 더 실행해 데이터를 쌓으면, 그래프는 배열을 새롭게 업데이트하고, 차트는 'chart history length …'만큼 데이터를 쌓는다. 이 값을 '50'으로 정하고, 4번 실행하면, 그래프와 차트는 다음처럼 다르게 보인다.

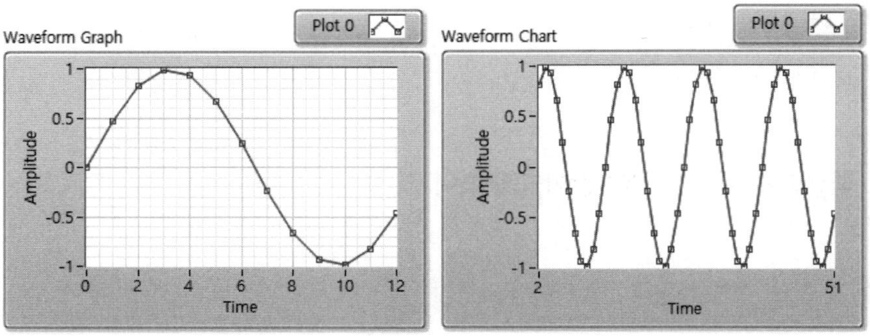

7.4 웨이브폼 차트

차트는 여러 숫자 데이터들 또는 숫자 데이터 하나를 정한 길이 범위에서 한 번에 그래프로 보여줄 수 있는 객체(부품)이다. 차트에는 데이터 열 하나 또는 여러 개를 같이 보여줄 수도 있어, 1차원. 2차원 배열 값을 넣어야 차트 객체에 연결한다.

차트는 다음 특성들이 필요하고, 더 많은 특성이 있다.

1. x, y 축을 정하기. (기본 값: x축 → Time, y축 → Amplitude)
2. 각 축 범위 정하기. (기본 값: x축 → 0~100, y축 → -10~10으로 표시, 자동)
3. 보여줄 그래프 크기(기본 값: 가로 → 218 픽셀, 세로 → 328 픽셀) 정하기.
4. 데이터 길이(Chart History Length..) (기본 값: 1024)

7.5 1차원 배열 데이터와 숫자

차트 객체는 크기, 색깔 등 여러 특성들(properties)을 가지는 데, 여러 특성 설명은 뒤로 미루고, 'Chart History Length …'를를 먼저 설명한다. 이것으로 객체가 갖는 메모리 크기를 정하고, 정한 데이터 길이만큼만 데이터를 저장할 수 있고, 저장한 데이터 가운데 일부 또는 전부를 그래프로 보여줄 수 있다. 정한 메모리가 가득 차면, 가장 먼저 넣은 데이터를 지우면서, 새 데이터를 저장한다.

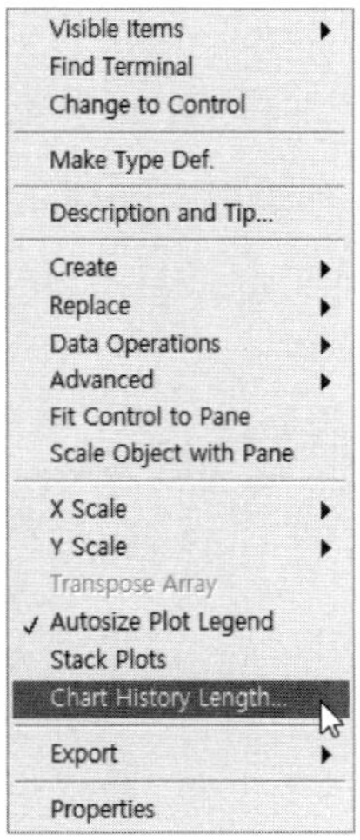

다음은 0~99까지 100개 정수를 제곱해서 차트에 그렸다. 차트를 처음 팔레트에서 가져다 놓으면, 기본 값으로 x, y축이 정해진다.

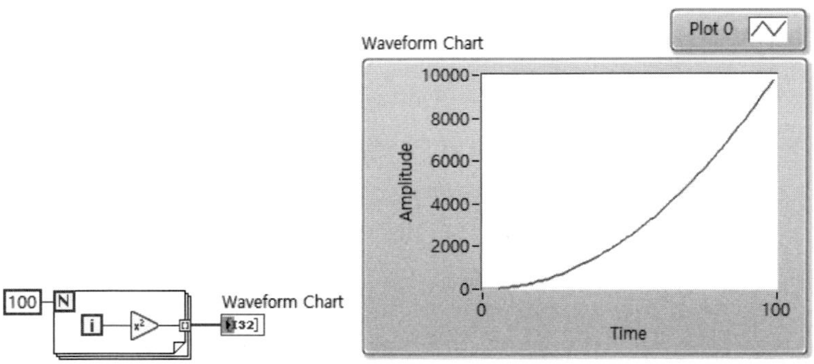

블록 다이어그램에 왼쪽처럼 프로그램해서 데이터를 차트에 연결해 넣으면, 오른쪽 차트처럼 그래 프하며 y축은 최소값 0에서 최대값(99*99=9,801)보다 조금 더 큰 10,000까지 자동으로 표시를 바꾼다. 히스토리 길이 기본 값은 '1024'이므로, x축 마지막과 처음 값 차이는 1023보다 작으면 안 바뀌고, vi를 여 러번 되풀이 실행해서, 1024보다 데이터 수가 많아지면, x축 마지막 값은 '데이터 수-1'로, 처음 값은 '마지막 값-히스토리 길이 + 1'로 자동으로 바뀌어, 총 길이는 1024이다.

차트 특성 가운데, 'Autoscale' 설정에 따라 달라진다. 한 번만 더 실행했을 때, x축 값을 약 2/10 정도를 채웠다. 총 데이터 수는 200개로 차트 메모리가 남아 있어 더 저장할 수 있고, 두 차트가 이어져 그려진다. 이를 총 11번 실행하면, 1100개 데이터가 만들어지고, 1024에는 모두 저장할 수 없어 가장 먼저 있던 데이터부터 76개가 지워지고, 지워지고, 76에서 1099번째 1024개 데이터가 남아 보여진다.

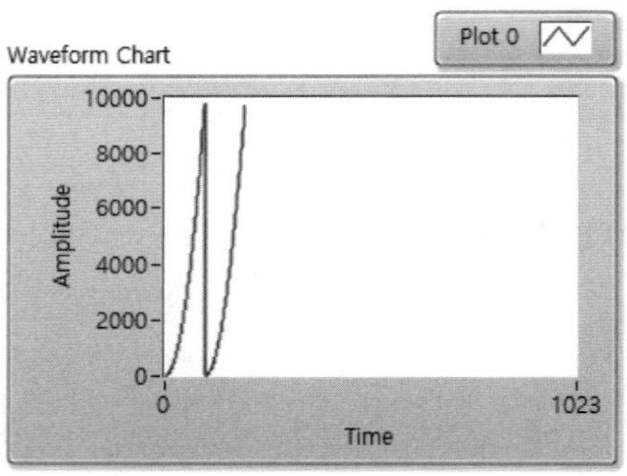

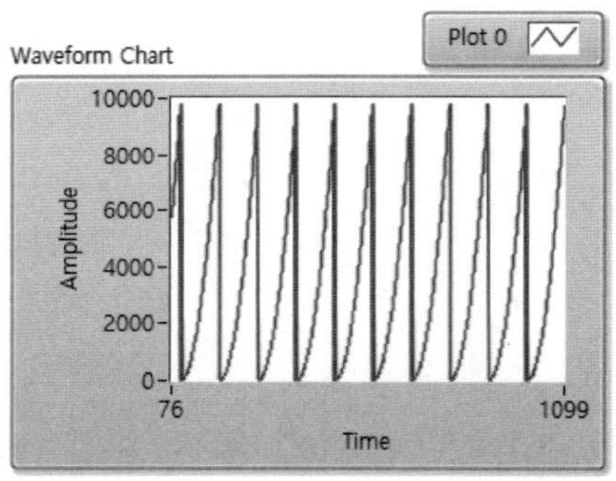

7.6 데이터 하나와 숫자

차트에는 데이터 하나하나를 바로 바로 그려줄 수 있다.

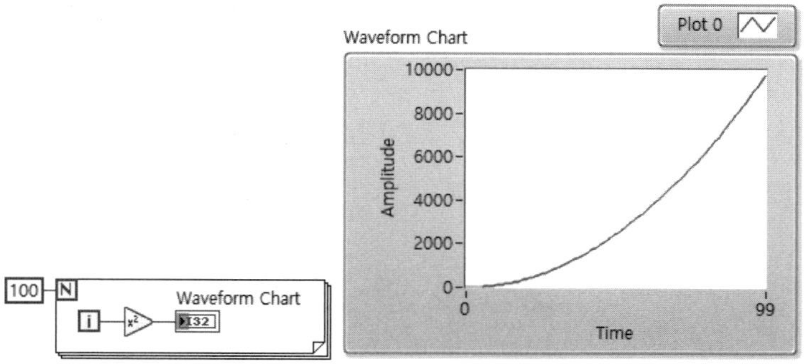

위 프로그램 결과는 앞서 데이터를 다 만들어 1차원 데이터를 만든 다음 그래프 한 것과 비교해 한 점씩 그리는 데, 너무 빠르게 그리기 때문에, 한 번에 1차원 배열 데이터를 그리는 것과 구별할 수 없다.

한 점씩 그리는 것을 보려면, for 루프를 되풀이하는 시간을 지연시켜 보여주면 그래프 하는 과정을 볼 수 있다. '메트로놈'이 그려진 vi는 입력한 밀리초만큼 기다린 다음 되풀이 한다.

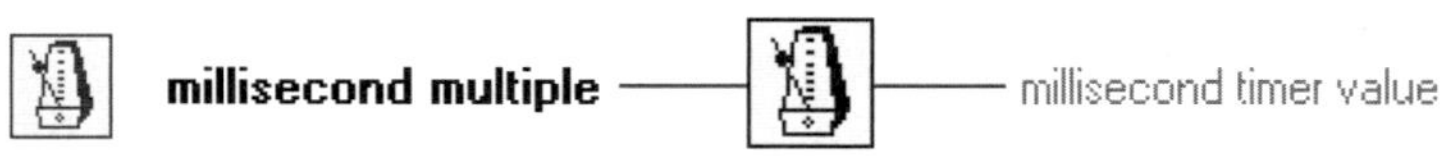

위는 10 ms마다, 되풀이한다. 되풀이할 일이 많아 10 ms 보다 더 긴 시간이 걸리면, 10 ms 정수배만큼 기다린다. 예로 할 일이 12 ms 걸리면, 다음 되풀이는 처음 시작했을 때 보다 20 ms 뒤에 시작한다. 일정 시간마다 루프를 되풀이할 때, 이 함수를 쓴다.

7.7 둘 이상 차트

데이터 두 개를 같이 보이려면, 클러스터로 묶어 차트 아이콘에 연결해 넣는다. 보통 데이터를 묶을 때, 같은 형이면, 배열로 묶지만, 차트에 두 데이터를 묶은 배열을 넣으면, 연이은 데이터로 그래프한다. 두 데이터를 0부터 29까지 30개를 (1) 제곱하고, (2) 29를 곱한 수를 보여주는 두 차트이다. 앞은 클러스터로, 뒤는 배열로 묶었다. 클러스터로 묶은 데이터는 30개가 두 묶음이지만, 배열로 묶은 데이터는 60개가 한 묶음이다.

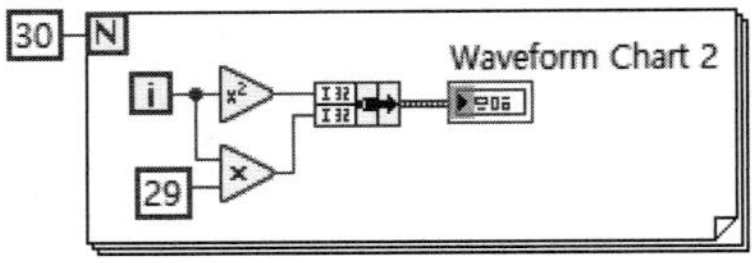

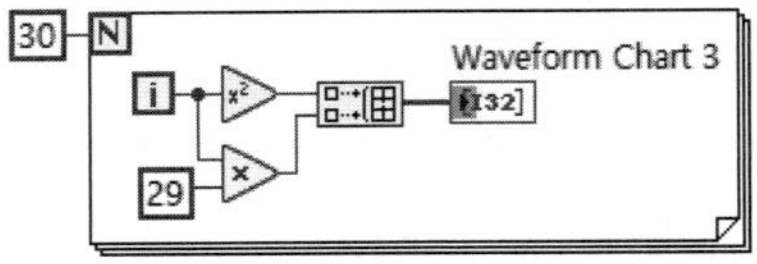

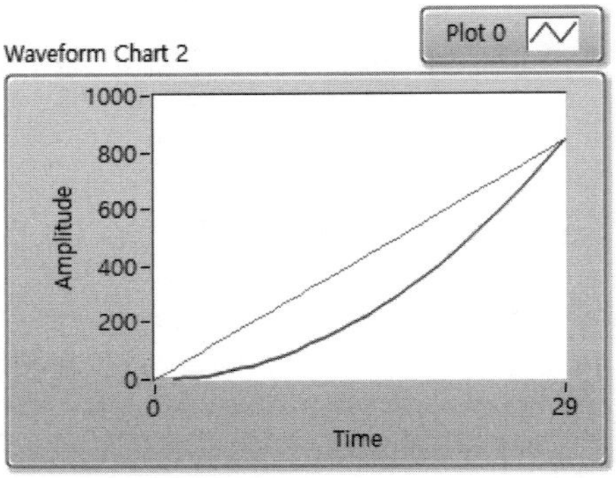

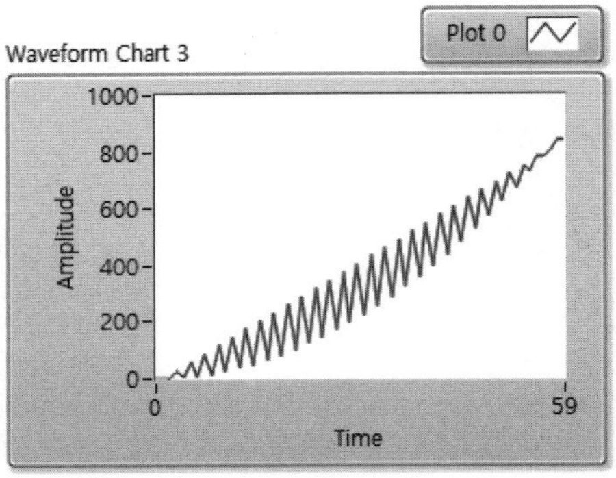

1차원 데이터 두 개를 클러스터로 묶어 그래프 할 수 없다. 배열 클러스터는 연결할 수 없지만, 클러스터 배열은 연결할 수 있다. 배열 클러스터는 배열을 서로 다른 데이터 형으로 묶는 방법이고, 클러스터 배열은 데이터를 클러스터로 묶어 만든 데이터 형을 가진 여러 데이터를 묶어 배열을 만드는 방법으로 1차원 배열이다.

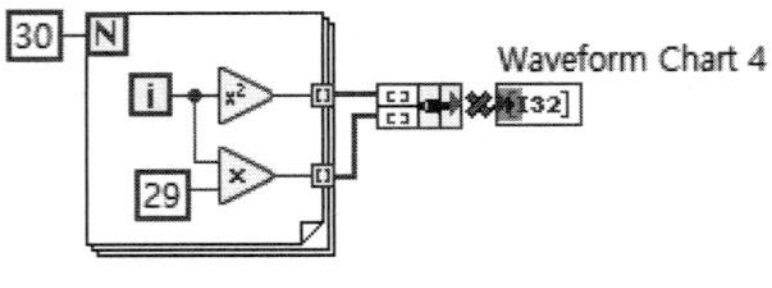

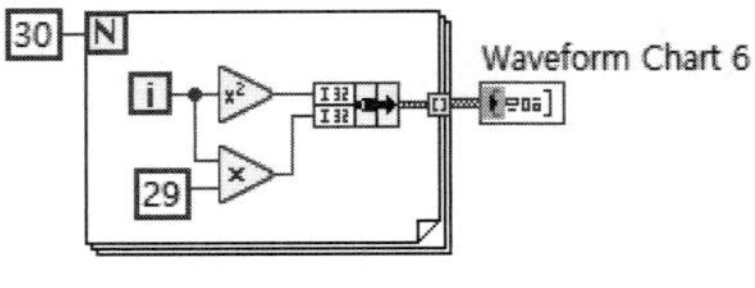

위 왼쪽 그래프와 같은 결과를 보여준다.

1차원 배열 두 개를 클러스터가 아닌 배열로 묶어 이차원 배열을 만들면, 차트에 그래프 할 수는 있는 데, 차트는 뜻하지 않은 결과를 준다.

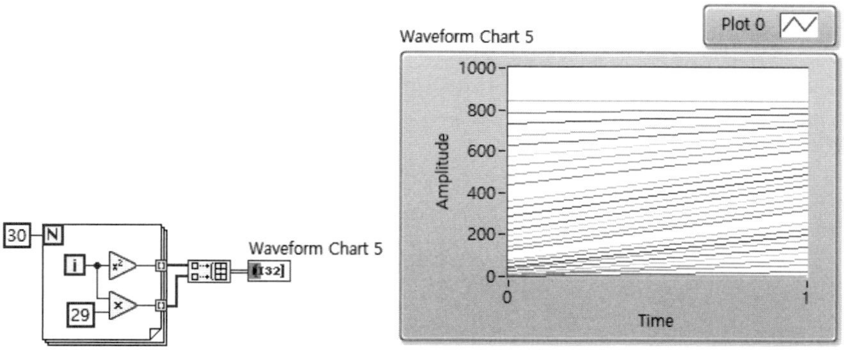

차트는 데이터 2개를 가진 30개가 그려졌다. 30개 데이터를 가진 1차원 배열 2개로 차트 2개를 같이 그리려 했는데, 다른 모습이다. 위에서 만든 배열은 행이 2개, 열이 30개인 2차원 배열이다. 열이 2개이고, 행이 30개인 배열을 그리려 했으므로, 배열을 전치(transpose) 해서 열과 행을 바꿔 이를 해결할 수 있다.

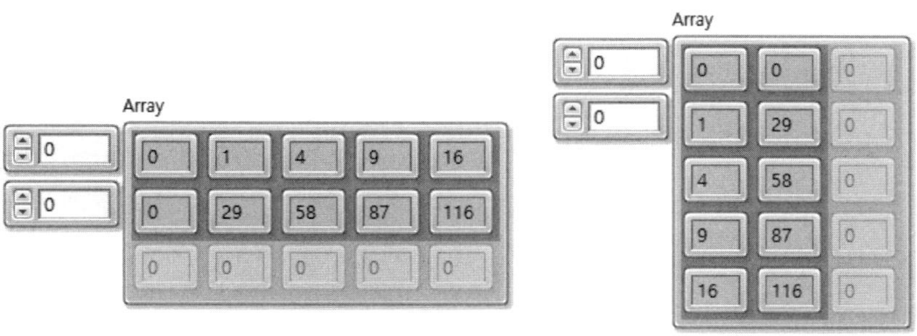

두 배열 행과 열을 바꿨다.

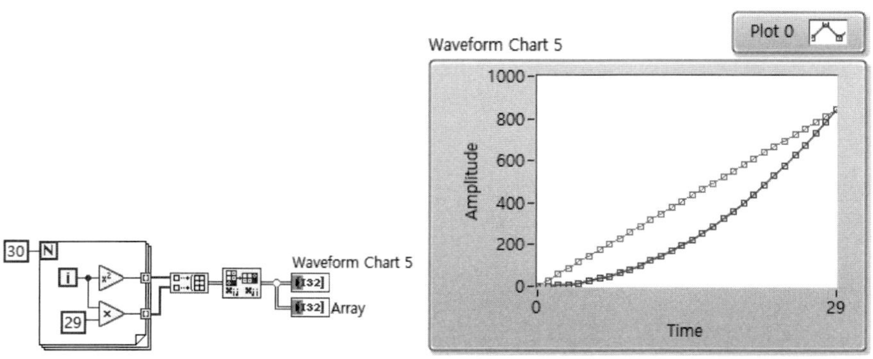

7.8 웨이브폼 그래프

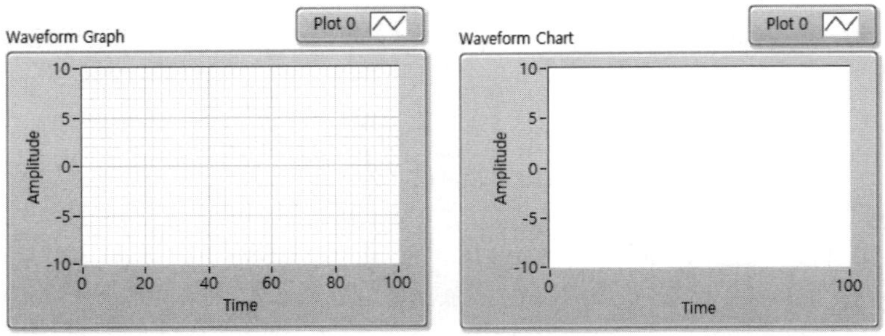

프론트 패널에 그래프와 차트를 같이 놓았다. 그래프가 그려지는 곳에 그리드가 있고 없는 차이가 있다. 이것은 그래프 특성에서 바꿀 수 있지만, 기본 값이 다르다. 차트는 값 1개를 넣을 수도 있고, 여러 값인 배열을 넣어서 보여줄 수도 있다. 그러나, 그래프는 배열만 넣을 수 있고, 값 1개는 넣을 수 없다.

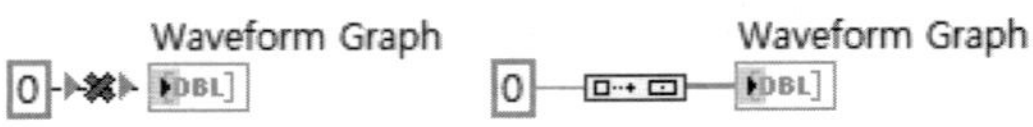

1개 값은 배열로 바꾸면, 그래프에 넣을 수 있다. 값은 똑같이 1개이지만, 수 하나와 배열은 형식이 다르기 때문이다.

그래프는 차트에 있는 데이터 길이가 없고, 다시 실행하면, 앞서 실행한 데이터는 모두 지워지고, 새롭게 그래프 한다. 2개 데이터를 묶은 배열을 루프를 실행할 때마다, 그래프를 지우고 다시 그리므로, 마지막 루프에서 만든 2개 값 배열을 그래프 한다.

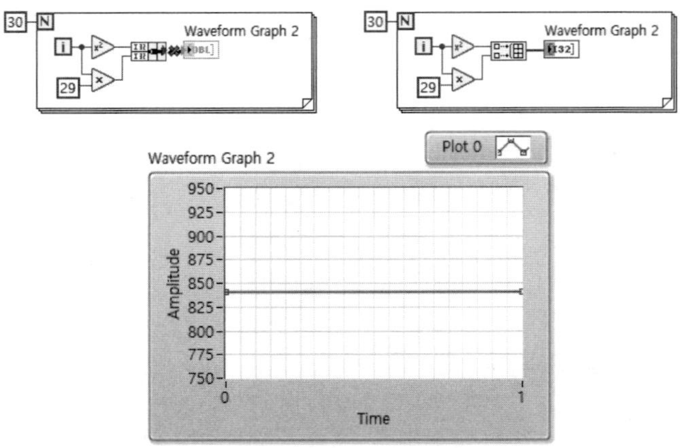

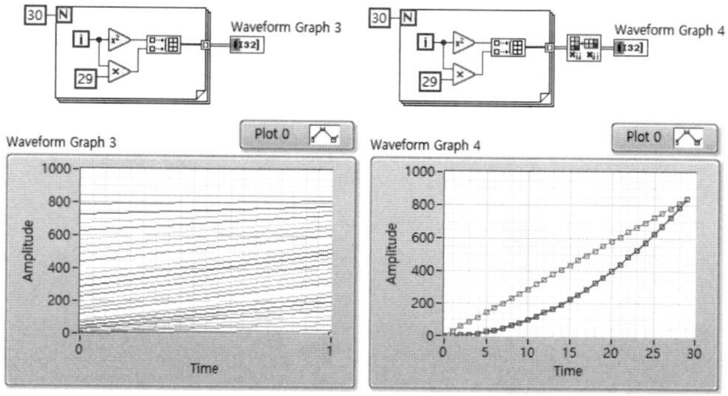

2차원 배열 데이터를 그래 프할 수 있는 데 앞서 설명한 차트처럼 루프로 만든 배열 행과 열을 바꿔야 한다.

그래프에서 값을 바로 확인하려면, 그래프에서 오른쪽 클릭한 뒤 커서 범례(Cursor Legend)를 보이게 한 뒤, 커서 범례에서 커서를 만든다.

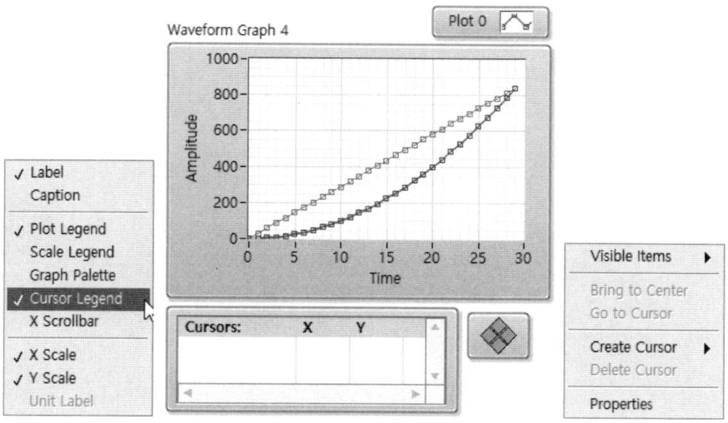

커서 색은 노랑으로 흰 바탕에서 잘 안 보이면, 색을 바꿀 수도 있다. 커서 이름에서 오른쪽 클릭해 'Snap to' 명령에서 커서 내용을 보여줄 그래프를 고를 수 있다. 그래프에서 커서를 움직여 알고 싶은 곳에 가져다 놓으면, 다음처럼 값을 볼 수 있다.

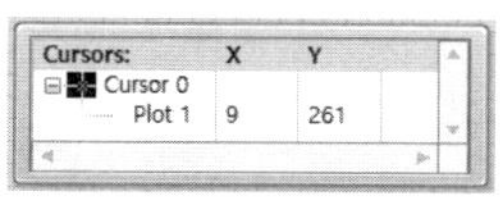

7.9 x–y 그래프

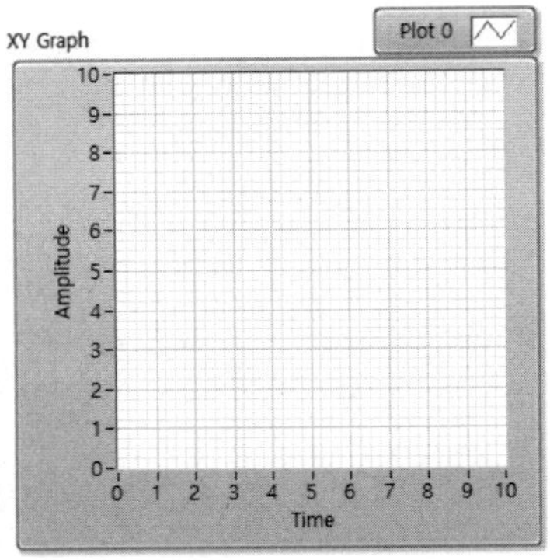

순차 x값이 아닌 바뀌는 x값에 따라 바뀌는 y값을 보려면 XY 그래프로 그린다. 엑셀이나, 스프레드시트에서 차트를 그릴 때, '분산형'에 해당한다. x값과 y값을 클러스터로 묶고, 클러스터 배열을 입력한다. 또는 길이가 같은 1차원 배열 두 개를 클러스터로 묶어도 입력할 수 있다.

동그라미를 그려본다. -1~1 사이 x값으로 반지름 1 인 y값을 정하면, $\pm\sqrt{1^2 - x^2}$으로 구할 수 있다.

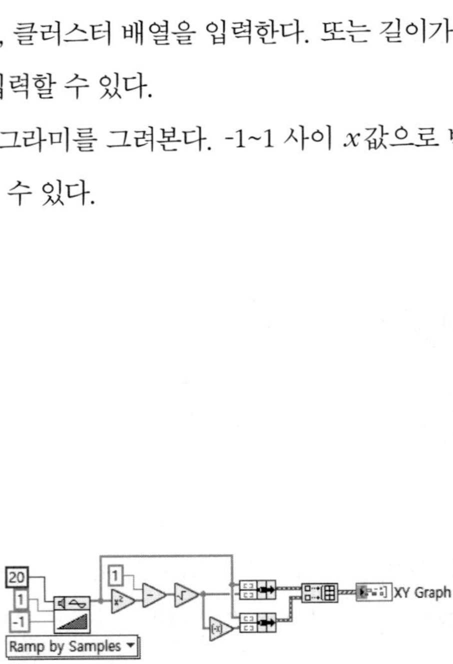

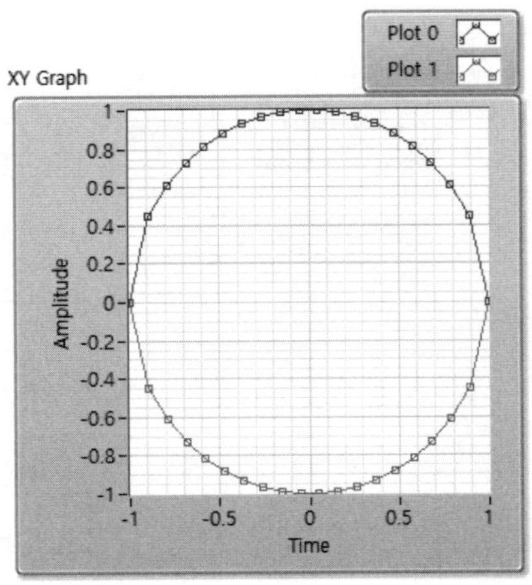

그래프 2개를 겹쳐 그린 모습이고, x축 값 간격이 같아, 양끝 모양이 동그라미와 조금 다르다.

식을 바꿔 사인과 코사인으로 동그라미를 그려본다.

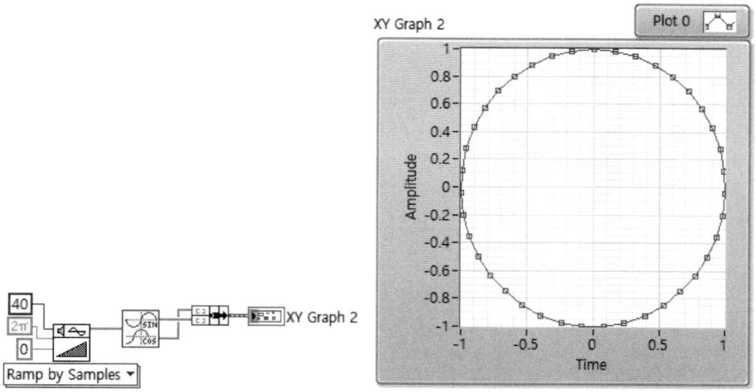

독립 변수 $\boldsymbol{\theta}$ 값 변위를 $\mathbf{0} \sim \mathbf{2\pi}$로 정하면, x축 값은 $\mathbf{cos}\,\boldsymbol{\theta}$, y축 값은 $\mathbf{sin}\,\boldsymbol{\theta}$로 계산하고, 그 계산값을 클러스터로 묶어, 그래프했다.

웨이브폼 그래프도 x축 값을 바꿀 수 있지만, 연속으로 이어진 값, 처음 값과 변화량으로 설명할 수 있는 값만 가질 수 있다. 그러나, 대응하는 값이 빠질 수도 있는 데, 이런 때는 XY 그래프로 그래프 해야 한다. 아래는 표에 있는 떨어져 있는 데이터와 10도 간격으로 그린 사인 함수를 같이 보였다. 웨이브폼 그래프는 사인 함수와 겹치지 않지만, XY 그래프는 잘 겹치는 것을 볼 수 있다.

$\boldsymbol{\theta}$	0	30	45	60	80	110	120	150	160
$\mathbf{sin}\,\boldsymbol{\theta}$	0	0.5	0.707	0.866	0.984	0.940	0.866	0.5	–

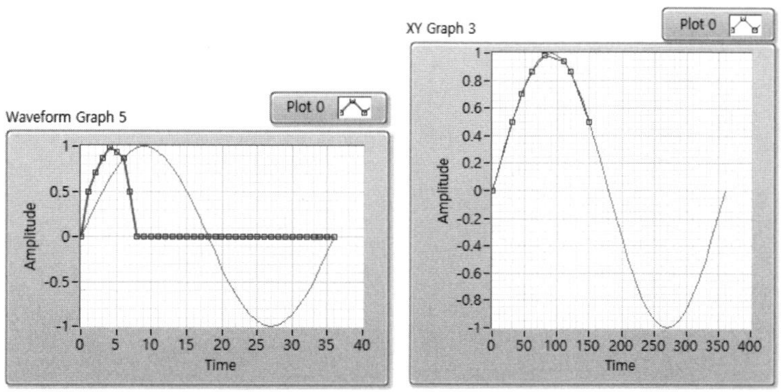

CHAPTER_08

데이터 파일에 저장하고, 파일에서 읽기

CHAPTER 08

데이터 파일에 저장하고, 파일에서 읽기

실험에서 얻은 데이터를 다음에 쓸려면, 저장, 보존해야 한다. 컴퓨터에서는 보조 기억 장치 파일에 저장한다. '보조'에 대한 상대개념으로는 '주'(main, primary)로 주 기억 장치인 ROM 또는 RAM이 이에 해당하고, 이 부분을 다루는 것은 더 어렵다. 보조(auxiliary) 기억 장치(memory)는 컴퓨터 주 장치에 덧붙이는 플로피와 하드 디스크가 대표였지만, 플로피 디스크는 용량도 작고, 쓰지 않는다. 아직 하드 디스크를 보조 기억장치로 많이 쓰고 있지만, SSD가 비중을 넓히고 있으며, USB 메모리, 클라우드 등도 있다.

파일은 이름이 대표하고 있고, 확장자(extension)를 덧붙여 종류를 나타낸다. 파일 종류에 따라 저장하는 방식을 달라서, 저장한 방식과 다르게 읽으면 아무런 뜻이 없는 쓰레기(garbage)와 같다. 예로, 알파벳을 쓰는 말이 많은 데, 미국 또는 영국 영어를 쓰고, 이태리 말로 읽으면, 비슷하게 읽을 수 있을지 모르지만, 정확하지 않을 수 있다. 이태리 말로 쓰고, 영어로 읽어도 마찬가지일 것이라고 알 수 있다. 따라서, 저장하는 방식을 알아야 읽을 수도 있다. 저장하는 방식을 다른 사람이 모르게 할 필요가 있을 수 있지만, 보통은 그 저장 방식이 잘 알려져 있다. 그리고, 이 저장 방식에 따라 파일 확장자를 바꿔 쓴다. 예로, 사진이나 그림 파일은 jpg, bmp, tif, gif, raw 등 확장자를 써서 저장 방식을 알린다. 또 파일 일부에 파일에 저장한 내용을 요약해 놓는다. 이 요약을 읽어서 읽는 방법을 찾고, 파일을 내용을 읽는다.

약속을 하고, 그 약속대로 일을 한다. 이 약속을 아는 사람끼리만 내용을 알 수 있게 하는 것을 보통 암호라고 한다. 어떤 내용이 있으면, 암호표를 보고 그 뜻을 풀어볼 수 있겠다. 암호를 password라고 하지만, code라고도 한다. 또 코드를 암호라고 하지만, 부호, 규약이라고 한다. 컴퓨터에서는 여러 코드를 쓰는 데, 대표는 ASCII(American Standard

Code for Information Interchange)로, '아스키' 또는 '아스키 코드'라고 한다.

8.1 ASCII(American Standard Code for Information Interchange)

컴퓨터 저장 장치들은 2진수를 쓰기 때문에 여러 2진수를 한 묶음으로 쓴다. 보통 8개, 16개, 32개, 64개를 묶어 쓰는 데, 아스키는 8개를 묶었다. 따라서 2^8=256가지를 나타낼 수 있다. 처음 아스키는 256개 가운데 128개 코드만 썼지만, 필요에 따라 256개로 확장해서 확장 아스키(extended ASCII)를 쓴다. 아래는 128개 아스키 표이고, 10진수와 그 10진수가 가리키는 문자를 나타냈다. 65~90, 97~119번은 알파벳이고, 9번, 10번과 13번은 관심을 더 가지고 볼 문자이다. 9번은 HT(Horizontal Tab)을 뜻하고, 키보드에 있는 Tab을 나타낸다. 10번은 LF(Line Feed)로 개행(행을 고친다)이라고 하는 데, 한 줄 내린다 또는 새로운 줄을 만든다를 뜻한다. 13번 CR(Carriage Return)으로 간단히 'Return'이라고도 하는 데, 줄 맨 앞으로 옮겨감을 뜻한다.

Dec	Chr	Dec	Chr	Dec	Chr	Dec	Chr	Dec	Chr
0	NU L	26	SUB	52	4	78	N	104	h
1	SOH	27	ESC	53	5	79	O	105	i
2	STX	28	FS	54	6	80	P	106	j
3	ETX	29	GS	55	7	81	Q	107	k
4	EOT	30	RS	56	8	82	R	108	l
5	ENQ	31	US	57	9	83	S	109	m
6	ACK	32		58	:	84	T	110	n
7	BEL	33	!	59	;	85	U	111	o
8	BS	34	'	60	〉	86	V	112	p
9	HT	35	#	61	=	87	W	113	q
10	LF	36	$	62	〈	88	X	114	r
11	VT	37	%	63	?	89	Y	115	s

12	FF	38	&	64	@	90	Z	116	t
13	CR	39	'	65	A	91	]	117	u
14	SO	40	)	66	B	92	₩	118	v
15	SI	41	(	67	C	93	[	119	w
16	DLE	42	*	68	D	94	^	120	x
17	DC1	43	+	69	E	95	_	121	y
18	DC2	44	,	70	F	96	`	122	z
19	DC3	45	–	71	G	97	a	123	(
20	DC4	46	.	72	H	98	b	124	|
21	NAK	47	/	73	I	99	c	125	)
22	SYN	48	0	74	J	100	d	126	~
23	ETB	49	1	75	K	101	e	127	DEL
24	CAN	50	2	76	L	102	f		
25	EM	51	3	77	M	103	g		

암호표가 있으니, 이제 암호를 만들어 보자. 아스키로 다음과 같이 만들었다.

10진수	80	104	121	115	105	99	115
16진수	50	68	79	73	69	63	73

코드표에서 이 수를 찾으면,

문자	P	h	y	s	i	c	s

이다.

이제 코드인지 값인지 구분을 할 수 있으면, 암호처럼 뜻 없어 보이는 값들 뜻을 볼 수 있다.

문자 수만큼 8 비트가 필요하다. 8개 비트를 한 묶음으로 바이트(byte)라고 한다. 비트는 줄여서 'b'로, 바이트는 줄여서 'B'로 쓴다.

아스키를 쓰면, 문자 수만큼 바이트가 필요해서 예로, 숫자 128을 나타내려면, '1', '2', '8'

세 문자 3 바이트가 필요하지만, 1 바이트에 저장하는 다른 방법도 있다. 아스키를 쓰면, 자리수가 늘어갈 때마다 1 바이트가 필요하지만, 이 수를 그대로 2진수로 저장한다면, 1 바이트에 0~255 수를, 2 바이트에 0~65,535를 나타낼 수 있다. 만 자리수를 나타낼 때, 5 바이트를 쓸 것인가, 2 바이트를 쓸 것인가를 판단한다면, 2 바이트를 쓰는 것이 경제성이 좋다. 따라서, 문자를 쓸 때와 숫자를 쓸 때를 가려쓰면, 저장할 공간을 줄일 수 있다.

8.2 파일

랩뷰에서는 파일을 여러 방식으로 저장하는 데, 텍스트(문자열)와 2진수를 저장하는 방식이 대표 두 가지이다. 스프레드시트와 측정(Measurement file) 형식도 있는데, 이는 앞선 두 방식 응용이므로 앞선 두 방식만 설명하려 한다.

다음은 파일을 읽거나, 쓰는 차례이다.

1) 파일이 있다면, 파일이 있는 위치를 찾고, 파일이 없다면, 어딘가에 파일을 만들고, 그 위치를 전달한다.
2) 그 위치부터 읽거나, 쓰고,
3) 파일을 닫는다.

객체 지향 언어에서는 파일 '객체'를 만들고, 그 객체에 쓰고, 읽고, 닫지만, 랩뷰에서는 프로그래머가 객체를 직접 만들지 않지만, '참조'를 주고받아 객체에 접근한다. 바로 앞에 말한 파일 객체는 컨트롤이나, 인디케이터처럼 눈에 보이지 않으므로, 머리속에서 상상해야 한다. 보조 기억 장치 어딘가에 파일을 만들거나, 있는 파일을 다루는 데, 윈도우 파일 탐색기에는 폴더에 파일이 들어 있는 것으로 나타내지만, 실제로 파일이 어디에 있는지는 (알려면 알 수 있지만) 모르고, 어디 있는지 알더라도, 윈도우 운영체제가 알아서 할 부분이므로 관심을 깊게 두지 않는다. 노트에서 몇 쪽을 펴고, 몇 번째 줄 몇 번째 칸부터 쓰는 것을 생각할 수 있다. 이것은 사람이 직접 그 위치를 찾아 정보를 읽거나, 적어놓는다. 따라서, 그곳에 파일을 놓겠다고 정하면, 파일 주소를 정한 것이고, 그곳에서 읽거나, 쓴다.

이제 다음 순서에 따라 파일을 저장해 보자.

〈1. 파일 위치를 정하고, 2. 파일을 읽거나 쓰고, 3. 파일을 닫는다.〉

8.3 파일 위치(주소) 정하기

다음 함수로 파일 위치를 기본으로 정한다.

Open/Create/Replace File

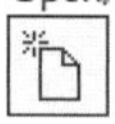

Open/Create/Replace File

파일을 (열거나)/(만들거나)/(대체)한다. 물론, 열거나, 대체하려면 이미 파일이 있어야 하고, 파일 위치를 가져온다. 만들면, 저장 장치 안 새로운 위치에 파일 위치를 정한다. 왼쪽 위에는 파일 경로를 연결한다. 파일 경로는 파일이 있는 폴더이름과 파일이름을 더한다.

Build Path

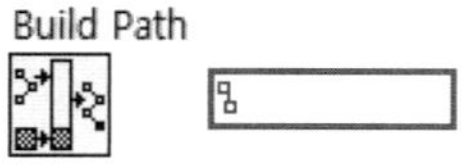

파일 경로는 왼쪽 함수로 만들 수도 있고, 오른쪽 상수에 경로를 찾아 넣을 수도 있다. 왼쪽 〈Build Path〉 함수는 두 독립 변수를 입력해야 하고, 기본 경로(base path)와 파일 이름(name) 문자열이다. 하위 폴더를 나타내려면, backslash 또는 '₩' 표식을 붙인다.

예로

파일 경로(file path='folder path' + '₩' + 'file name') C₩:Program Files₩National Instruments₩LabVIEW₩LabVIEW.exe
폴더 경로(folder path)–파일이 있는 폴더 C:₩Program Files₩National Instruments₩LabVIEW
파일 이름(file name) LabVIEW.exe

이제 보조 기억 장치 어디인지는 프로그래머는 정확히 모르지만, 위치를 정했다. 이제 그 참조점를 쓸 수 있다.

8.4 파일 저장과 읽기

파일을 저장하려면, 저장하려는 (1) 참조점을 알아야 하고, (2) 저장하려는 데이터가 있어야 한다. 참조점을 안다는 것은 프로그래머는 주소 값을 정확히 알아야 하는 것이 아니라, 운영 체제에서 값을 얻어와야 한다는 것이고, 프로그래머는 꼭 알 필요는 없지만, 앞서 말했듯이, 반드시 얻어야 한다.

이제 저장하려는 데이터가 필요하다. 보통 문자열 또는 숫자, 문자열 배열 또는 숫자 배열이다. 문자열은 말 그대로 문자를 나열했고, 문자 배열인 셈이다. 한 글자 한 글자를 코드로 저장한다.

예로 알파벳 5 글자(ABCDE)를 저장해 보자.

이어진 문자를 코드로 보면

문자	A	B	C	D	E
CODE	65	66	67	68	69
Bin	0100 0001	0100 0010	0100 0011	0100 0100	0100 0101
Hex	41	42	43	44	45

'윈도우 메모장' 프로그램에서 내용을 ABCDE만 쓰고 저장했다. 파일 속성을 보면, 크기는 5 바이트이다. 한 글자는 1 바이트이고, 5 글자이다.

다음은 윈도우 10 혹은 11의 PowerShell에서 Format-Hex 명령어로 이 파일을 연 결과이다.

```
PS C:₩> Format-Hex .₩Temp_ABCDE.txt

           경로: C:₩Temp_ABCDE.txt

           00 01 02 03 04 05 06 07 08 09 0A 0B 0C 0D 0E 0F

00000000   41 42 43 44 45                                  ABCDE
```

8.5 2진(binary) 파일 저장

파일을 저장하려면, 저장하려는 참조점을 알아야 하고, 저장하려는 데이터가 있어야 한다. 랩뷰에서 2진 파일로 저장해 보자. 아래 왼쪽이 코드 전부이다.

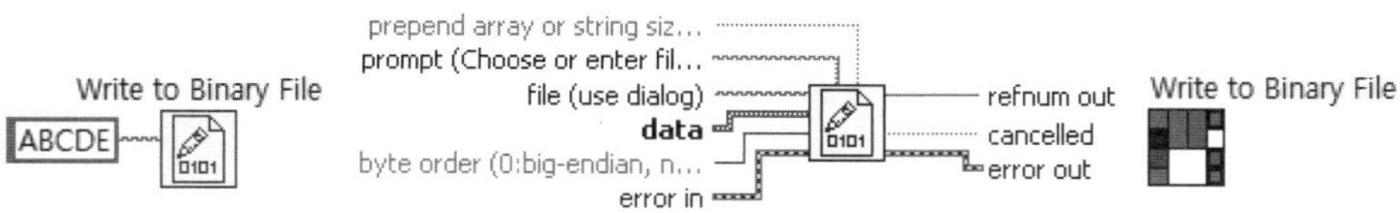

파일 위치를 정하지 않은, 아주 간단하게 프로그램을 만들었다. [Tool] 팔렛에서 'Connect Wire'를 골라, 마우스 커서 모양을 바꾼 다음, 블록 다이어그램에 있는 아이콘에서 파일 위치를 넣을 곳에 커서를 가져가면, 'file(use dialog)'가 보이고, 이곳에 아무 값도 넣지 않으면, 괄호 안에 쓰여 있는 '(use dialog)(대화창 쓰기)'가 기본이고, 프로그램을 실행하면, 대화창이 나온다. 기본 값을 쓸 수 있어서 위 프로그램에는 입력 값을 넣지 않았다.

'data' 입력에는 문자열, 문자열 배열, 숫자, 숫자 배열, 클러스터 등 여러 형식 데이터를 넣을 수 있다. 위 프로그램에서는 문자열(마젠타 색) 형식으로 'ABCDE' 값을 넣었다. 위쪽에 'prepend array or string size? (T)' 기본값은 'T(true)'로 배열이나 문자열 길이 정보를 파일 제일 앞에 4 바이트 크기 정수로 저장한다. 따라서 5 글자 5 바이트와 길이 정보 4 바이트를 합쳐 9 바이트 파일을 만든다. 'F(false)'로 바꿔 넣으면, 길이 정보는 빼고, 5 바이트 파일을 만든다.

위처럼 파일을 저장하면, 디스크 어디인지 프로그래머는 모르지만, 윈도우가 지정해

주는 곳 주소를 얻고, 그곳부터 문자열 길이(4 바이트에 저장)와 문자열 'ABCDE' 5 바이트를 저장한 주소값을 'refnum out'에 내놓는다. 처음 주소값에 (4+5=) 9를 더한 값이다. 여기에 다른 문자열을 더 붙여 보자.

이제 'FGHI' 4개 문자는 처음 파일 주소에서 9 바이트를 더한 주소에서 시작해서 다시 길이 정보 4 바이트와 문자열 4개 바이트를 채운다. 파일은 총 17 바이트이다.

마지막으로 파일을 닫아야 하는 데, 랩뷰가 프로그램을 마치면서 알아서 닫는다. 때에 따라서는 프로그램을 마치기 앞서 파일을 닫아야 할 때도 있는 데, 이때는 프로그래머가 파일을 닫는 과정을 넣어야 한다. [Functions] 팔렛 → [File I/O] 묶음에는 〈Close File〉 아이콘이 있고, 파일 경로를 입력받아, 그 파일을 닫는다.

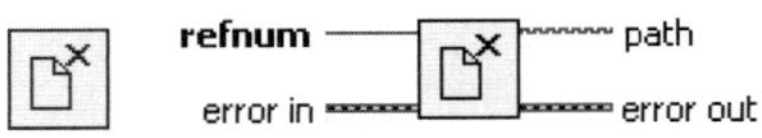

다음은 위 간단한 프로그램을 온전한 과정으로 다시 프로그램했다.

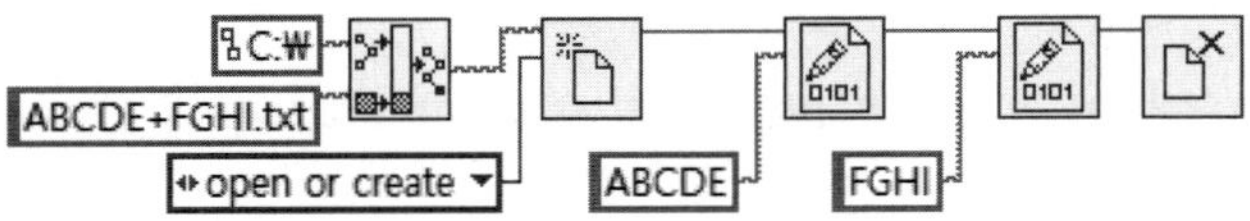

(1) 파일이 있거나, 만들려는 폴더와 이름으로 경로를 만들어 (2) 파일을 열거나, 만들어 그 참조 주소를 건네주고, (3) 주소와 파일에 적을 내용('ABCDE' 와 'FGHI')을 입력하고, (4) 파일을 닫아 마무리했다.

문자열을 2진 파일로 저장했다. 다음은 이 파일을 윈도우 기본 어플리케이션 프로그램인 메모장으로 연 모습이다.

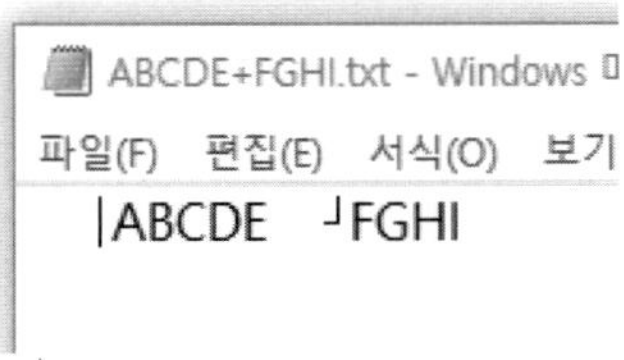

‘ABCDE’와 ‘FGHI’ 말고, ‘_|’와 “_」’가 있는 데, 앞 4 바이트에 해당하는 값을 나타냈고, ‘4’와 ‘5’이므로, 4 바이트에서 한자리이다. 그래서 3 자리에는 ‘빈’ 문자가 있고, 256 글자 이상 있다면, 두 자리에 개수를 나타내는 수에 해당하는 아스키코드를 써놨을 것이다. 그래서, 마지막 글자 ‘I’는 17번째이고, 17 바이트를 잘 썼다.

8.6 2진 파일 읽기

이 파일을 읽어보자. ‘0101’ 형태 2진수로 저장했으니, 2진수를 읽어보자.

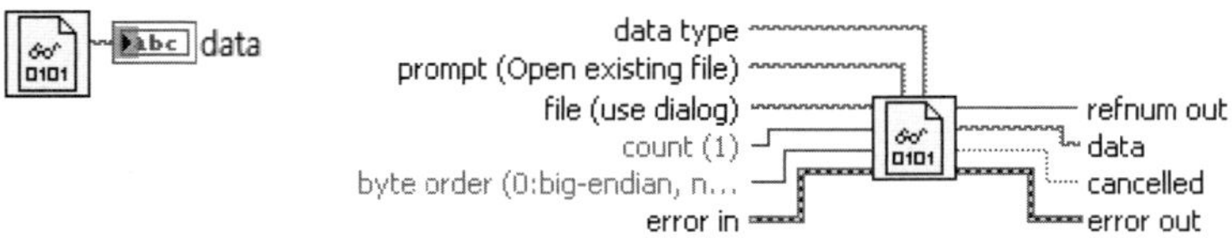

연필과 달리 안경이 그려있고, 아래는 ‘0101’ 2진수를 나타냈다.

파일을 읽으려면, (1) 읽어올 주소와 그 주소에서부터 (2) 어떤 길이(바이트)를 읽을지, 그리고, (3) 읽는 방법을 알아야 한다. 앞서 저장할 때처럼 주소에 아무것도 넣지 않으면, ‘대화창’이 나오며, 파일 위치를 묻고, 파일을 탐색기 창에서 골라 주소를 얻어 올 수 있다. 이제 어떤 길이를 읽을지를 결정해야 한다. 데이터는 한 개가 아닌 여러 데이터 묶음을 기본으로 쓰므로, (a) 데이터 한 개가 갖는 길이와 (b) 데이터 개수로 나눠서 생각한다. (a) 데이터 한 개가 갖는 길이는 ‘data type’으로 정했다. 물론 ‘data type’에는 길이뿐 아니라, 그 데이터를 읽는 방식이 같이 들어간다. 예로, 1 바이트를 쓰는 ‘부호가 없는 정수형(unsigned int)’은 1 바이트를 읽으면 0~255 수를 나타내지만, 아스키라면, 이 수를 다시 코드 표에서 찾아 해당 값을 내놓는다. 만약 정수형과 달리 실수형이었다면, 일부에는 10 거듭 제곱을 나타내는 지수와 소수 첫자리부터 수로 두 부분으로 나눠 읽는다. 프로그래머는 데이터 형식만 전달하면, 프로그래밍 언어가 알아서 처리해 준다. (b) ‘count(1)’이 데이터개수이다. ‘(1)’ 괄호에 수가 적혀 있는데, 기본값이 ‘1’ 한 개라는 뜻이다.

위 왼쪽에 만든 2진 파일을 읽는 프로그램을 실행하면, 읽을 파일 위치를 묻는 창이 나오고, 앞서 만든 'ABCDE+FGHI.txt' 파일을 골라 읽어보자. 'data' 인디케이터에 문자가 나와야 하는 데 아무런 문자가 안 나올 것이다. 파일에는 아스키로 '_ _ _ _| ABCDE_ _ _ _」FGHI'가 있고, 만든 프로그램은 기본으로 (a) 아스키 문자를 (b) 1개 읽으라고 했으므로, 위 아스키 문자열에서 첫 문자 '__'를 읽었고, 보여줬지만, 아무것도 없으니, 문자가 없다고 생각했을 것이다. (b) 읽을 개수를 '-1'로 바꿔보자. 파일 끝까지 모두 읽으라는 뜻으로 위 코드를 다 잘 읽고, 보여줄 것이다.

8.7 텍스트 파일 쓰기

2진 파일은 가장 기본인 파일인데, 텍스트는 아스키를 저장하고 읽도록 방식을 고정한 것이다. 따라서, 2진 파일 읽고, 쓰는 vi로 텍스트 파일을 읽고, 쓰는 vi를 대체해서 만들 수 있다.

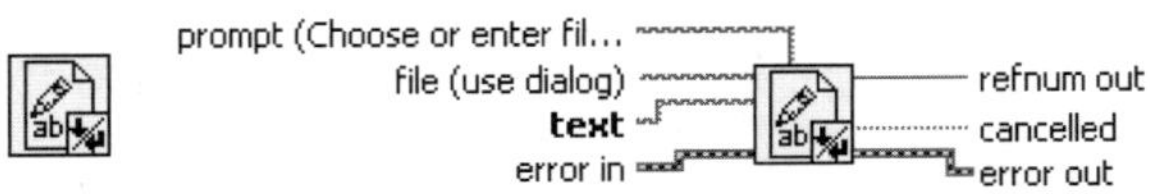

텍스트는 아스키를 그대로 저장하므로, 1 바이트 단위로 저장한다. 따라서, 파일 크기가 10 바이트라면, 10개 문자를 저장한 것이라고 알 수 있다. 정확히는 아스키 10개를 저장한 것이다. 그리고, 1 바이트 단위로 쓰기 때문에 파일 총 바이트는 총 문자 수를 나타내므로 개수를 앞에 4 바이트를 들여 써 놓을 필요가 없어, 'prepend array or string size? (T)' 입력이 없다.

위는 간단한 프로그램을 만들었다. 5 글자를 저장하고, 다시 4 글자 총 9개 글자를 저장했으므로 9 바이트 파일을 만든다. 디스크 어디인지 프로그래머는 모르지만, 윈도우가 지정해 주는 곳 주소를 얻고, 그 주소부터 'ABCDE' 5개 문자(아스키)를 저장해서, 처음 주소에서 5 바이트를 더한 곳에 'FGHI' 4개 문자를 저장한다. 문자열을 '쓰기' 때문에, 연필과 알파벳으로 아이콘을 나타냈다.

쓰는 vi를 두 개 써서 만들었는데, 저장할 파일을 묻는 창은 한 번 나왔다. 첫 vi는 어느 곳에 쓸지 몰라, 묻는 창이 나와 파일을 골랐다면, 둘째 vi는 첫 vi에서 파일 마지막 위치를 받았으므로 그곳부터 'FGHI'를 쓴다.

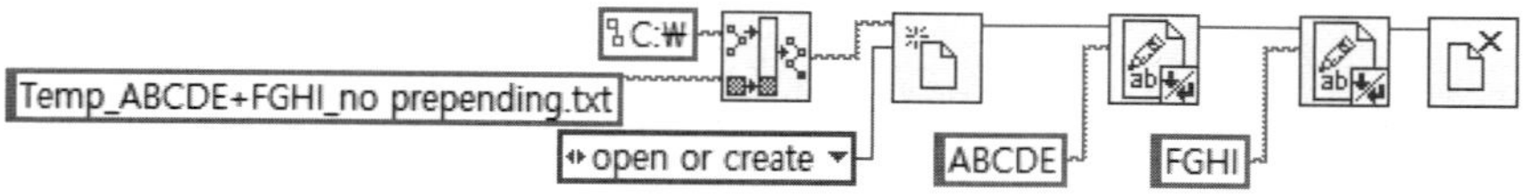

8.8 텍스트 파일 읽기

아스키 텍스트를 읽는 기능을 하므로, 1 바이트씩 읽는다. 따라서, 2진 파일을 읽는 방식에서 (a) 데이터 한 개 길이는 이미 정했고, (b) 데이터 개수만 정한다.

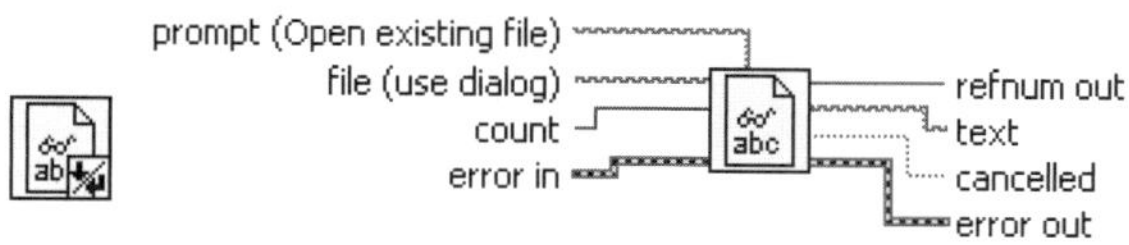

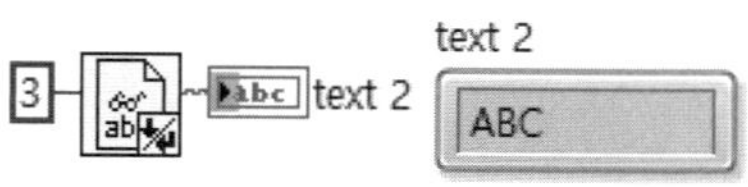

앞서 저장한 파일을 고르고, 'count'를 3으로 정하면 앞에서 3 문자를 읽어오고, 'ABC'를 내놓는다.

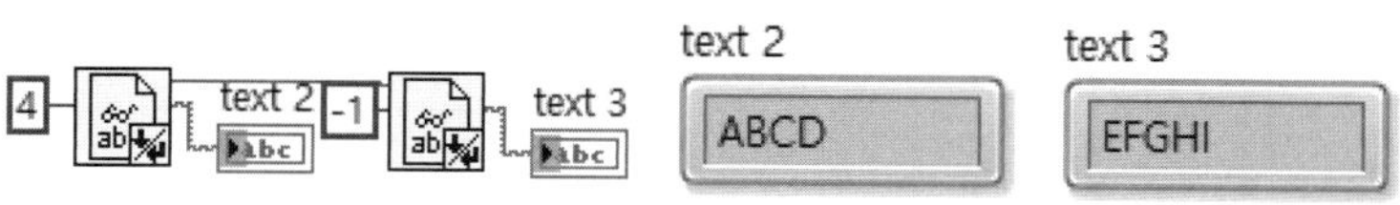

'count'에는 읽어 들일 개수를 넣지만, '-1'을 넣는다면, '파일 끝'까지 읽는다. 따라서, 4개를 읽고, 그 주소값을 'refnum'으로 다음에 전달한다. 그리고, 뒤 함수는 그 주소에서부터 파일 끝까지를 읽어 'EFGHI'를 읽었다. 이 vi는 기본으로 모든 문자를 읽는다. 'count'

기본값은 파일 끝까지 읽는 '-1'이므로, 두 번째 읽기에서 '-1'을 안 써도 결과는 똑같다.

2진 파일을 읽는 것은 텍스트 파일 읽는 것을 포함한다. 따라서, 위 결과를 2진 파일 읽는 것으로 대체할 수도 있다.

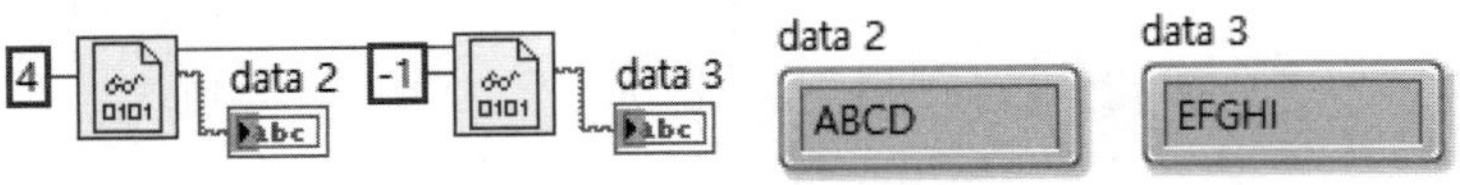

2진 파일을 읽는 vi는 데이터 형을 입력해야 하는 데, 기본은 문자열이므로 아무것도 연결하지 않았다. 기본이 문자열이라는 말은 아스키가 문자열이라는 뜻이다.

8.9 수를 파일에 쓰기

수를 저장하고 읽어보자.

앞서 '128'을 문자로도 숫자로도 저장할 수 있음을 봤고, 숫자로 저장하는 것이 저장 공간을 아낄 수 있어 유리하다고 했다. 수는 기본으로 2진 파일로 저장한다.

랩뷰에서는 8가지 정수 형이 있다. 1, 2, 4, 8 바이트 4가지이고, 각 바이트마다 (-) 부호가 있고 없어 총 8가지이다.

	1 byte (8 bits)	2 bytes (16 bits)	4 bytes (32 bits)	8 bytes (64 bits)
unsigned	U8 U8 0	U16 U16 0	U32 U32 0	U32 U64 0
signed	I8 I8 0	I16 I16 0	I32 I32 0	I64 I64 0

파일에 쓸 때는 큰 제약 없이 값을 넣기만 하면, 차곡차곡 쌓인다. 위에서 정수를 4가지 길이로 나눴지만, 실수(float)도 4가지 길이로 나눠 정밀도를 높일 수 있다.

여러 데이터를 한 개씩 쓴다면, 배열이 아니므로, 배열 길이를 쓸 필요 없지만, 여러 데이터를 배열 하나로 저장한다면 데이터 앞에 4 바이트 크기에 배열 길이를 먼저 쓰고,

그 뒤에 데이터 배열을 쓴다. 앞서처럼, 이 데이터에 대해 잘 알면, 길이를 안 써도 된다.

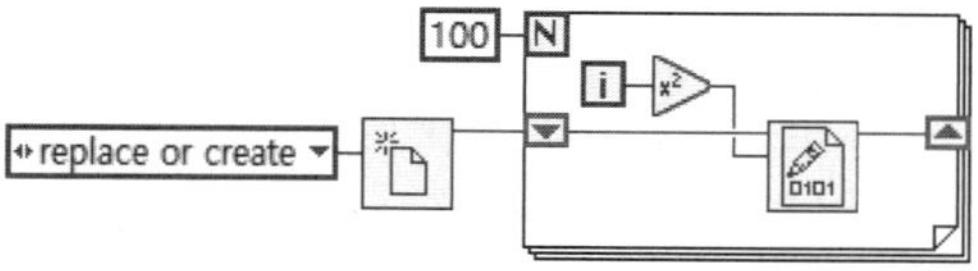

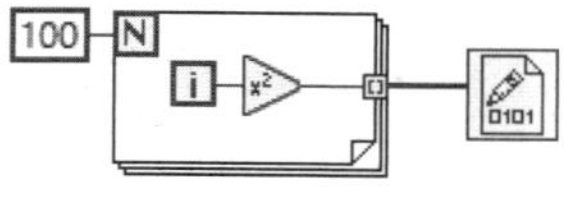

두 for 루프에서 0~99를 제곱해서 저장했고, 각 수는 4 바이트이므로, 400 바이트인데, 첫 번째는 값을 하나씩 저장해서 400 바이트이고, 두 번째는 배열을 저장해서 배열 크기 값 4 바이트를 더해 404 바이트이다. 앞서 2진 파일 저장에서 말한 것과 똑같이, 데이터 배열 길이 4 바이트와 각 데이터 크기 단위(여기에서는 4 바이트) 그리고, 데이터 수(100개)로 파일 길이(404 바이트)는 결정된다.

2차원 배열을 저장할 때는 행과 열 길이를 따로 저장하는 데, 4 바이트 두 개에 길이를 각각 저장한다. 따라서, 4 바이트 정수 3×2 배열을 저장하면, 처음 4 바이트에는 3을, 두 번째 4 바이트에는 2를 쓰고, 4 바이트 수를 6개 쓴다. 따라서 파일 크기는 32 바이트이다.

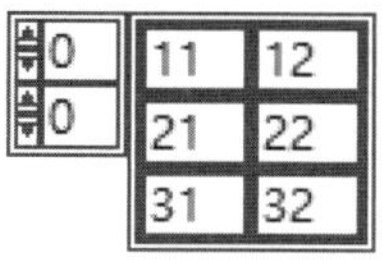

위는 3×2 배열인데, 가로 방향으로 쓰는 줄을 '행(row)'라고 하고, 세로 방향으로 쓰는 칸을 '열(column)'이라고 하고, 이 모두를 행렬(matrix)이라고 한다. 다음은 위 파일 데이터를 바이트 단위로 읽고, 4 바이트를 단위로 데이터를 구분했다.

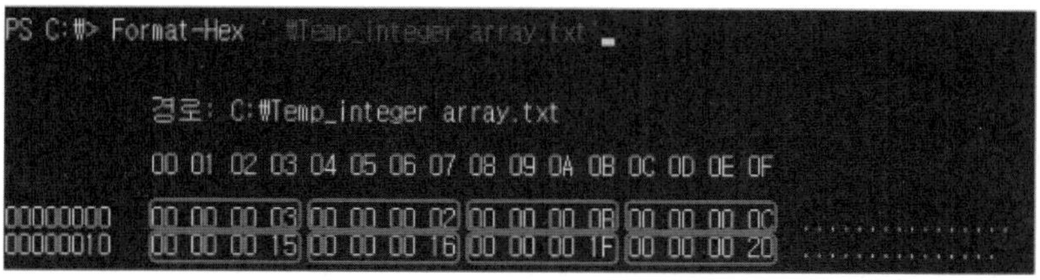

16진수로 3, 2, B, C, 15, 16, 1F, 20인데 10 진수로 바꾸면, 3, 2, 11, 12, 21, 22, 31, 32이다. 똑같은 수를 똑같은 배열로 만들었지만, 1 바이트 signed integer로 저장하면,

4+4+1×6=14 바이트이고, 다음은 같은 방법으로 읽은 데이터이다.

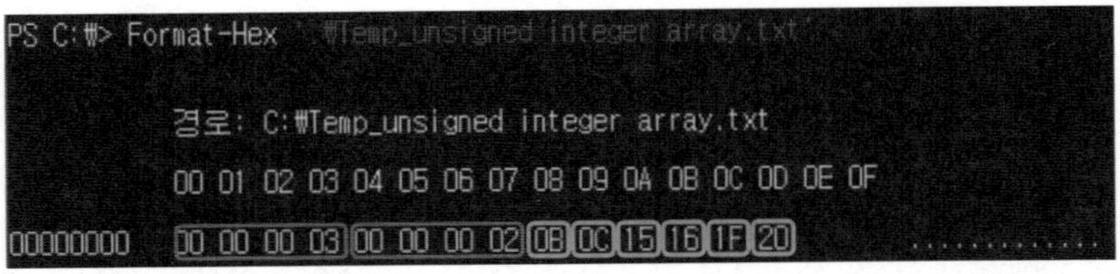

데이터 구조 대략 살폈다. 이것을 알면, 파일을 읽는 데 도움을 주지만, 이것을 알아야지 파일을 읽을 수 있는 것은 아니다. 이제 파일을 읽어 보자.

8.10 수를 파일에서 읽기

앞서 2진 파일을 읽는 방법을 살폈고, 그 방법으로 앞서 저장한 파일을 읽어보자.

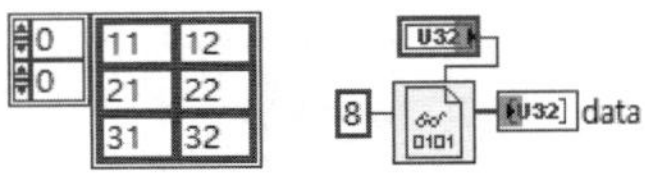

(1) 파일 위치는 'use dialog'로 팝업 창이 나오면, 그곳에서 골라 입력하고, (2) 데이터 형식은 unsigned int형으로 4 바이트(32 비트)이고, 8개를 읽는다. 읽을 개수는 기본 값이 1인데, 기본 값을 쓰면 출력 데이터는 배열이 아닌 숫자 하나이지만, 기본값과 같은 '1'이라도 수를 입력하면, 배열 데이터를 내놓는다. 여기는 8을 넣었기 때문에 배열 원소는 8개이다.

처음 두 원소는 배열 크기를 나타내고, 1 행부터 3 행까지 차례로 배열 원소를 1차원 배열로 만든다.

(2) 데이터 형식에 unsigned int 형 1차원 배열로 정하고, count에는 기본 값으로, 아

무 값도 안 넣고, 출력에 인디케이터를 만들면 다음과 같다.

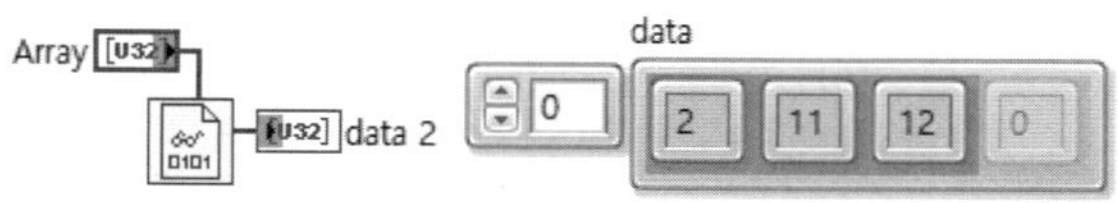

읽을 데이터 형식이 1차원 배열이므로, 처음 4 바이트에 있는 '3'을 읽었고, 배열 원소가 3개인 1차원 배열을 1개를 내놓는다.

그러나, 1개를 읽도록 count를 '1'로 바꾸어 넣으면, 원소 수가 3인 1차원 배열이 배열 원소인 클러스터 배열을 만들어 낸다.

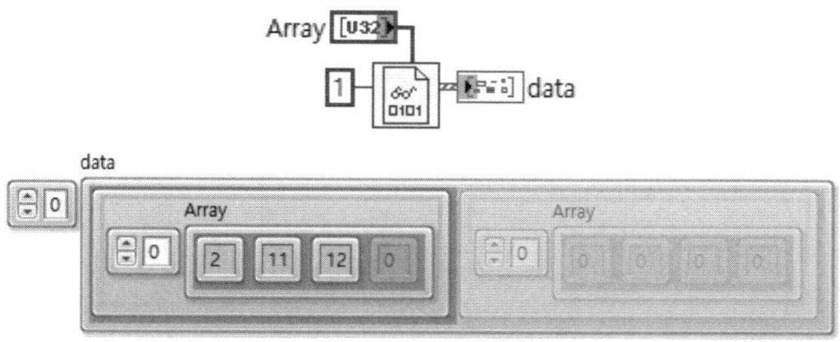

이제 count를 '2'로 바꾸어 넣었고, 다음처럼, 'End of file encountered'라는 오류가 나오고, 프로그램은 멈춘다.

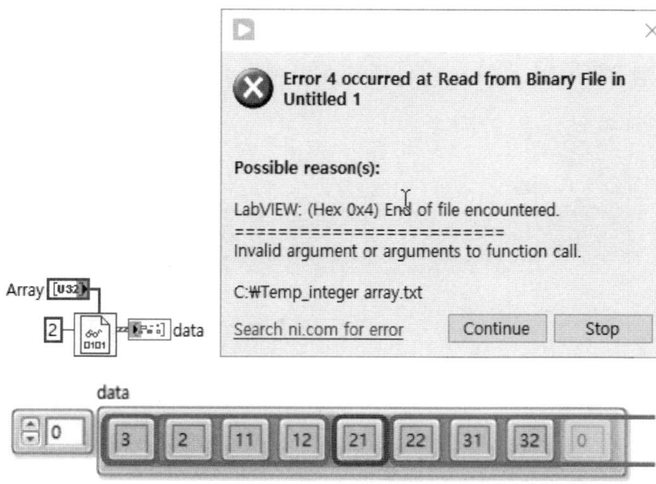

1차원 배열을 읽으려면, 첫 4 바이트에 있는 1차원 배열 크기를 읽는 데, '3'이므로, unsigned int형으로 4 바이트 원소 3개 '2', '11', '12'를 읽고, 두 번째 1차원 배열을 읽으려면, 원소 3개를 읽은 다음 4 바이트는 두 번째 배열 크기이고, 위 배열에서는 '21'이므로, unsigned int형으로 4 바이트 원소 21개 읽어야 하는 데, '22', '31', '32' 3개를 읽으면 파일 끝이 나오고, 더 읽을 수 없어 오류가 나온다. 만약 저장 데이터를 다음으로 바꾸면, 오류가 없이 결과를 주고, 프로그램을 마친다.

두 번째 1차원 배열 크기는 '2'이므로 '22', '31'을 읽을 수 있고, 다음은 결과이다.

이 결과가 '2차원 배열'이 아닌 '1차원 배열이 원소인 클러스터'가 되는 이유는 데이터형은 unsigned int형 1차원 배열이고, 배열 크기가 같지 않아 2차원 배열로 묶을 수 없고, 클러스터로 묶인다.

이제 원래 저장한 방법 그대로 2차원 배열을 읽어보자. 읽을 데이터 형식을 U32, 2차원 배열로 정하면, 행과 열 크기를 나타내는 4 바이트 2개 '3'과 '2'를 먼저 읽고, 원소 2개씩 3번을 읽어 2차원 배열을 만든다.

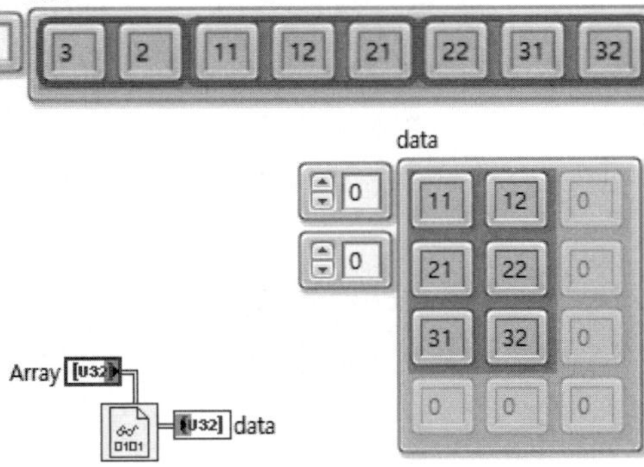

데이터 형에 값이 있는 데이터를 넣더라도, 값은 뜻이 없고, 형만 받아들인다. 따라서 다음처럼 형과 배열 차원만 정한 상수를 넣을 수도 있다. 결국 메모리에서 읽는 방법과 크기만 정하면 데이터를 읽을 수 있다.

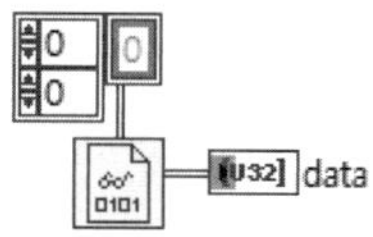

배열 원소 데이터 형을 볼 수 없어, 파란색인 정수형이라는 사실 말고 길이를 알 수 없다. 왼쪽에 있는 인덱스가 2개여서 2차원 배열임을 알 수 있지만, 선 두께로 2차원 배열임을 알 수도 있어서 인덱스를 안 보이게 하면 프로그램이 조금 간단해질 수 있다.

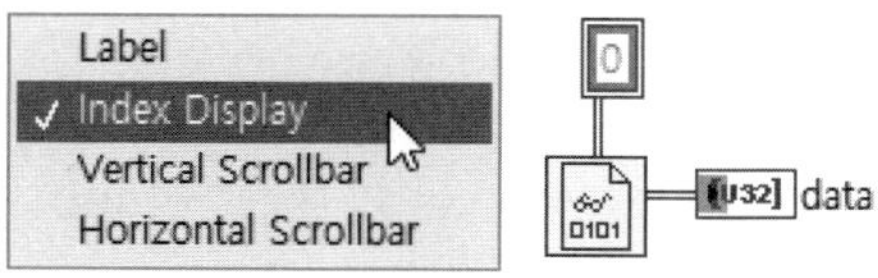

8.11 파일 중간부터 읽기-1

파일 모든 부분을 처음부터 끝까지 읽지 않고, 중간부터 읽을 필요가 있을 수도 있다. 앞서 1차원 배열 두 개를 읽은 예에서, 마지막 원소가 하나 남았다. 마저 읽을 수 있다. 4 바이트 수를 하나 읽어 보자. 파일에서 데이터를 읽으려면, (1) 데이터가 있는 위치와 (2) 읽을 데이터 크기를 알아야 한다.

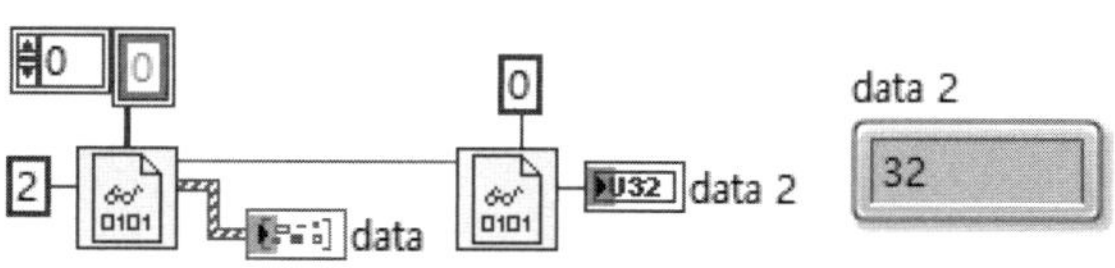

위에는 두 번째 읽는 vi가 있는 데, 앞 읽는 vi에서 주소를 넘겨받고, u32 형 1개를 읽는다. 앞 vi에서 'refnum out'에서 참조 점을 내주는 데, 데이터(배열 2개)를 읽은 다음 주소를 넘겨준다. 이것을 확인할 수 있는 vi가 있다.

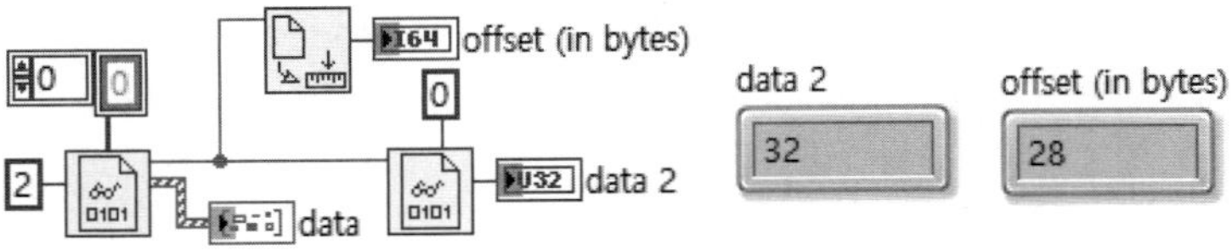

앞에 있는 vi에서 첫 1차원 배열 원소 수(=3) 4 바이트, 그리고, U32 형 원소 3개, 두 번째 1차원 배열 원소 수(=2) 4 바이트, 그리고 u32형 원소 2개를 읽어, 4 바이트, 7개 원소를 읽었고, 28 바이트를 지나왔다.

'offset'에 '28'이 '(in bytes)'로 나타났다. 이 정보는 'refnum out'을 타고, 〈Get File Position〉 vi에 들어가서, offset 값을 내놓는다. 파일을 더 읽거나 하지 않았으므로, 이 〈Get File Position〉 vi가 내놓은 주소는 vi에 넣어준 것과 같다. 따라서 위 프로그램을 다음처럼 인라인으로 바꿀 수도 있다.

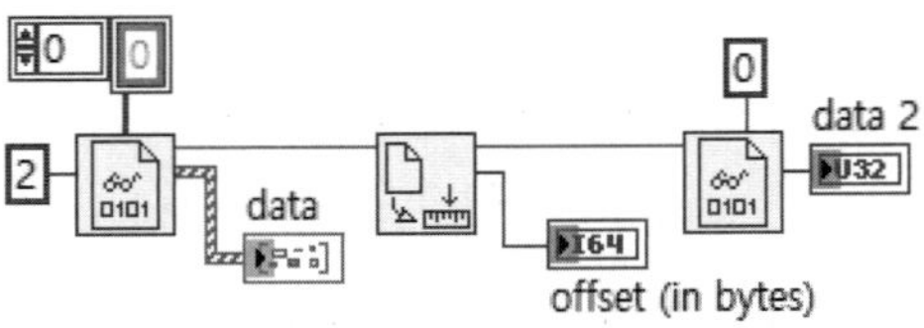

읽고 싶은 파일 위치를 알고 있으면, 그 위치에 읽을 파일 '위치'를 정하면, 그곳부터 파일을 읽을 수 있다. 위에서 28 바이트 자리에서 4 바이트 수를 읽어, '32'를 내놓았다. 우연하게 32 바이트를 뜻하는 것 같아 보이는 것이고, 파일 위치와 상관없다.

위 데이터에서 5번째 원소 수는 '2'이고, 위치는 원소 하나가 4 바이트이므로, 17번째 바이트부터 20번째까지 읽은 4 바이트 수는 '2'이어야 한다. 17번째부터 읽고 싶으면, 지금 위치는 16이어야 한다.

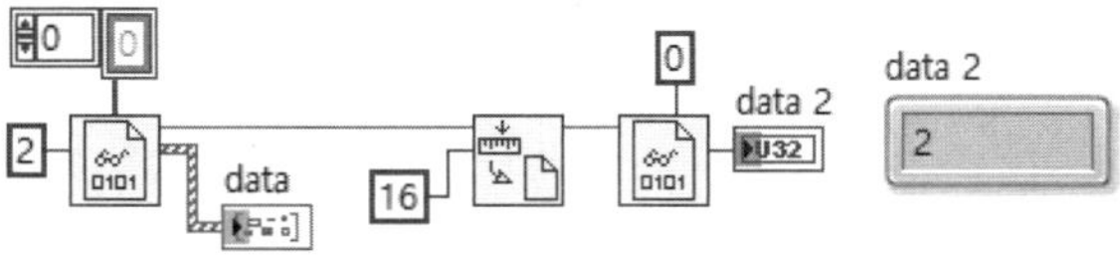

위 vi에서 마지막 2진 파일을 읽는 vi를 지나서 나온 주소는 20번째이다.

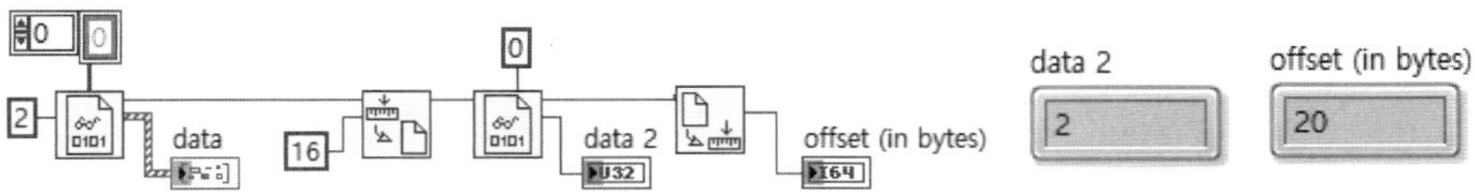

마치 책을 읽다 다음에 읽을 곳을 표시한 책갈피처럼, 또는 지금 꽂혀 있는 책갈피를 찾아 그 위치로 가는 것 같다. 물론 쪽이라고 해도 괜찮고, 쪽에서 몇 번째 줄에서 몇 번째 글자부터 읽는 것과 비슷하다.

위에서 설명한 <Get(Set) File Position> vi는 [Functions] 팔렛에서 [File I/O]에서 가장 마지막 부분 [Adv File Func]에 있다.

파일 중간에 쓰기 할 수도 있는 데, 파일을 읽는 방법처럼 〈Set File Position〉 vi로 쓸 자리를 정한 다음, 쓰기 vi로 데이터를 쓰면 되는 데, 원래 쓰여 있던 데이터는 지워지므로 조심해야 한다.

8.12 파일 중간부터 읽기-2

4 바이트 크기 숫자 3과 1 바이트 크기 숫자 3은 저장한 모습이 다르다. 다음은 앞 선 4 바이트 원소가 3-2-11-12-2-22-31-32인 배열을 1 바이트로 읽었다.

4 원소를 묶어 숫자 하나이다. 4 바이트씩 끊어서 잘 읽으면, 3-2-11-12⋯ 을 잘 읽겠지만, 앞 선 <Set File Position> vi로 읽는 위치를 3 바이트로 옮기고, 4 바이트를 읽으면, (3,0,0,0)을 읽어, $\mathbf{3 \times 256^3 + 0 \times 256^2 + 0 \times 256^1 + 0 \times 256 = 50,331,648}$이다.

따라서 읽는 위치를 잘 정하지 못하면, 엉뚱한 수를 보일 수 있다. 읽는 방법과 크기를 잘 정해야 하는 이유이다.

파일을 저장하거나 읽을 때 'byte order(0:big-endian,...)'를 조심해야 한다. 기본 값은 (big-endian, network order)이고, (native, host order)와 (little-endian) 이 더 있다. 위 배열 데이터를 4 바이트 little-endian 순서로 저장하고, big-endian 순서로 읽어본다.

저장한 수와 아무 상관없어 보이는 수들을 보여준다. 다음은 1 바이트씩 읽어봤다.

자세히 보려, $\mathbf{1 \times 256^3 + 2 \times 256^2 + 3 \times 256^1 + 4 \times 256^0 = 16,909,060}$을 big-endian과 little-endian으로 각각 저장하고, 1 바이트씩 읽어본다.

big-endian: 

little-endian: 

little-endian은 낮은 바이트부터 저장하고, big-endian은 높은 바이트부터 저장한다.

CHAPTER_09

신호 데이터 모으기

CHAPTER 09

신호 데이터 모으기

지금까지는 데이터를 컴퓨터 프로그래밍으로 만들었지만, 지금부터는 하드웨어로 컴퓨터 밖에 있는 전기 신호를 모아 만든다. 데이터를 모아서 정보를 얻거나, 데이터로 무엇인가를 다른 일을 한다. 그 무엇인가는 아주 많아 정하기 어렵다.

사람은 TV를 보면, 눈에서 신호를 받아들여서 뇌로 보내고, 그 내용을 파악해서, 웃거나, 울거나 반응한다. 듣는 절차 똑같다. 물론, 뜨거운 물체에 닿으면, 뇌로 신호를 안 보내고 바로 반응하는 무조건 반응도 있지만, 대부분 과정들은 감각 기관에서 신호를 만들고, 신호를 처리할 뇌로 보내고, 기억에 저장하고, 처리해서 판단한 부분은 운동 기관을 움직이는 신호를 내보낸다.

이 장에서는 감각 기관에서 얻은 데이터를 저장하거나, 처리할 수 있게 데이터를 만드는 과정에 해당하는 하드웨어를 설명한다. 간단한 회로에서는 전자, 전기 신호를 만들어 컴퓨터가 받을 수 있도록 바꾸어 컴퓨터에 넣는다. 컴퓨터가 받은 이 신호는 자료이다. 보통 센서(감각기)에서 신호를 만든다. 보통 많은 센서는 저항값이 바뀌고, 그에 따라 전압 신호를 바꾼다. 그래서, 물리 상황이 바뀌면, 저항값이 바뀌는 소자를 찾아 센서를 만든다. 빛 밝기가 달라지거나, 온도가 바뀌거나, 올려진 무게가 달라지거나, 소리가 들리거나, 소리 음색이 바뀌는 물리 현상은 또 다른 물리 현상을 바꾼다.

센서가 만든 신호를 컴퓨터가 받아들일 수 있도록 연결해야 하는 데, 이를 '인터페이스'라고 한다. 주변에서 쉽게 구할 수 있는 값이 싼 아두이노도 있고, 라즈베리파이도 있다. 컴퓨터와 연결하려면 프로그래밍 과정이 필요한 데, 이런 인터페이스 프로그래밍을 배우는 과정이 지금 공부하는 랩뷰에 비해 쉽지 않다. 그래서 랩뷰를 배우고 있는데, 랩뷰로 아두이노와 라즈베리파이를 연결하려면, 좀 더 복잡한 과정이 있어서, 랩뷰에 가장 알맞은 NI-DAQ 장비를 쓰거나, NI-ELVIS를 쓴다. 물론, 이 장비들은 위 인터페이스에 비해 성능이 높고, 기능도 더 많지만, 값이 비싸다.

9.1 범위 정하기

무엇인가를 재려면, 먼저 범위를 정해야 한다.

현미경으로 큰 자동차 전체를 한 번에 볼 수 없고, 망원경으로는 작은 개미를 보기 어렵다. 현미경으로는 작은 물체를, 망원경으로는 멀리 있는 물체를 관찰하는 게 알맞고, 이렇게 크기가 크고 작은 것을 나누는 것은 '공간 범위'를 정한 것이다.

물리 현상이 시간에 따라 바뀌고, 이에 따른 전압 신호도 시간에 따라 바뀌므로, 재고 싶은 신호 '전압 범위'와 얼마나 빨리 재야 하는 '시간 범위'도 정해야 한다. 빨리 바뀌는 신호를 천천히 재면, 바뀌는 것을 볼 수 없고, 천천히 바뀌는 신호를 빠르게 재면, 많은 노력과 자원을 헛으로 쓸 수 있다.

보통 물리 현상을 관찰하려면, 공간과 시간 범위도 정하지만, 여기에서는 전압과 시간 범위를 정한다. 정한 전압 범위에서 시간에 따라 따라 데이터를 모으고, 저장하고, 분석한다. 데이터(=자료)를 모으는(acquisition) 일을 데이터 애퀴지션, 줄여서 DAQ, 자료 수집이다.

물리 현상에서 나오는 신호는 아날로그이고, 모으려면, 잰 값에 알맞은 근사값으로 적는다. 물리 신호 가운데 하나인 무게를 잰다면, 소수점 몇 자리까지 나타내야 하는지 정해야 한다. 몸무게는 kg에서 소수점 첫자리 혹은 소수점이 없어도 그렇게 나쁘지 않을 것 같다. 하지만, 금반지 무게를 생각하면, g에서도 소수점 아래로 세, 네 자리 정도로 정밀하게 말해야 한다. 작은 무게 차이에도 값어치가 달라지기 때문이다. 아날로그는 정확한 값을 알 수 없는 연속한 양이다. 숫자로 적으려면, 비슷한 값에 맞출 수밖에 없다. 이 과정을 디지털화한다고 한다.

컴퓨터로 신호를 다루려면, 디지털화해야 한다. 따라서 아날로그(from Analog)인 물리 신호를 디지털로(to Digital) 바꾸는(Convert) 과정을 ADC(Analog to Digital Converter)라 하고, 반대 과정은 DAC(Digital to Analog Converter)이다.

앞서, 저울로 무게를 재는 예를 봤는데, 몸무게와 금무게는 범위가 많이 달라, 다른 저울을 쓴다. 몸무게를 재는 저울로 금무게를 재면, 그 눈금 간격으로 금무게를 나눌 수 없을 것이다. 물론, 금무게를 몸무게만큼(수십 kg 정도) 재야 한다면, 몸무게 저울로 잴 수 있겠지만, 오차가 커져 손익 차이가 커질 것이다. 금무게를 재는 저울(수 g 범위)로 몸무게를 잰다면, 저울은 망가지거나, 망가지지 않더라도, 저울이 가리킬 수 있는 최대값을 표시할 뿐 정확한 값을 주지 못한다. 그렇다고 그 최대값인 수 g이 몸무게는 아니다. 범위를 알맞게 정해야 한다. 최대 범위를 정하면, 그 사이 작은 눈금을 정할 수 있다. 나누는 눈금 수를 분해능 (=resolution) 또는 해상도라 한다. 보통 8 비트(=bit), 10 비트, 12 비트, 16 비트 등으로 눈금을 나눈다. 비트는 binary digit를 줄여, 2진수를 뜻하고, 8 비트는 2^8=256이고, 16 비트는 2^{16}=65,536이다. 분해능이 8 비트라면, 최대값과 최소값 사이에 255 단계가 있고, 16 비트라면, 65,535 단계가 있다. 숫자 사이 개수이므로 가짓수보다 1씩 작다.

범위를 정하는 3가지(공간, 시간, 전압)를 보였다.

(1)공간

최대값과 최소값을 알면, 최대값보다 크고, 최소값보다 작은 범위로 정한다. 그리고 정확히 재려면, 그 사이를 작게 나누는 데, 머리카락 두께를 재는 데는 학교 다닐 때 썼던 자는 최소 눈금이 1 mm이고, 두께는 이보다 작아서 잴 수 없다. 그래서, 마이크로미터나, 버니어 캘리퍼스 같은 정밀한 자를 쓴다. 마이크로미터로 100 m 달리기 트랙 길이를 재면, 잴 수 있지만, 매우 어렵다.

(2)시간

사건이 일어나기 전부터, 끝난 뒤까지 재면, 전체 현상을 볼 수 있지만, 그 시간 동안 얼마나 자주 재야하는 지를 정해야 한다. 전체 현상을 살필 필요 없이 특정 범위만 살펴야 할 때도 있다. 따라서 시간도 공간처럼, 처음 시간, 끝 시간, 시간 간격을 정할 필요가 있다.

(3)전압

공간, 시간 등과 비슷하게 범위와 간격을 정해야 한다.

9.2 엘비스(ELVIS, Engineering Laboratory Virtual Instrumentation Suite)

NI에서 실험실 교육용으로 만든 제품으로 이름에 있는 것처럼, 가상 장비를 만들 수 있다. 함수 파형 발생기, 오실로스코프, 디지털 멀티미터, 그리고, 전압 공급 장치는 실험실에서 가장 많이 그리고 기본으로 쓰는 장비 4가지이다. 이 장비들은 데이터로 전압 신호를 만들고, 전압을 재서 자료를 만드는 역할을 한다. 지금은 NI에서는 버전 3 제품을 팔고 있다.

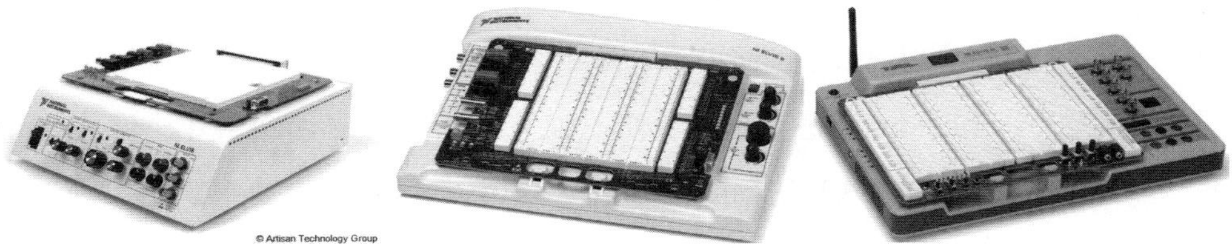

© Artisan Technology Group

함수 파형 발생기와 전압 공급 장치는 입력한 데이터로 전압 신호를 장비 밖으로 내놓는 역할을 하고, 오실로스코프와 디지털 멀티미터는 전압 신호를 입력하면, 데이터를 화면에 보이고, 저장할 수 있다. 이와 달리 이 가상 장비들은 NI 사에서 NI ELVISmx Instrument Launcher에 프로그램으로 구현했다.

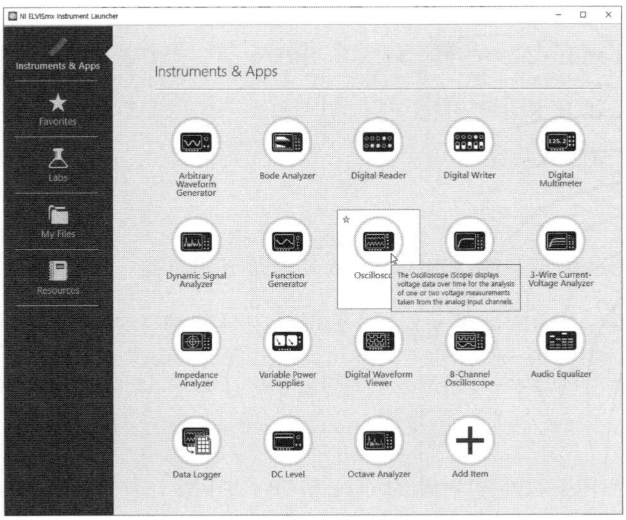

이 프로그램은 바로 쓸 수 있고, LabVIEW로 만들수도 있다. 범용으로 만들어놨으므로, 목적에 필요없는 기능을 포함할 수도 있고, 못 미칠 수도 있어, 쓰고자 하는 사람이 직접 만들수도 있어야 한다.

9.3 전압 범위

엘비스 장치로 잴 수 있는 전압 범위는 ±10 V, ±5 V, ±2 V, ±1 V, ±0.5 V, ±0.2 V, ±0.1 V이다. 아날로그 신호 넣을 수 있는 단자는 16개와 AISENSE, AIGND 등이 있다. 16개 가운데, 둘씩 묶어 차동(differential) 모드로 쓰거나, 16개를 각각 단일 모드로 쓸 수도 있다. 전압이 가진 다른 이름은 전위차(electric potential difference)이다. 기준에 대한 전위 차이인데, 기준을 어디에 놓느냐에 따라 다르다. 기준이 AISENSE, AIGND이라면, 16개 단자 모두 차이를 잴 수 있지만, 16개 단자 기준이 모두 같다. 때에 따라 기준을 달리할 필요가 있다. 이때는 둘씩 묶어 차동 모드로 쓴다.

차이를 재는 문제에 대해 좀 더 생각해 보자. 전위는 눈에 보이지 않아 예로 쓰기에 알맞지 않지만, 길이로 높이를 재는 것이 알맞을 것 같다. 키는 누운 채 잴 수도 있고, 서서 잴 수 있다. 서서 잰다면, 발바닥에서 머리끝을 재는 것이 키이다. 발바닥 포텐셜 에너지와 머리끝 포텐셜 에너지 차이는 질량과 중력 가속도는 공통으로 같으므로 높이 차이가 포텐셜 에너지 차이를 나타낸다. 기준을 발바닥으로 할 것인지, 머리끝으로 할 것인지에 따라 높이 크기는 같지만, 양과 음 값이 된다. 머리끝에서 발바닥을 빼면, 양 값, 발바닥에서 머리끝을 빼면, 음 값이다. 차이 값 크기는 같지만, 부호는 질량을 가진 물체가 힘을 받아 이동하는 방향을 나타낸다.

여럿을 잴 때는 기준을 정하는 문제가 생긴다. 발바닥에서 머리끝 거리를 잰다고 했으니, 모두 교실 바닥에 발바닥을 붙이고 있으면, 기준을 하나만 삼을 수 있지만, 의자나 책상에 올라 있는 사람도 있을 수도 있어, 모든 사람 발이 바닥에 닿아 있지 않을 수 있다. 내려오라고 해서 기준을 같게 할 수 있지만, 그렇지 못한 상황이라면, 기준을 따로 정해야 한다. 기준을 공통으로 쓴다면, 기준점은 한 번만 재면 되니까, 같은 횟수를 잰다면, 더 많은 사람을 잴 수 있지만, 기준을 따로 재야 한다면, 잴 수 있는 사람 수는 절반으로 줄어든다. 기준을 따로 했을 때 절반으로 줄어 안 좋지만, 이 반대로 좋은 점도 있다.

전압(전위차)을 재는 것도 마찬가지이다. 기준보다 높은 양, 낮은음 값 차이에 따라 전하가 움직이는 방향이 달라지므로, 전류 방향이 달라진다. 엘비스로 잴 때, 공통 기준으로 AISENSE, AIGND을 쓰면, 16개를 따로 잴 수 있고, 이때를 단일 끝 모드(single ended mode)라 하고, 기준을 달리 쓰면, 8개만 잴 수 있고, 차동 모드(differential mode)라 한다.

엘비스에서 잴 수 있는 ±10 V~±0.1 V 범위를 벗어나는 신호가 있을 수도 있다. 재고 싶은 전압이 엘비스에서 잴 수 있는 범위 안에 있다면, 엘비스 설정을 조절해 해결할 수 있지만, 범위보다 크거나, 작은 전압을 재고 싶을 때도 있다. 이때는 신호를 작게 줄이거나, 크게 만들어야 한다. 신호가 작다면, 트랜지스터나 연산 증폭기(OP-AMP) 등으로 신호를 크게 만드는 증폭(amplification)을 한다. 신호가 크다면, 전압 분할기를 꾸며 전압을 낮추거나, 오실로스코프 프로브에서 x1, x10을 골라, 전압을 낮출 수도 있다. 이처럼 신호가 범위를 벗어나면, 장치에 맞도록 신호 조건화(signal conditioning)를 한다. 보통 번역하지 않고, '시그널 컨디셔닝'으로 부른다.

9.4 시간 범위

바뀌는 신호를 두 번 잰다고 할 때, 한 번 재고, 다음 재는 사이에 신호가 바뀌지만, 처음 쟀을 때와 두 번째 쟀을 때 신호가 같다면 재는 사람은 바뀐 것을 알 수 없다. 따라서, 재는 시간 간격을 좁혀 더 빠르게 재야 한다. 예로, 1초에 한 번씩 되풀이하는 사인 진동을 생각해 보자. 1초마다 정확하게 한 번 재면, 잴 때마다 같은 신호가 나오므로, 신호가 안 바뀐다고 생각할 수 있다.

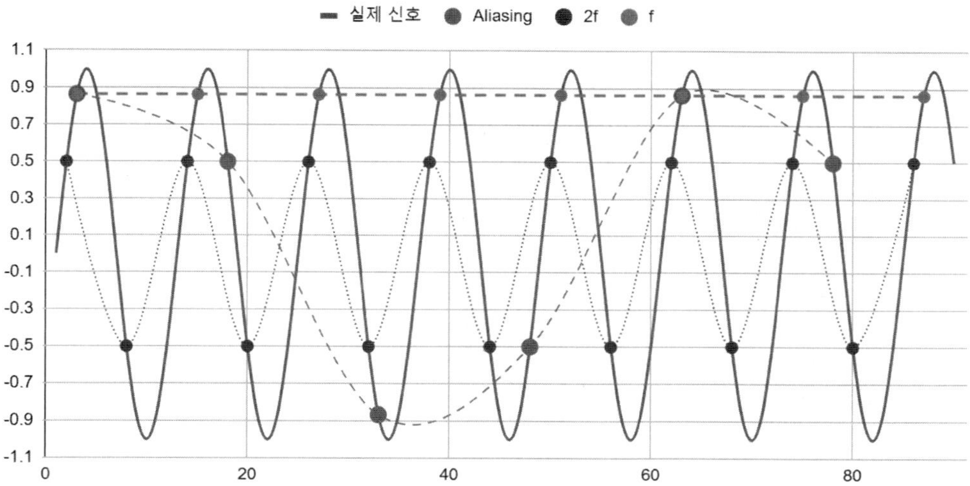

위는 실제 신호(사인파)와 정확히 같은 주파수로 잰 그래프(y 축 값이 0.9 근처 점선 직선), 두 배 빠른 주파수로 잰 그래프(두 사인파 가운데 작은 진폭)와 ⅓ 주파수로 잰 그래프(진동하는 점선) 등 네 그래프이다. 같은 주파수로 잰 그래프는 직선으로 신호가 안 바뀐 것으로 보인다. 두 배 주파수로 잰 그래프는 실제 신호와 같은 주파수를 보이지만, 진폭은 다르다. 우연히 골과 마루를 쟀다면, 진폭과 주파수가 실제 신호와 같지만, 파형이 사인파가 아닌 삼각파 모양이다. 또 평균점 근처에서 쟀다면, 거의 직선 모양이 나와 시간에 따라 안 바뀐 신호로 판단할 수 있다. 이런 우연을 뺀다면, 적어도 주파수는 실제 신호와 정확히 같게 말할 수 있다. 주파수보다 작게 잰 그래프는 완전히 다른 신호로 보인다. 이처럼 원래 신호와 다르게 찌그러지는 현상을 앨리에이싱(aliasing)이라 한다. 안티 앨리에이싱(anti aliasing)은 앨리에이싱을 피하는 뜻으로, Nyquist(나이퀴스트)는 최소 2 배 이상 주파수로 재야한다는 이론을 냈다. 그리고 보통 주파수보다 10~20 배 큰 주파수로 재야 제대로 신호를 복원할 수 있다고 한다. 100 MHz 신호(1초에 1억 번 바뀌는 신호)를 재려면, 대략 1 GS/s(1초에 10억 번 잼) 빠르기가 필요하다.

오실로스코프(Oscilloscope)

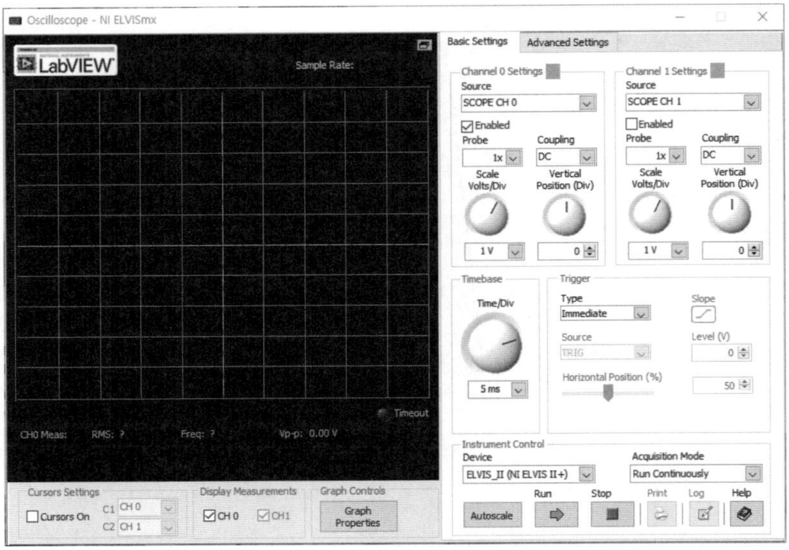

멀티미터(multimeter)와 오실로스코프는 전압 신호를 재는 대표 장치이다. 멀티미터는 시간에 따라 바뀌는 신호를 보기 어렵고, 직류(DC) 신호나, 바뀌더라도 일정하게 바뀌어 평균 또는 표준편차값이 필요한 신호(교류, AC)를 재는 데 쓴다. 시간에 따라 바뀌는 것에 관심이 없다면, 멀티미터를 쓰면, 간단하고, 충분히 잘 잴 수 있다. 오실로스코프는 신호를 시간에 따라 볼 수 있다. 가로축은 시간, 세로축은 전압을 나타내고, 설정에 따라, 가로축과 세로축 모두 전압을 나타낼 수 있다. 여기에서는 위에 있는 ELVISmx 프로그램을 기준으로 설명한다.

랩뷰 프로그래밍은 프론트 패널과 블록 다이어그램 두 부분으로 나뉘는 데, 이 실제 장치도 똑같이 두 부분으로 나눠 볼 수 있다. 화면과 설정을 바꿀 수 있는 손잡이가 있는 패널이 한 부분이고, 케이스 안에 BNC를 통해 넣은 전압 신호를 설정에 따라 조절해서, 화면에 보여줄 전압 신호로 바꾸는 기능하는 회로 부분이다.

설정을 전압, 시간, 트리거 세 부분으로 나눌 수 있다. 엘비스를 쓰는 오실로스코프 프로그램에 있는 화면은 가로 10칸, 세로 10칸으로 나눴는데, 세로축은 전압 설정에 따라, 가로축은 시간 설정에 따라 나타낸다.

9.5 오실로스코프–시간 축

시간 축 설정을 먼저 알아본다. 화면 옆 설정 'Timebase'에서 오실로스코프 화면 시간(가로) 축 1 칸 시간 길이 (Time/Div)를 정하면, 10칸이므로 10배 시간 동안을 잰다. 50 ms로 정하면, 500 ms(0.5초) 동안 재고, 화면에 보여줄 2,500개를 데이터가 필요하다면, 1초에 5,000개를 재는 빠르기로 재야 한다. 따라서 샘플링 속도는 5.00 kS/s 가이다. NI-Elvis II+ 기준으로 Time/Div에 따른 샘플링 속도와 샘플 수를 적었다. 가장 빠른 속도는 100 MS/s이다.

Time/Div	Samples	Sample rate(S/s)		길이
200 ms	4,000	2,000	2.00k	2,000 ms
100 ms	2,500	2,500	2.50k	1,000 ms
50 ms	2,500	5,000	5.00k	500 ms
20 ms	2,500	12,500	12.50k	200 ms
10 ms	2,500	25,000	25.00k	100 ms
5 ms	2,500	50,000	50.00k	50 ms
2 ms	2,500	125,000	125.00k	20 ms
1 ms	2,500	250,000	250.00k	10 ms
500 us	2,500	500,000	500.00k	5 ms
200 us	2,500	1,250,000	1.25M	2 ms
100 us	2,500	2,500,000	2.50M	1 ms
50 us	2,500	5,000,000	5.00M	500 us
20 us	2,500	12,500,000	12.50M	200 us
10 us	2,500	25,000,000	25.00M	100 us
5 us	2,500	50,000,000	50.00M	50 us
2 us	2,000	100,000,000	100.00M	20 us
1 us	1,000	100,000,000	100.00M	10 us
500 ns	500	100,000,000	100.00M	5 us

사인 함수처럼 되풀이하는 신호는 2~5번을 되풀이를 보는 게 알맞다. 되풀이하는 한 번만 보면, 신호를 넓게 봐서 가장 좋겠지만, 앞뒤에 신호가 어떻게 바뀌는 지 보는 것도 중요하다. 예로 10 kHz 신호는 0.0001초에 한 번 되풀이한다. 따라서 되풀이하는 신호 2개를 보려면, 0.0002초(200 μs)를 봐야 하고, 한 칸을 20 μs로 정하고, 신호 5개를 보려면, 0.0005초(500 μs), 한 칸을 50 μs로 정한다.

9.6 오실로스코프-트리거

트리거(trigger)는 뜻이 방아쇠인데, 오래전에 쓰던 아날로그 오실로스코프 장비는 전자'총'이 있는 음극선관 화면을 썼다. 되풀이하는 신호를 같은 위치에서 나타내기 시작하면, 멈춘 신호처럼 보인다. 트리거 설정이 제대로 안 된 화면은 신호가 계속 바뀌고, 어지럽다. 정확한 설명은 아니지만, 사인 신호를 처음부터 90%를 보였다면, 그다음 보여지는 화면은 마지막 10%에 해당하는 부분부터 보여질 것이다. 그래서 90~180% 즉 80%에서 끝이 나고, 다시 20%에서 시작하므로 계속 신호가 바뀐다. 정확하지 않다고 한 이유는 화면에 보이는 마지막과 다음 장면 처음 보이는 신호는 이어지지 않고, 시간 지연이 있다. 이 시간 지연은 일정하지 않을 수 있다. 다음은 일정시간 사인 전체 신호를 보였고, 그 아래는 화면에 보이는 부분을 네모에 넣었다. 네모 사이에는 시간 지연이 있어 간격을 바꿀 수 있다.

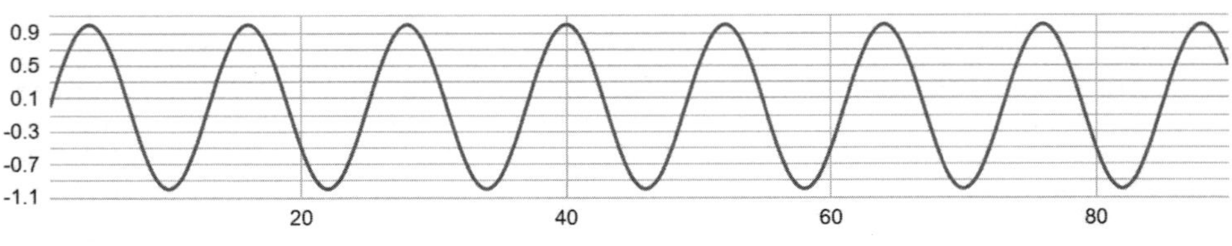

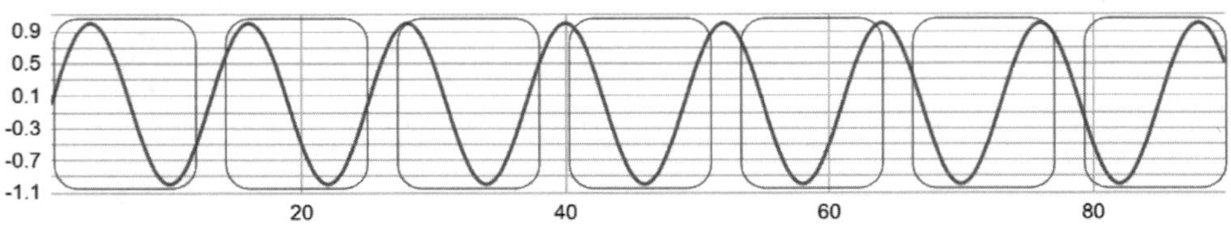

작은 네모 안을 화면 하나라고 하면, 각 화면마다 달라 보일 것이고, 화면은 계속해서 혼란스럽게 바뀔 것이다. 시간 지연(화면 사이 시간)을 바꾸면서 매번 같은 곳에서 시작하거나, 정한 위치에 같은 신호가 오도록 하면, 같은 화면만 보일 수 있을 것이다.

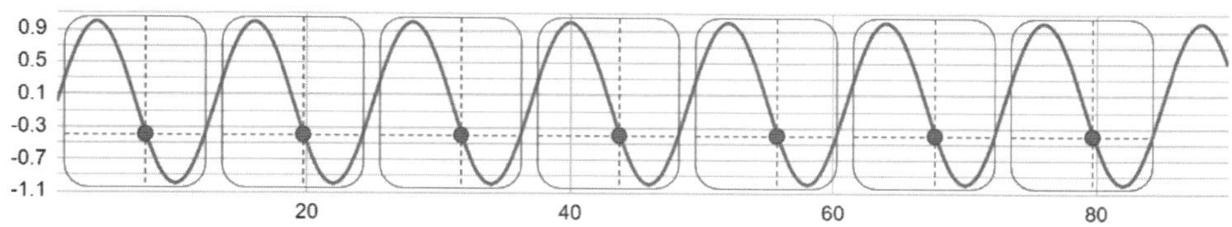

화면에서 네모 안 동그라미 위치에 같은 신호가 오도록 설정하면, 네모 안에는 같은 모양 신호만 있으므로, 매번 같은 화면이 보이고, 화면이 멈춘 것처럼 보일 것이다.

트리거 'type'은 'Immediate', 'Digital', 'Edge' 세 가지이고, 'Immediate'는 'Source'가 필요 없고, 입력 신호를 순간에 보여준다. 'Digital'은 'Source'로 'TRIG'와 'SYNC'를 쓸 수 있고, 'TRIG'는 FGEN BNC 단자이고, 'SYNC'는 prototype board에 34번 핀이다. 'Source'를 정하면, 'Slope'이 올라가는 상태이면, 0→5 V 신호가 바뀔 때, 내려가는 상태이면, 5→0 V 전압이 바뀔 때, 트리거한다.

입력 신호를 트리거 신호로 쓰는 'Edge' 형식을 가장 많이 쓰는 데, 입력한 신호가 커지거나, 작아지는 기울기 상태와 'Level(V)' 값을 지날 때, 트리거한다.

주파수 100 Hz, 진폭 1 V_{PP}(peak to peak), DC Offset 0 V인 사인 함수를 입력했을 때, 신호가 0.3 V를 지날 때, 전압이 올라갈 때와 내려갈 때 트리거 하는 모습 둘을 보인다.

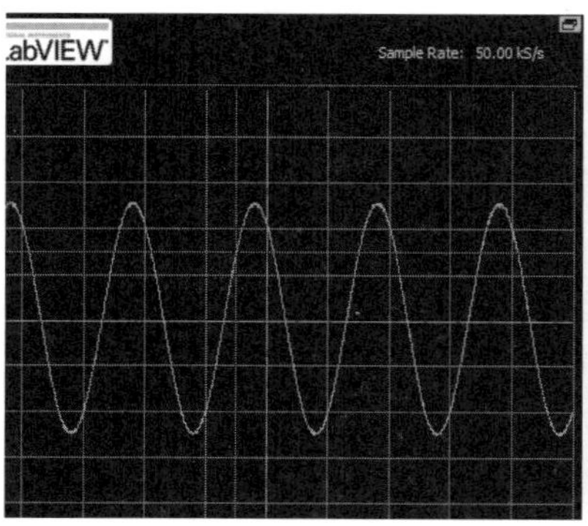

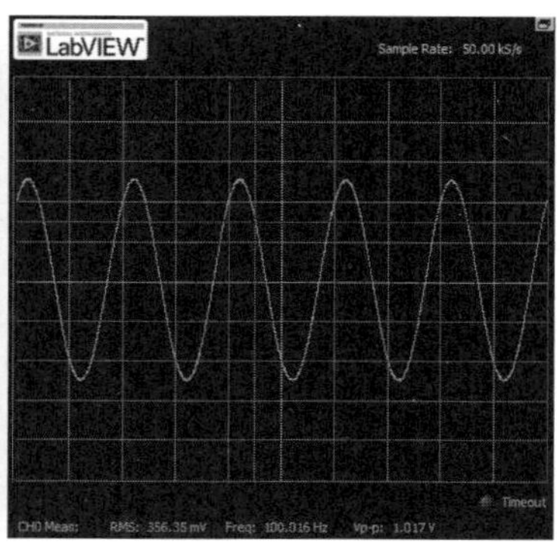

가로 선(중심에서 위로 두 번째 칸 가운데에 얇은 선)은 'Level(V)' 가 가리키는 값을, 세로 선(가운데에서 왼쪽 같에 가운데 있는 선) 은 수평 위치(Horizontal Position(%))(여기에서는 50% 설정했고, 화면 가운데에 있다.)를 가리키고 있고, 이것들은 트리거 설정에서 바꿀 수 있다.

9.7 오실로스코프–쓰임새

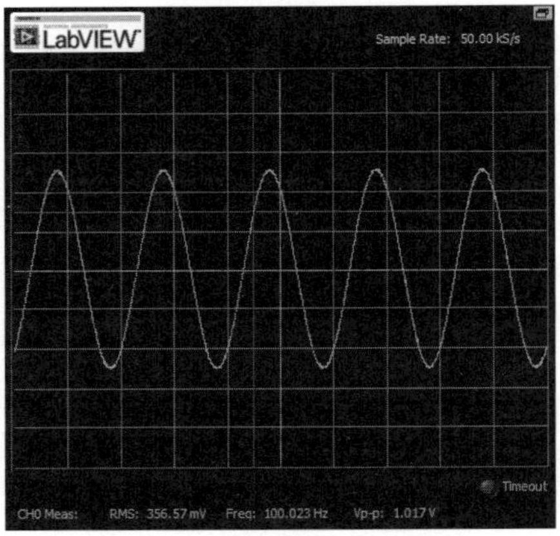

위 화면에는 샘플 속도가 50.00 kS/s이고, 2,500개 샘플을 모으는 데는 0.05초 걸린다. 따라서 시간 축 한 칸은 0.005초 동안 자료를 모았고, 'Timebase'는 5 ms로 설정했을 것이다. 화면 아래에는 'CH0 Meas'가 쓰여 있어, 입력이 오실로스코프 0번 채널이고, 주파수는 100 Hz 정도라는 것을 보여준다. 가운데에서 위아래 대칭이므로 DC는 0, V_{P-P}가 1.017V인데 세로축으로 대략 5 칸을 차지하고 있어서, 200 mV로 설정했을 것이다. rms 값이 356.67 mV이고, 사인 함수 형태이므로, 진폭은 $\sqrt{2} \times 356.67\,\mathrm{mV} = 504.41\,\mathrm{mV}$ 라고 알 수 있다.

오실로스코프를 멈추면('stop'), 'Log' 메뉴를 쓸 수 있는 데, 데이터를 저장할 수 있다. 반드시 정지해야만 데이터를 저장할 수 있다는 것이 좋지 않다. 랩뷰로 이 과정을 만들 것이다.

9.8 오실로스코프 만들기

멀티미터나 값을 하나 재는 장치에 비해 오실로스코프는 설정할 부분이 많아, 복잡해서 처음 재는 프로그래밍에 알맞지 않을 수 있지만, 마지막 목표이므로, 차근차근해 보겠다.

코끼리를 냉장고에 넣는 우스갯소리 방법은 냉장고 문을 열고, 코끼리를 넣고, 냉장고 문을 닫는 것처럼, 데이터를 모을 곳을 정하고, 그곳에 전압 신호를 넣고, 보이고, 파일에 저장하고, 파일을 닫는다.

데이터 모을 곳은 하드웨어인 엘비스에서도 정해야 하고, 소프트웨어로 정해야 한다. 랩뷰를 설치하고 디바이스 드라이버까지 설치하면, 'MAX'라는 서브프로그램을 자동으로 설치한다. Measurement&Automation Explorer를 줄였고, NI에서 지원하는 하드웨어를 랩뷰와 연결할 수 있게 돕는다.

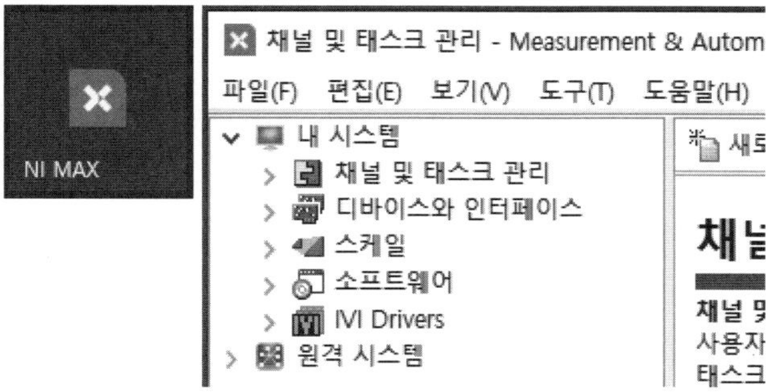

실행하면, [내 시스템]에 [채널 및 태스크 관리], [디바이스와 인터페이스] 메뉴가 있고, 아마도 이 부분이 가장 중요할 것이다. 프로그램에서는 중요한 것, 많이 쓰는 것을 잘 보이도록 해 놓는다.

하드웨어로 할 일들을 '태스크(task)'에 정하고, 어떤 하드웨어를 쓸지를 '디바이스와 인

터페이스’에 정한다. 하드웨어인 엘비스를 연결해서 자동 인식했다면, ‘디바이스와 인터페이스’에 장비가 나타나고, 그 장치 이름을 선택하면, 셋팅에서 이름을 바꿀 수 있다. 메뉴가 나타나는 데, ‘셀프 테스트’, ‘자기 교정’, ‘테스트 패널’, ‘태스크 생성’ 등이 있다. 여기에는 ‘MAX’가 자동으로 차례대로 이름을 만들어서 ‘Dev1’인데, 랩뷰로 프로그래밍할 때, 이 장비를 쓸려면, 이 이름을 찾아 설정한다. 여러 장비를 쓴다면, 이름을 잘 붙여 주여 헷갈리지 않을 것이다. 여러 엘비스를 쓰지 않는다면, ‘ELVIS_II_plus’도 좋겠다. 이름에 빈칸이나 ‘+’ 같은 기호를 쓸 수는 없다.

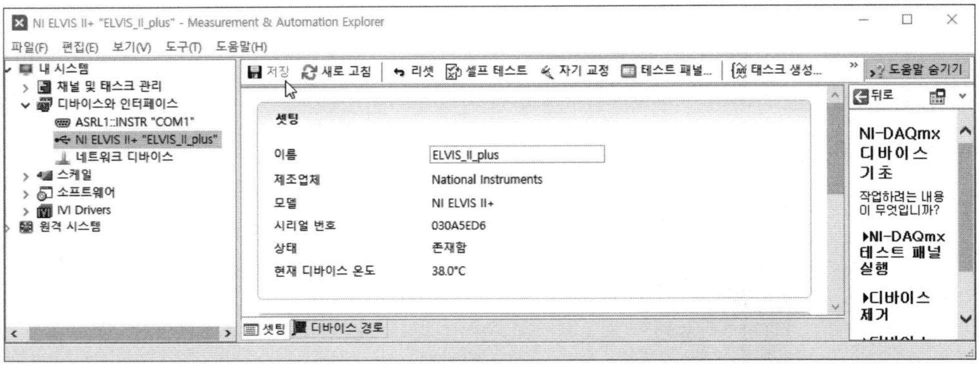

USB 연결하지 않으면, 다음처럼 (x)가 나타나고, ‘리셋’, ‘셀프 테스트’ 등이 비활성화 상태이다.

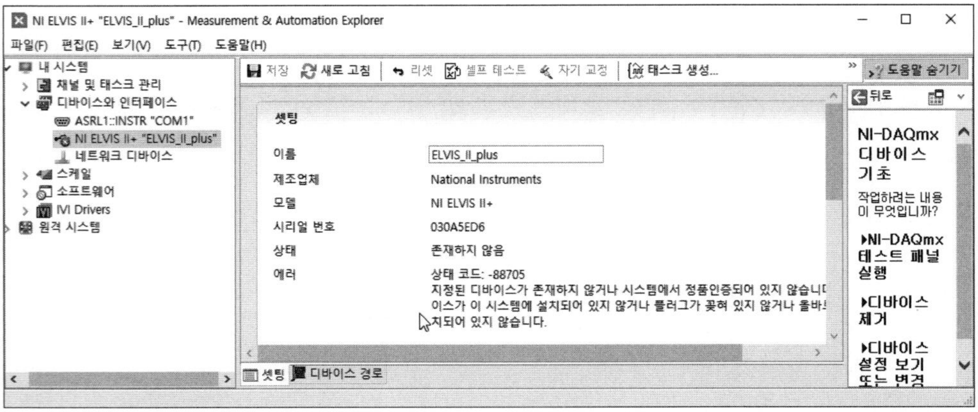

9.9 태스크 만들기

'NI-DAQmx 태스크' 메뉴에서 '할 일'인 '태스크'를 만들 수 있다. 태스크 생성 메뉴를 고르면, 다음 같은 윈도우가 나타난다.

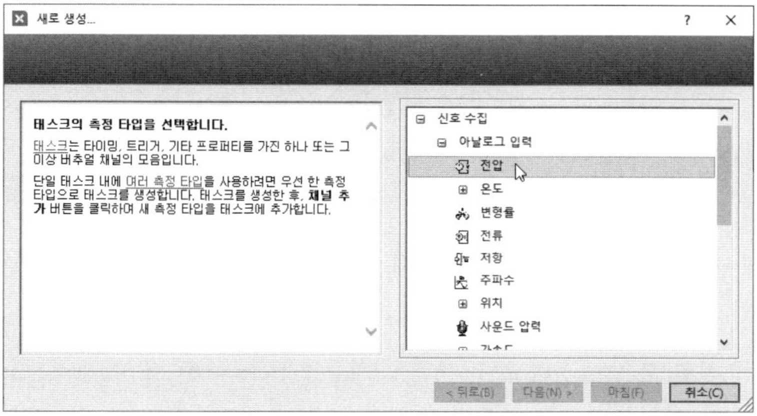

'신호 수집'에서 '아날로그 입력'을 메뉴를 고르고, '전압' 메뉴를 고른다.

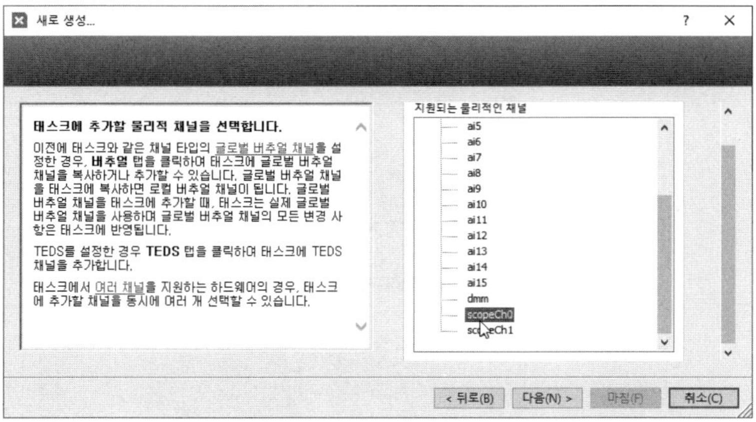

전압 입력할 수 있는 하드웨어 채널 목록이 <ai0…15> 16개와 <dmm>, <scopeCh0, 1> 총 19개로 나타나고, 쓰고 싶은 채널을 골라 '다음(N)'을 누르면, 디바이스 이름처럼 태스크 이름을 지어 넣을 수 있고, 'ScopeCH_0'으로 정하고 '마침'을 누른다.

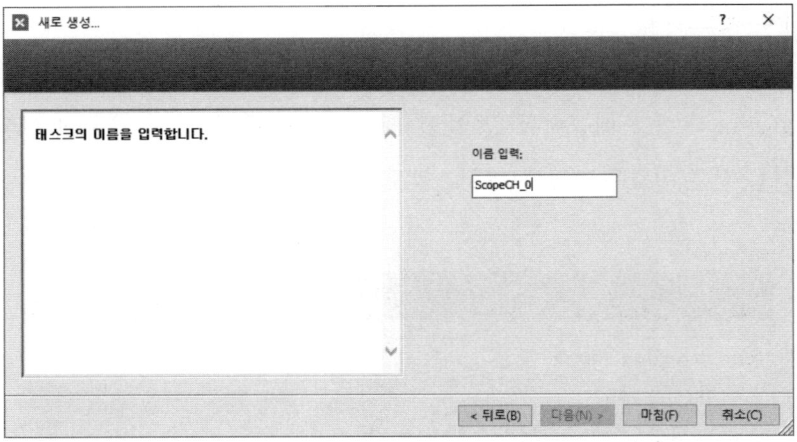

자세하게 태스크 설정을 바꿀 수 있다. 태스크는 채널 하나를 설정하는 것이 아니라, 여러 채널에서 '할 일'을 정하는 곳이다. 따라서 채널을 더 넣을 수도 있다.

전압 입력 범위 값을 설정하고, 터미널을 '차동(Differential)', 'RSE(Referenced Single Ended)', 'NRSE(Non-)' 등 가운데서 골라 설정할 수 있지만, 스코프 채널은 'RSE'만 고를 수 있다.

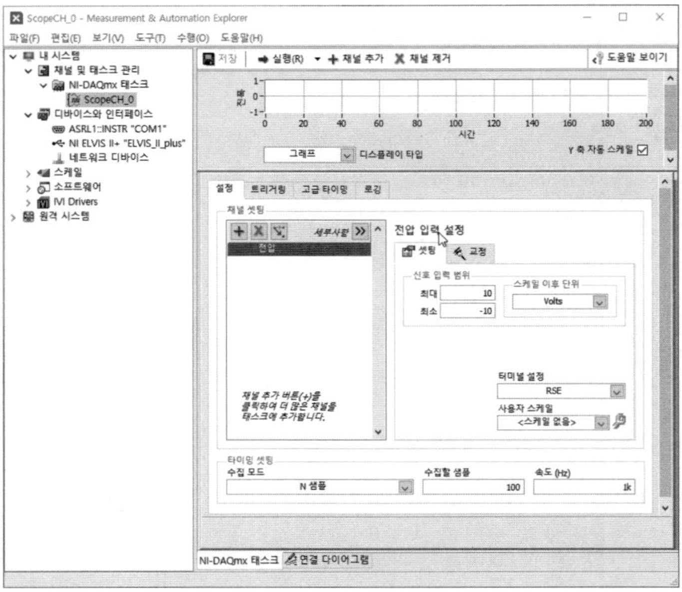

타이밍 세팅에서는 〈수집 모드〉, 〈수집할 샘플〉 수와 〈속도〉를 정하고, 두 수를 나누면 수집 시간이 정해진다. 〈수집 모드〉에서 '연속 샘플'을 고르면, 수집한 뒤 약간 지연이 있고, 다시 수집한다. 앞서 본 오실로스코프 재는 모습이다. 'N 샘플'을 고르면 샘플 수만큼 수집한 뒤에는 작업을 멈춘다. ELVIS는 '연속 샘플'을 할 수 없고, 'N 샘플'을 고른다.

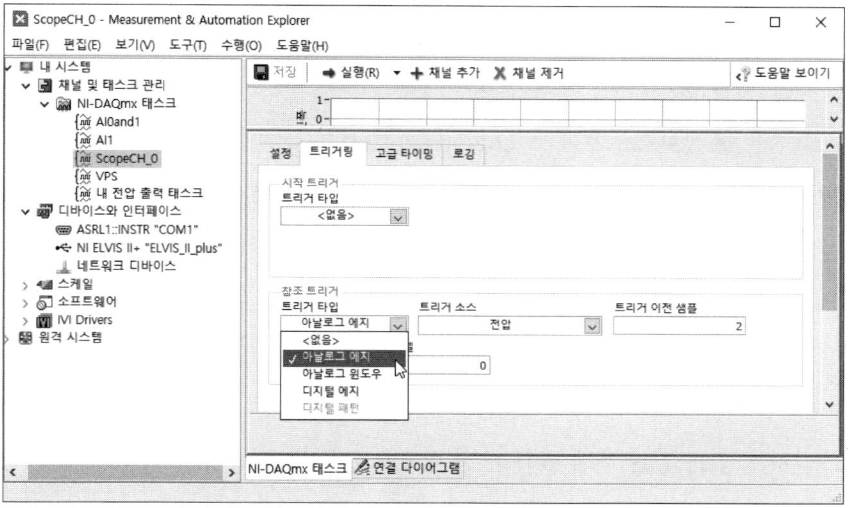

오실로스코프 세팅에서 '트리거'가 남았다. '시작 트리거'와 '참조 트리거'를 정할 수 있는데, 처음에는 둘 모두 '없음'이다. 트리거가 없으므로 하드웨어가 시작할 수 있는 시간이면, 언제든지 수집을 시작한다.

신호등이 없는 건널목에서는 사람들이 아무 때나 건너갈 준비가 끝나면 건넌다. 신호등이 있다면, 녹색 등이 켜질 때까지 기다렸다가 건넌다. 녹색 등이 켜졌다고 곧바로 건너면 사고 날지 모르니까, '하나, 둘, 셋'을 세고 기다렸다 건너는 게 안전하다고 교육받았다면, 일정 시간을 기다린 다음 건넌다. 오실로스코프는 이와 비슷한데 조금 다르다. 녹색 등이 켜지듯 트리거 신호가 들어온 다음, 기다린 뒤 측정을 시작하는 것이 아니라, 오실로스코프는 측정을 이미 시작해 측정은 하지만, 그 데이터를 전송하고 있지는 않은 상황에서 트리거 신호가 들어오면, 그 신호 앞에 정한 샘플 수부터 저장 또는 전송을 시작한다. 지연 반대말을 찾기 어려워 미리라는 말을 쓴다면, 미리 데이터를 주는 것이다. 건널목을 녹색등이 켜지기 전에 출발해 건너는 것과 비슷하겠다.

트리거 타입은 '아날로그 에지', '아날로그 윈도우', '디지털 에지' 등이 있다. 오실로스코프에는 'Immediate', 'Digtial', 'Edge' 타입이 있었는데, 'Immediate'는 MAX에서 트리거 타입에 '없음'에 해당한다. 'Edge'는 아날로그 에지이고, 'Digital'은 디지털 에지에 해당한다.

디지털 엣지가 설명이 가장 쉽다. 재는 신호를 트리거 신호로 쓰지 않아 따로 넣어야 하므로, 넣을 곳을 설정하고, 녹색 신호등(조건)을 만들어야 한다. 먼저 신호를 넣을 단자를 설정이다. 오실로스코프에서 'Digital'을 골랐다면, 신호를 넣을 'Source'는 'TRIG'와 'SYNC' 둘 가운데 골라야 하고, 'TRIG' 단자는 함수 발생기 출력으로 쓰는 단자를 공유한다. 'SYNC'는 엘비스 브레드 보드 왼쪽 34번 핀이다. 녹색 신호등 즉 트리거 신호로 0→5 V로 바뀌는 '상승'할 때, 5→0 V로 '하강'할 때이다.

아날로그 엣지와 윈도우는 재는 신호를 트리거 신호로 써서, 따로 신호를 넣지 않아 구성이 앞선 디지털 엣지보다는 쉽다. 신호를 재는 'Chan 0/1 Source' 단자에 신호를 넣는다. 트리거 조건은 전압 레벨 값과 주변 값으로 판단해 값이 오르고 있는지, 내리고 있는지이다. 즉 'Level' 과 'Slope'이다. 아날로그 윈도우는 오실로스코프에는 없지만, 프로그래밍으로 할 수 있다. 가장 높은 값과 낮은 값으로 윈도우 범위 설정하고, 신호가 윈도우 범위 밖에 있다가 안으로 들어가는 경우와 안에 있다가 밖으로 나가는 경우가 트리거 신호이다.

오실로스코프 쓰는 방법과 전압과 시간 범위, 트리거, 신호 입력 등에 대한 설명을 마쳤다. 이제 랩뷰 프로그래밍으로 오실로스코프 가상 장치를 만들 것이다. 랩뷰 재료는 다음 함수이다.

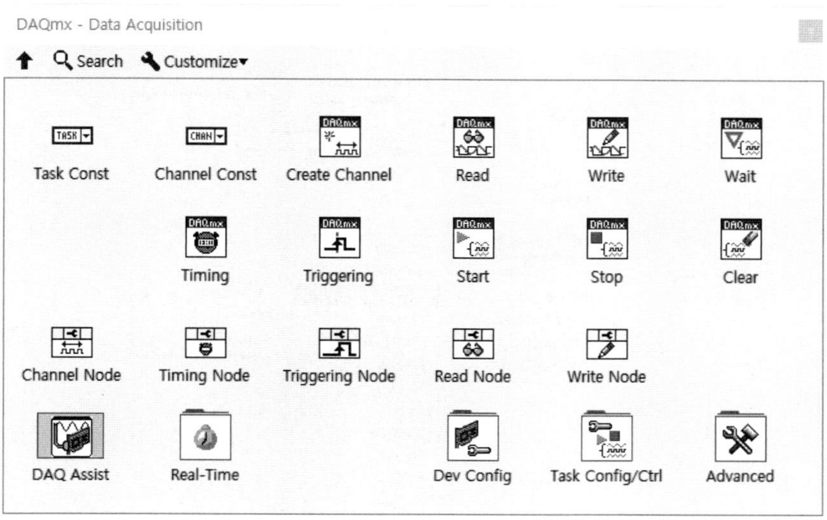

9.10 채널과 태스크 만들기–전압 범위

오실로스코프 만들기 과정 가운데 가장 먼저 할 일은 무엇을 할지 정하는 것이다. 앞서 MAX에서 할 일을 정했는데, 프로그래밍하면서 설정을 바꿀 수 있다. 태스크는 상수처럼 쓸 수 있다. 태스크 상수를 가져다 놓고, 그 상수에 앞서 MAX에서 만든 태스크를 선택하면, 태스크를 정한 것과 같다.

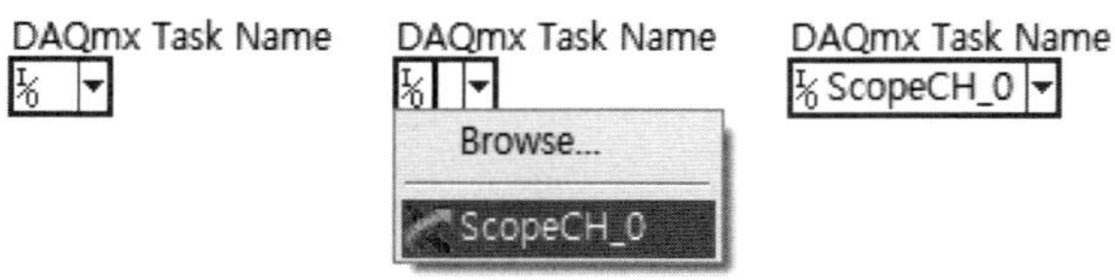

프로그래밍으로 태스크를 만들어보자. 〈Create Virtual Channel〉 vi로 태스크를 만드는 데, 이 vi는 여러 함수들을 모아 놓은 다형성으로, 'AI Voltage' 파란색 부분을 누르면, 여러 많은 함수들을 볼 수 있고, 골라 쓴다. 여기에서는 가장 기본인 'AI Voltage'를 그대로 쓴다.

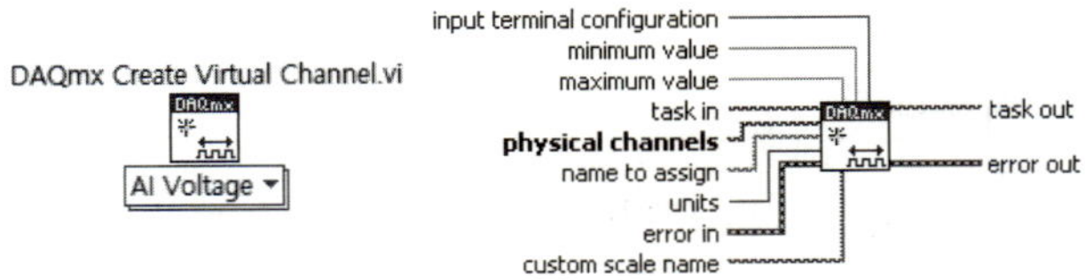

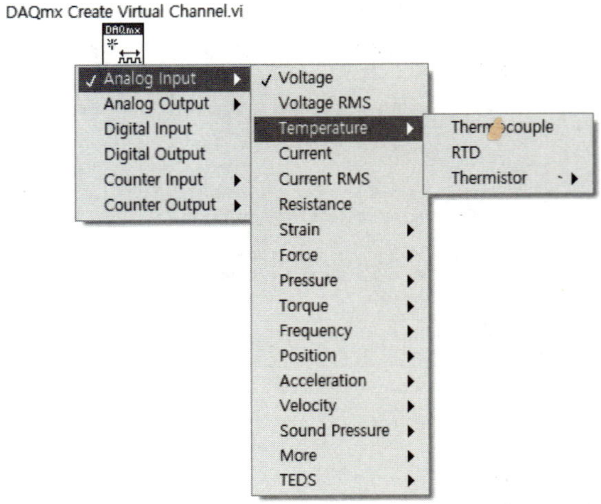

MAX에서 태스크를 만들었던, 과정을 따라가면, 신호를 만들지, 모을지, 아날로그인지, 디지털일지를 결정하는 과정은 'AI Voltage'로 정했다. 그다음은 물리 채널을 정했는데, 'scopeCh0'를 골랐다. 'physical channels' 상수를 메뉴에서 찾아 놓고, 오른쪽 화살표를 누르면, 디바이스 이름 'ELVIS_II_plus'와 그 디바이스에 있는 아날로그 입력 채널 이름이 나온다. 이 가운데 MAX에서 한 것처럼 'scopeCh0'을 골라 놓는다.

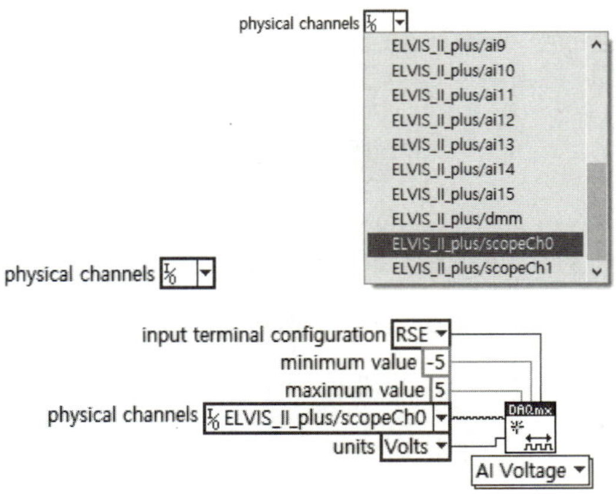

<Create Virtual Channel> vi은 아직 어떤 물리 채널을 쓸지 정하지 않았으므로, 제약이 없어서, 'input terminal configuration'에 어떤 것도 고를 수 있지만, 엘비스는 'RSE'만 쓸 수 있어, 다른 것을 입력하고, 실행하면, 오류가 생긴다. 최대값과 최소값은 부호가 다른 같은 크기 값이므로 다음처럼 바꿀 수 있고, 다형성 선택 부분도 보이지 않게 놓는다. 이 vi는 태스크를 출력한다.

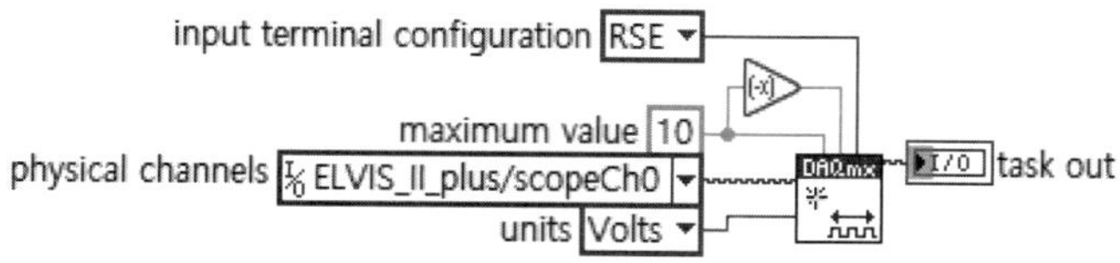

아날로그 전압 입력, 단자 구성, 전압 범위, 물리 채널을 골랐다. 시간 범위와 트리거가 남았다.

9.11 채널과 태스크 조절하기–시간 범위

시간 설정을 위해 <Timing> vi로 앞서 만든 전압 설정에서 만든 태스크를 고친다. MAX에서 <수집 모드>, <수집할 샘플>, <속도>를 정했는데, 이 vi로 태스크에서 이 부분을 설정한다. 'Finite Samples'를 골라 'N 샘플'로 맞추고, 채널에서 샘플 수는 2,500으로, <속도>는 때에 따라 바꿀 수 있다. 아주 빠르거나(2 μs/Div, 2,000 샘플), 느린 속도(200 ms/Div, 4,000 샘플)로 잰 신호가 아니면, 화면에 2,500개 샘플을 보여주는 데, 샘플 속도로 나누면, 잰 시간이다.

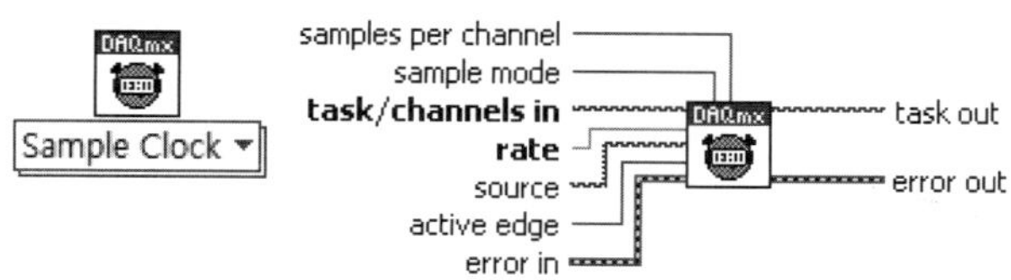

이 vi도 여러 함수들이 다형성을 이룬다. 아래에는 여러 함수를 보이지만, 가장 위에

있는 'Sample Clock(Analog/Counter/Digital)'을 골랐다. 그리고, 다형성을 안 보이게 바꾼다.

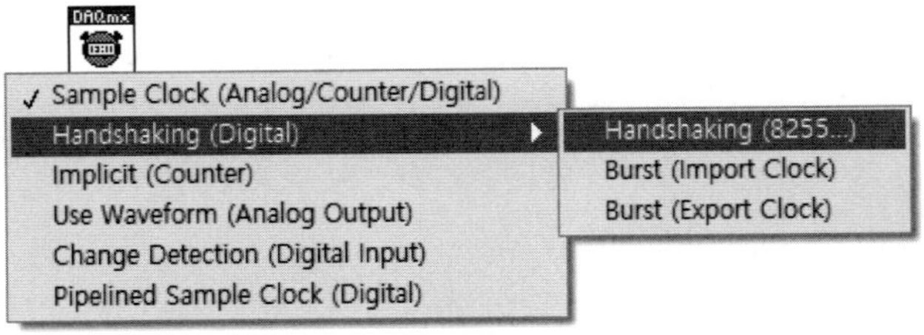

① sample per channel 은 2,500.

② sample mode는 ELVIS를 쓰면, 'Finite Samples'.

③ task/channels in 은 앞서 새롭게 만든 태스크를 입력.

④ rate는 바꿀 수 있도록 <control>로 설정.

⑤ source는 ④ 속도를 정할 수 있는 시계를 정한다. 클럭(clock)을 입력받을 수도 있지만, 아무것도 연결하지 않아 장비 자체가 주는 시간 신호를 쓴다.

⑥ 사각 파형 클럭이 낮은 신호에서 높은 또는 그 반대로 신호가 바뀌는 순간 샘플링 한다. 올라가는 동안, 혹은 내려가는 동안 샘플링하도록 고를 수 있다.

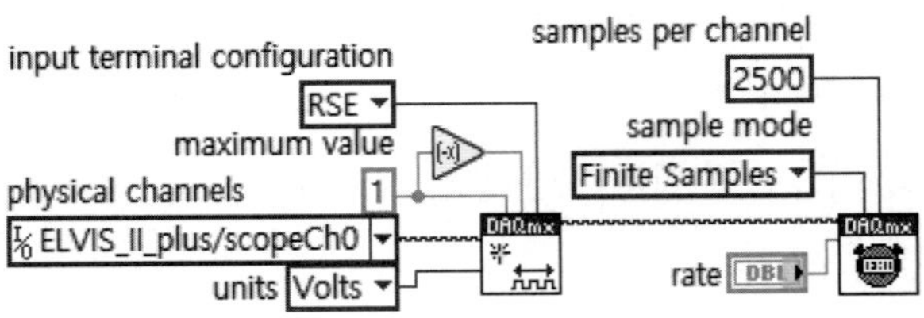

9.12 채널과 태스크 조절하기-트리거

전압, 시간 범위 설정을 마쳤고, 트리거를 설정해서, 모든 설정을 마친다.

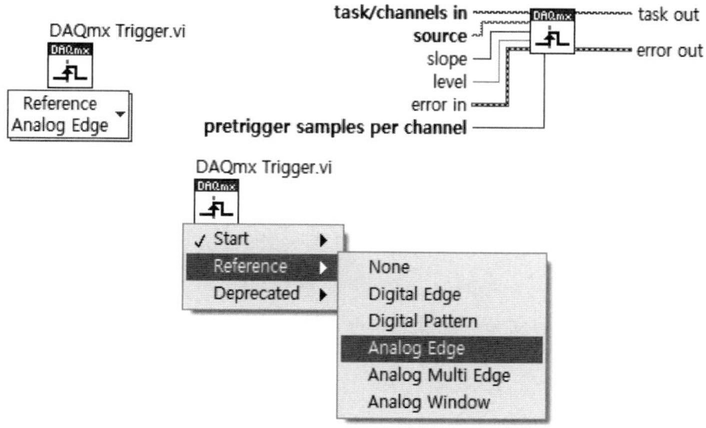

① task/channels in에는 전압과 시간 범위를 설정하고 바꾼 태스크를 입력한다.

② level에는 트리거를 시작하는 신호 수준을 설정.

③ slope에는 입력한 신호 수준을 지날 때, 증가 또는 감소하는 상태를 정한다. rising을 고르면, 신호가 level 값을 지날 때, 증가하고 있다면 트리거해서 신호를 수집한다. faillng을 고르면, 신호가 level 값을 지날 때, 감소하고 있다면 신호 수집을 시작한다.

④ pretrigger samples per channel은 트리거 신호를 내기 앞에 수집할 샘플 수를 정한다. 지금은 2,500개를 수집하는 데, 1,250으로 정하면, 트리거에 앞서 1,250개 트리거하면서 1,250개를 수집하므로, 2,500개 데이터 한가운데에 트리거 신호 수준을 놓을 수 있다.

⑤ source에는 처음 태스크를 만들 때, 정한 이름을 넣어준다.

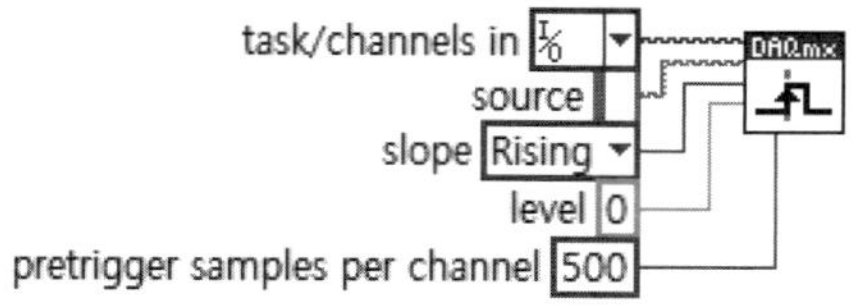

'slope', 'level', 'pretrigger samples per channel'는 프로그램이 실행하는 가운데 바꿀 수 있으므로, 상수로 놓지 않고, 'control'로 바꾼다. 'source'는 물리 채널 이름을 넣어,

물리 채널을 가리키고, 그 물리 채널에 들어오는 신호를 트리거 신호로 쓴다.

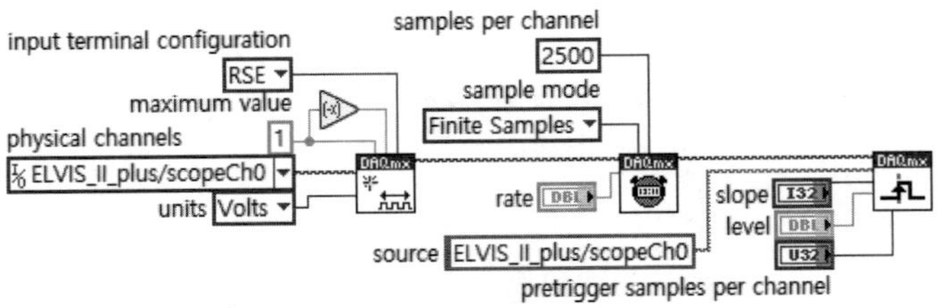

트리거 위치를 오실로스코프 앞 패널에는 'Horizontal Position(%)'로 나타낸다. % 비율 값에 전체 샘플 수(2,500)을 곱하고, 100으로 나누면, 트리거하기 앞서 샘플 수를 계산하면, % 값으로 트리거 위치를 바꿀 수 있다. 이 수는 U32 형식이므로, 나누고 형을 바꾸어 준다.

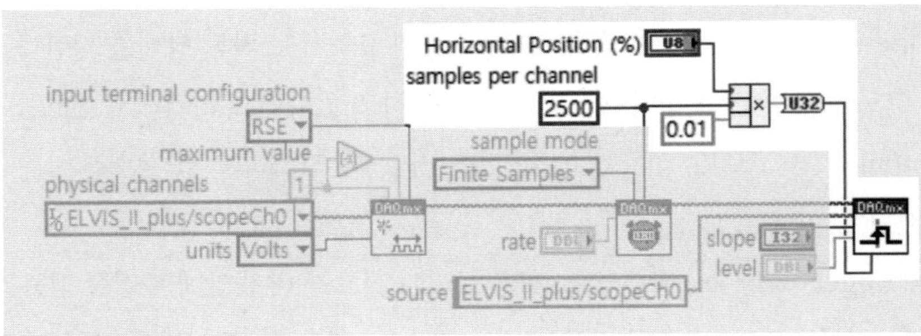

이제 샘플 수가 아닌 % 값으로 트리거 위치를 정할 수 있다.

9.13 데이터 읽기-DAQmx Read

데이터를 읽을 준비 설정을 모두 마쳤다. 이제 데이터를 읽어 보자. 랩뷰에서는 '찾는' vi에는 대부분 '안경' 그림을 아이콘에 그렸다. 이 vi도 같은 이름으로 여러 vi를 묶어서 다형성을 가진다. 대략 40개 정도 vi가 묶여 있고, 복잡하다.

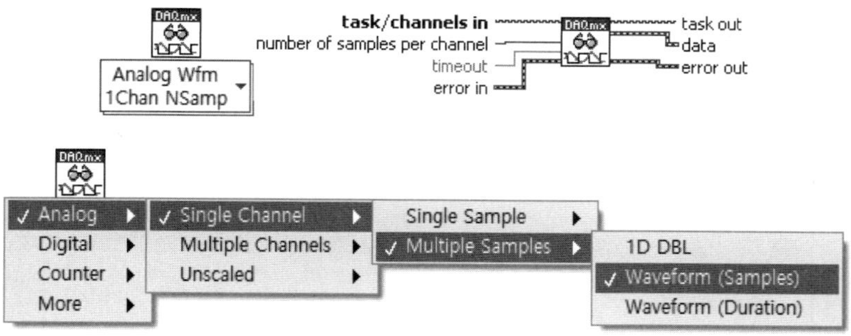

목적을 정하면, 많은 vi 가운데 쓸 vi를 고를 수 있다. 먼저, 한 채널에서 여러 아날로그 데이터를 모으고 싶다. 따라서, 다형성을 아래처럼, [Analog] → [Single Channel] → [Multiple Samples]을 고르고, 읽은 데이터를 더블형 1차원 배열로 만들 수도 있고, 웨이브 폼 형태로 만들 수도 있다. 다형성을 나타내는 곳에는 다형성을 고른 4가지 정보를 준다. 'Analog', 'Digital'과 '배열 데이터', '웨이브폼'과 '1Chan', 'NChan'과 '1Sample', 'NSamples'이다.

채널 한 개에서 여러 아날로그 샘플을 모아, 웨이브 폼 형태로 내놓도록 설정했고, 태스크에 따라 아날로그 신호를 디지털 데이터로 만드는 수집을 하고, 그 디지털 수들을 내놓는다.

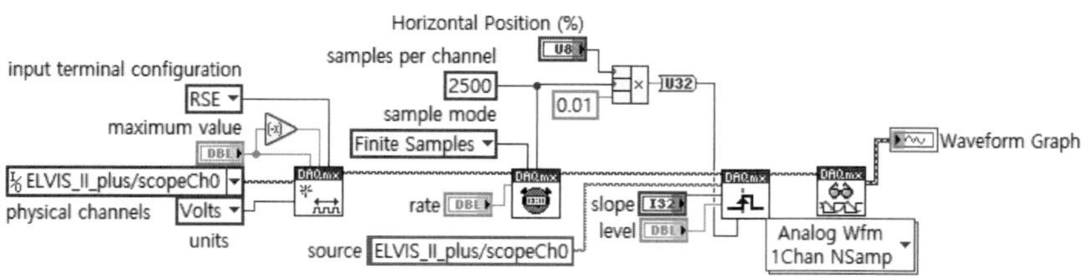

입력 컨트롤에 최대/최소 값 전압 범위 '±1', 100 Hz 신호를 5번 되풀이하는 모습을 보려면 0.05초 동안 데이터 2,500개를 재려면, 2,500/0.05='50,000' 속도(rate)로 시간 범위

를 정하고, 트리거 레벨은 '0.2' V 정했고, '올라'가는 기울기로, 수평 위치는 '40%'로 정했다.

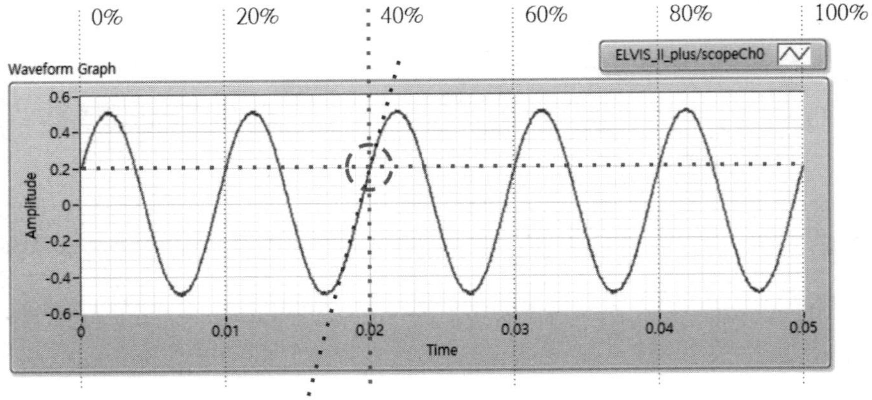

잰 데이터에서 트리거 하는 위치를 나타냈는데, 0.2 V 전압이 나오며, 값이 증가하는 곳을 40% 되는 곳에 가져다 놓았다. 예로 하나를 더 했는데, 트리거 레벨을 '-0.3'으로, '내려'가는 기울기로, 수평 위치를 '50%'로 정했다.

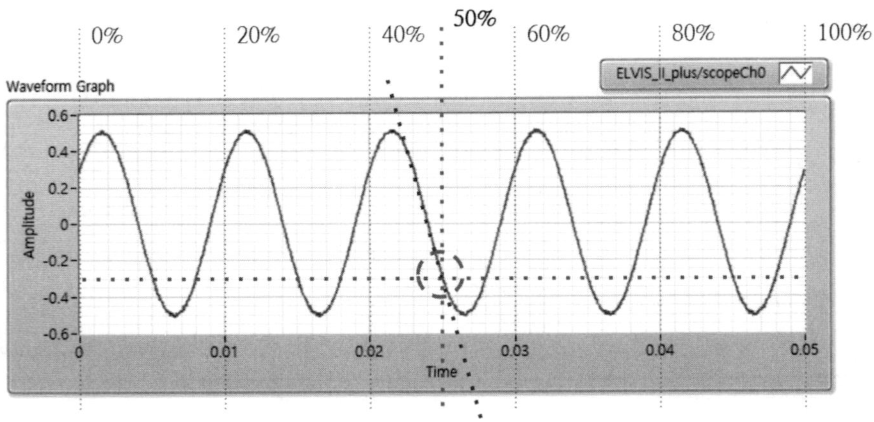

여기에서 잰 데이터는 한 번만 재고 프로그램이 끝이 난다. 오실로스코프로 바뀌는 신호를 보려면, 계속 재야하는 데, 읽는 vi를 루프로 되풀이 시킨다.

CHAPTER_10

데이터 분석하기

CHAPTER 10

데이터 분석하기

데이터를 모으고, 정리하고, 바꾸고, 모형을 만들어 정보를 얻을 수 있다. '분석(分析)'은 나누고, 쪼갠다는 뜻인데, 데이터 분석은 쪼개져서 모은 자료 전체 모습을 보는 것으로 반대 뜻이다. 예로, 데이터를 '2, 4, 6'을 모았다면, 그래프로 그려, 전체 모양을 보면, 꼭 그렇지는 않을 수 있지만, 다음은 '8'이 나올 것이라는 예상을 할 수 있다. 꼭 그래야 할 것은 아니지만, 다음 식이 생각날 수도 있다.

$$y = 2x$$

그런데, '1.9, 4.1, 5.8, 8.3' 이렇게 모았으면, 바로 다음 수가 '10'에 가까운 수라고 말하기 어려울 수도 있겠다. 그래프를 그려보면, 대략 값을 정할 수 있을 것 같다.

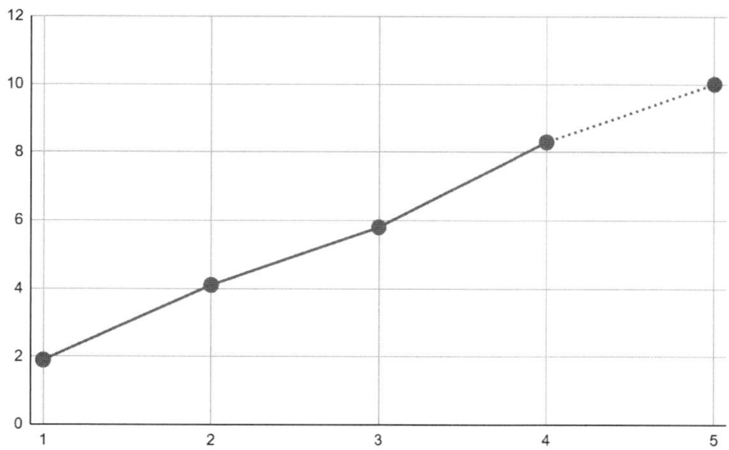

어떤 양을 이어서 잴 때, 가끔 빠뜨릴 수도 있다. 때로는 빠뜨린 그 양을 알고 싶을 수도 있다. 또, 안 재서 데이터는 없지만, 앞으로 일어날 데이터를 알고 싶을 수도 있다. 앞서,

앞으로 일어날 데이터는 그래프를 그려서 대략 값을 정할 수 있을 것 같다고 했다. 그 가운데 값을 알려면, 그 주변 값과 그 관계를 써야 한다. 그리고, 그 관계를 수학식으로 쓰면, 연속한 사이값도 예상할 수 있다.

10.1 보간(補間, Interpolation)

기을 보(補)는 옷이 해어지거나, 구멍이 나면 '깁는다'라고 하는 데, 사이에 빠져 있는 데이터를 기워 넣는 일을 보간이라고 한다. 데이터 사이에 끼워 넣는다고 해서 내삽(內插)이라고 한다.

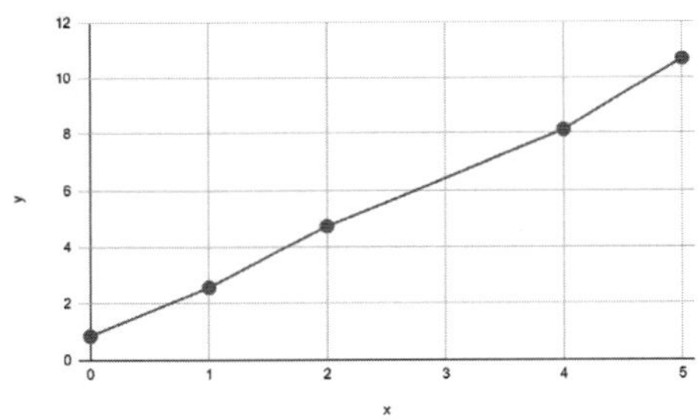

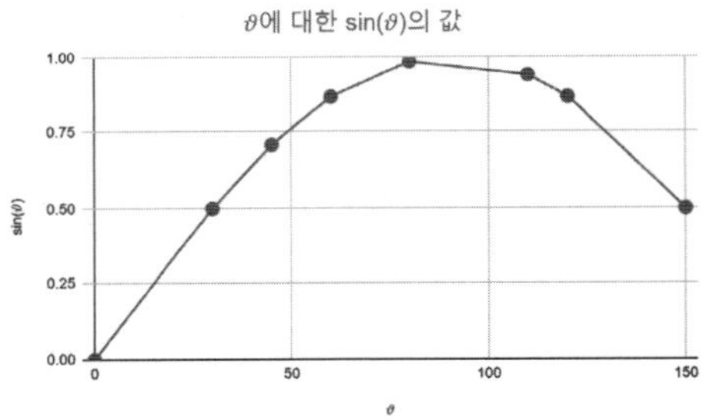

위 왼쪽 그래프는 0, 1, 2 차례로 어떤 값을 내다가 3번 데이터는 빠져 있다. 그 데이터 값이 필요할 수도 있다. 오른쪽 그래프는 0, 30, 45, 60, 80도에서 사인 함수 값을 내다가 90도를 빠뜨리고, 110도에서 데이터를 넣었다. 최대값은 잘 아는 '1'이지만, 80도에서 1 근처 값이 최대값으로 나타났다. 그래프는 '구글 스프레드시트'로 그렸는데, 점 사이를 '직선'으로 그렸다. 두 점을 잇는 직선 방정식을 수학으로 구하고, 필요에 따라 점을 그려 넣어 선을 만든다. 사실 컴퓨터 프로그래밍에서는 두 점을 정하기만 하면, 직선을 그리는 함수가 있어, 입력 2개만 하지만, 그 내부에서는 온갖 계산을 해야 하고 그 기본 계산은 다음이다.

중학교에서 배웠을 두 점 $(x_1, y_1), (x_2, y_2)$을 주고, 직선 방정식을 구하는 식이다.

$$y = \frac{y_2 - y_1}{x_2 - x_1}(x - x_1) + y_1$$

많은 다른 책들에서는 y와 y_1, y_2 대신 $f(x)$, $f(x_1)$, $f(x_2)$를 넣어 다음처럼 쓴다.

$$f(x) = \frac{f(x_2) - f(x_1)}{x_2 - x_1}(x - x_1) + f(x_1)$$

그러나, 본질은 바뀌지 않는다. 직선 방정식은 기울기와 지나는 점을 알면 구할 수 있는 데, 값을 알고 있는 점 2개, $(x_1, y_1), (x_2, y_2)$ 에 있는 4개 값으로 기울기를 먼저 구하면, 원점을 지나는 직선을 바로 구할 수 있다. 이제 이 직선을 한 점이 있는 곳으로 평행이동하는데, 두 점 가운데 아무 점이나 마찬가지이다. x 대신에 $x - a$를 넣어 x축 방향으로 a만큼 평행이동하는 것을 알고 있을 것이다. 따라서, 위 식은 다음처럼 바꿀 수 있다.

$$y = \frac{y_2 - y_1}{x_2 - x_1}(x - x_1) + y_1 = \frac{y_2 - y_1}{x_2 - x_1}(x - x_2) + y_2$$

따라서, 위처럼 직선 방정식을 구했으므로, $[x_1, x_2]$ 사이에 알고 싶은 곳을 넣으면, 그 값을 구할 수 있다.

위 오른쪽 그래프는 점들이 직선이 아닌 곡선을 따라 바뀌고, 두 점 사이 관계만으로 그 점을 예상할 수 없다. 따라서, 앞/뒤 점을 몇 개 더 써서 2차, 3차, 고차 다항식을 구할 수 있고, 좀 더 가까운 값을 구할 수 있다. 위 사인함수는 무한 급수(다항식)로 바꿀 수 있지만, 계산을 무한히 할 수 없고, 라그랑지 보간법으로 다항식을 만들어 값을 예상한다. 여기에서는 그 방법만 보인다. 두 점만 있을 때 사이값은 앞선과 똑같으므로, 생략하고, 3점과 4점일 때, 2차, 3차식을 만드는 방법이다.

$(x_0, y_0), (x_1, y_1), (x_2, y_2)$ 3개 점으로 2차식을 만드는 방법이다.

$$y = \left[\frac{(x - x_1)(x - x_2)}{(x_0 - x_1)(x_0 - x_2)}\right]y_0 + \left[\frac{(x - x_0)(x - x_1)}{(x_1 - x_0)(x_1 - x_2)}\right]y_1 + \left[\frac{(x - x_0)(x - x_1)}{(x_2 - x_0)(x_2 - x_1)}\right]y_2$$

$(x_0, y_0), (x_1, y_1), (x_2, y_2), (x_3, y_3)$ 4개 점으로 3차식을 만드는 방법이다.

$$\begin{aligned} y = &\left[\frac{(x - x_1)(x - x_2)(x - x_3)}{(x_0 - x_1)(x_0 - x_2)(x_0 - x_3)}\right]y_0 + \left[\frac{(x - x_0)(x - x_2)(x - x_3)}{(x_1 - x_0)(x_1 - x_2)(x_1 - x_3)}\right]y_1 \\ &+ \left[\frac{(x - x_0)(x - x_1)(x - x_3)}{(x_2 - x_0)(x_2 - x_1)(x_2 - x_3)}\right]y_2 + \left[\frac{(x - x_0)(x - x_1)(x - x_2)}{(x_3 - x_0)(x_3 - x_1)(x_3 - x_2)}\right]y_3 \end{aligned}$$

위 사인함수는 8개 점이므로, 7 차식을 만들 수 있다. 다음은 함수 모형을 알고 있을 때, 더 정확한 값을 예상할 수 있음을 볼 것이다.

10.2 추세선

잰 값들 사이는 보간해서 유추할 수도 있지만, 값 범위 밖은 잰 값들과 일치 또는 비슷하게 일치하는 모형 함수를 구하고, 알고 싶은 범위 값을 함수에 넣어 결과 값으로 안 잰 값을 유추하는 방법을 쓴다. 이 함수가 나타내는 그래프를 보통 추세선(trend line)이라고 하는 데, 잰 값에 잘 맞는 함수를 구한다는 뜻으로 '맞춤'(fitting)이라고도 하고, 보통은 곡선이므로, 곡선 맞춤(curve fitting)이라고 한다.

잰 값과 처음에 임의 값으로 계수를 정한 모형 함수값과 차이를 계산하고, 그 차이가 작아지도록 계수를 바꾸고,, 다시 차이를 계산해서 그 차이를 작게 만드는 계수를 되풀이해서 찾는 회귀 분석(regression analysis)으로 계수를 찾아, 모형 함수를 완성한다. 계수 값을 고치고 다시 계산, 확인, 조건과 비교를 되풀이해서, 조건에 맞는 계수 값을 찾기 때문에 회귀(回歸, regression)이라고 하고, 가장 알맞은 계수를 찾아 함수를 완성하므로 '맞춤'이라고 한다.

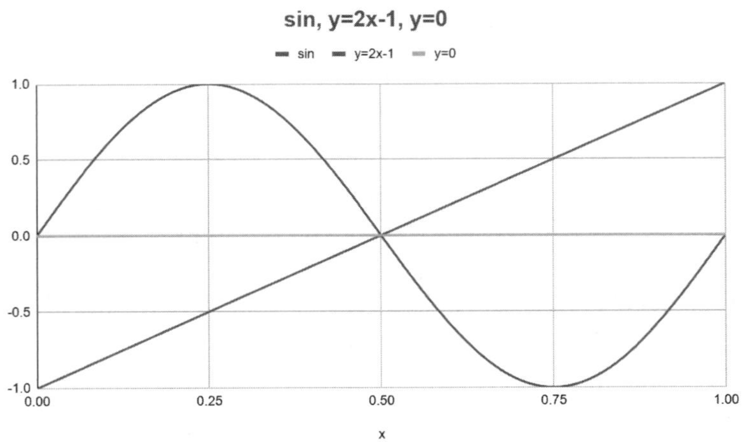

잰 값이 하나가 아닌 여러 값이므로, 통계 방법으로 비교한다. 통계에서 가장 보통으로 평균을 확인하지만, 잰 값은 바뀌고, 평균하면, 바뀌는 정보는 없어져서 어느 정도 바뀌는지를 가늠할 수 없다. 예로 사인 함수를 한 주기에 대해 평균하면, '0'이고, -1에서 1까지를 일차 함수 형태로 바뀌는 값들도 평균이 '0'이고, 앞서 말한 것처럼 처음부터 끝까지 '0'이어도 평균값은 같아, 어떤 추세를 가지는지를 알 수 없다.

10.3 통계값: 분산

통계 대표 값을 쓰는 데, 평균 다음으로는 분산(dispersion)과 표준 편차 (standard deviation)을 많이 쓴다. 분산과 표준 편차는 제곱근을 해서 잰 값과 단위를 똑같이 해 주는 차이가 있어, 어떤 것을 써도 좋지만, 제곱근을 한 번 더 계산해서 얻는 게 크지 않다면, 손으로 직접 하는 계산은 아니지만, 효율이 좋지 않을 것이므로, 분산값을 쓴다. 물론, 분산은 차이가 크면, 제곱하므로 그 값은 훨씬 더 커지거나, 작아진다.

어떤 기준값(평균)에서 '차이'는 기준값보다 크거나, 작음에 따라, 양, 음 모두 나오므로, 이 값들을 모두 더하는 평균값은 0에 가까울 수 있다고 했는데, 음, 양 모두 기준값에 벗어난 정도를 나타낼 수 있으므로, 같은 부호로 만들면, 벗어난 정도만을 점검할 수 있다. 음 값 부호를 양 값으로 바꾸는 절대값(absolute value)을 정하는 게 가장 쉬운 방법이지만, 값을 음양 구분하고, 음일 때는 식에 (-)를 붙이는 방법으로 일반화하고, 절대값 기호를 없애는 것은 어렵다. 그래서 제곱해서 음 값 부호를 양으로 바꾸는 방법을 많이 쓴다.

평균값을 기준으로 했을 때, 평균값에서 각각 잰 값이 얼마나 벗어나 있는지를 살피기 위해 잰 값에서 평균값을 빼서 차이를 구할 수 있다. 이 차이는 양/음 값을 가지기 때문에 이 값을 하나하나 제곱하는 것이다. 값이 하나가 아니라, 재놓은 각 값마다 나오므로, 이 차이 값들을 대표하는 값을 구하는 데 또다시 평균을 한다. 차이를 제곱해서 평균한다. 영어로는 순서가 뒤바뀌어, 'Mean(평균) Square(제곱)'라고 한다. 여기까지 계산 값이 '분산'이다. 이 값은 제곱했으므로, 단위도 잰 값 단위를 제곱하므로, 단위를 맞추려 제곱근하는 데, 영어로는 'Root(제곱근) Mean Square' 이고, 'RMS'로 줄인다. 따라서 RMS 값은 표준편차이다. 여기에서는 분산에 대해서 알아보고자 한다.

잰 값들 가운데 하나를 y_i라 하고, 이 값들 평균을 $\bar{y}$ 또는 $\langle y \rangle$로 나타내므로, 차이는 $y_i - \bar{y}$이다. 이제 이 값을 제곱해서 $(y_i - \bar{y})^2$ 이고, 잰 값 모두에 대해 평균을 구한다. 평균값은 각 값들을 모두 더하고, 그 개수로 나누는 데, 다음은 수학식이다.

$$\frac{\sum_{i=1}^{N} y_i}{N} = \bar{y}$$

다음은 차이 제곱값을 평균해서, 분산(σ^2)을 계산하는 수학식이다.

$$\sigma^2 = \frac{\sum_{i=1}^{N} (y_i - \bar{y})^2}{N} = \frac{\sum_{i=1}^{N} \left(y_i^2 - 2y_i\bar{y} + \bar{y}^2\right)}{N}$$

아래에 가리킴 수 i가 있는 값은 합 기호(Σ) 영향을 받지만, 평균인 $\bar{y}$ 는 상수이고, 가리킴 수가 없어 영향을 받지 않고, 합 기호 밖으로 꺼낼 수 있다. 다항식을 합 기호로 계산하는 것은 각 단항식에 합 기호 계산한 다음 다항식 연산하는 것과 같음을 알고 있을 것이다.

$$\sum_{i=1}^{N}(y_i^2 - 2y_i\bar{y} + \bar{y}^2) = \sum_{i=1}^{N}(y_i^2) + \sum_{i=1}^{N}(-2y_i\bar{y}) + \sum_{i=1}^{N}(\bar{y}^2) = \sum_{i=1}^{N}(y_i^2) - 2\bar{y}\sum_{i=1}^{N}(y_i) + \bar{y}^2\sum_{i=1}^{N}(1)$$

다음은 위 식을 계산했다.

$$\sigma^2 = \frac{\sum_{i=1}^{N} \left(y_i^2 - 2y_i\bar{y} + \bar{y}^2\right)}{N} = \frac{\sum_{i=1}^{N} \left(y_i^2\right)}{N} - 2\bar{y}\frac{\sum_{i=1}^{N} (y_i)}{N} + \bar{y}^2\frac{\sum_{i=1}^{N} (1)}{N}$$

첫 항은 잰 각 값을 제곱해서 평균했고, 두 번째 항은 잰 값 평균을 한 번 더 계산했고, 세 번째 항에서 분수식은 $N/N = 1$ 이므로, 두 번째항과 같은 평균을 제곱한 값이다. 따라서 두 번째와 세 번째항을 계산하면, 평균을 제곱한 값을 빼는 식이므로, 위 식은 다음처럼 바뀐다.

$$\sigma^2 = \bar{y^2} - \bar{y}^2 = \langle y^2 \rangle - \langle y \rangle^2$$

제곱한 값들을 평균한 값에서 평균값을 제곱한 값을 뺐다. 이 분산값이 크면, 평균값에서 멀리 떨어져 있음을, 작으면 평균으로 가깝게 떨어져 있음을 뜻하고, 0이면, 모든 각 값들이 평균값과 같음을 뜻한다.

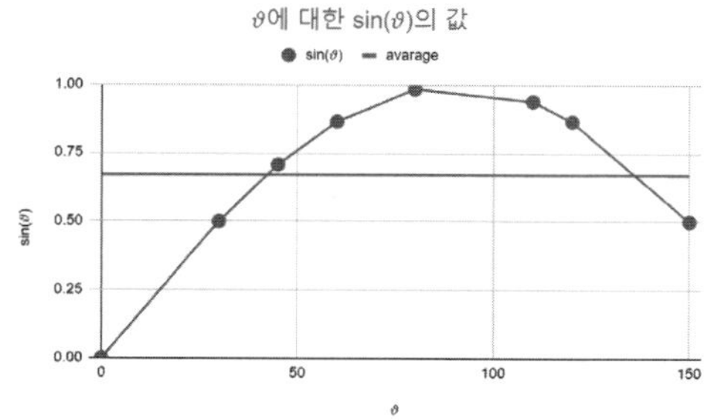

위에서 본 8개 데이터 그래프와 평균값을 그렸다. 각 잰 값들은 평균값보다 크거나 작고, 작은 값은 차이가 크고, 큰 값은 차이가 조금은 적어, 각각 3개 점, 5점이 있다. 분산 값이 0 이 되는 평균값은 없다.

10.4 맞춤(fitting)

앞선 그래프는 사인 함수처럼 생겼지만, 측정 간격이 일정하지 않고, 최대값이 나올 것으로 예상한 90에서 재지 않아, 최대값을 나타내지 못했다. 오른쪽 그래프는 사인함수를 그렸다. 이 사인 함수는 잰 값을 모두 지나면서, 안 잰 부분 값을 수학식으로 계산해 낼 수 있다.

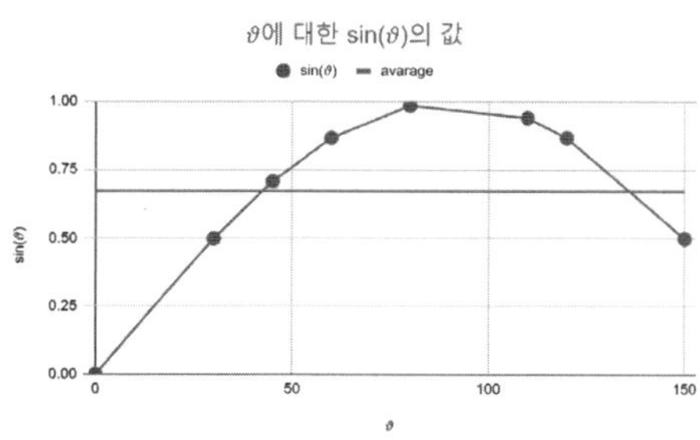

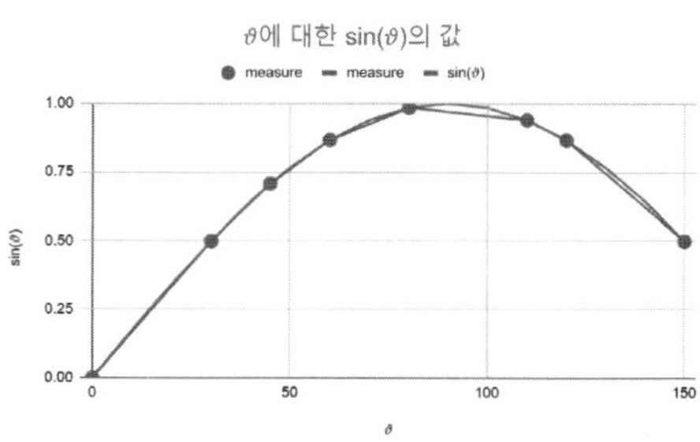

이제 잰 값과 계산한 값 사이 차이를 구할 수 있는데, 차이는 모두 '0'이어서 계산이 필요 없다. 데이터는 대략 2차 함수 포물선으로 볼 수 있다. 또 3차 함수 곡선 일부로 볼 수도 있다.

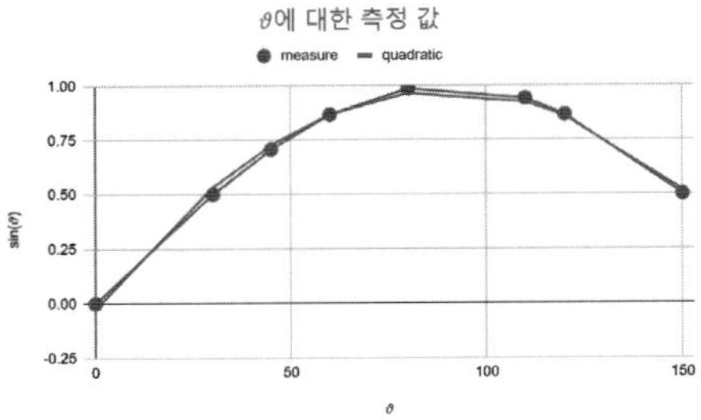

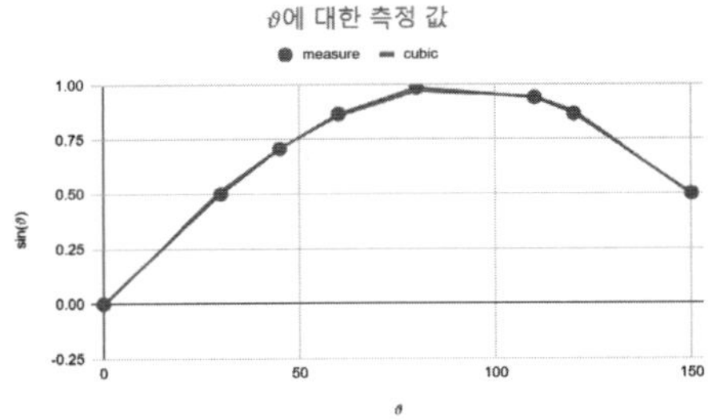

얼핏 두 곡선 모두 측정 값을 잘 대신한다고 보인다. 다음은 오차를 계산하고, 그래프했다.

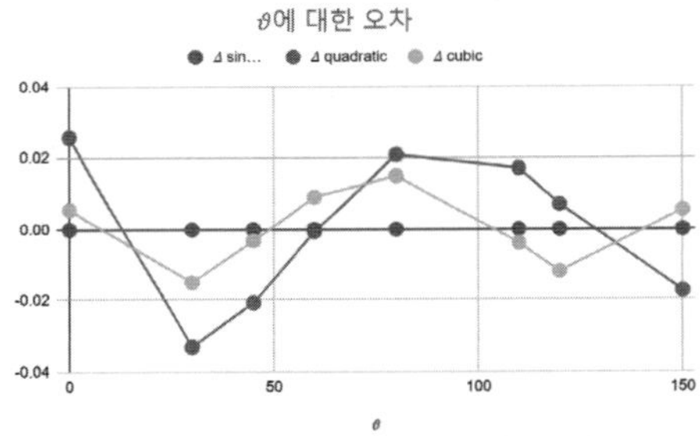

오차 평균값은 각각 -2.33E-4, 1.10E-4으로 0에 아주 가깝지만, 0.02 이상 차이가 있는 점도 있어서, 앞서 말한 것 같이 표준 편차 값도 구해보면, 2.02E-2, 9.79E-3이다.

이제 200도 정도에서 값을 예상해 보자.

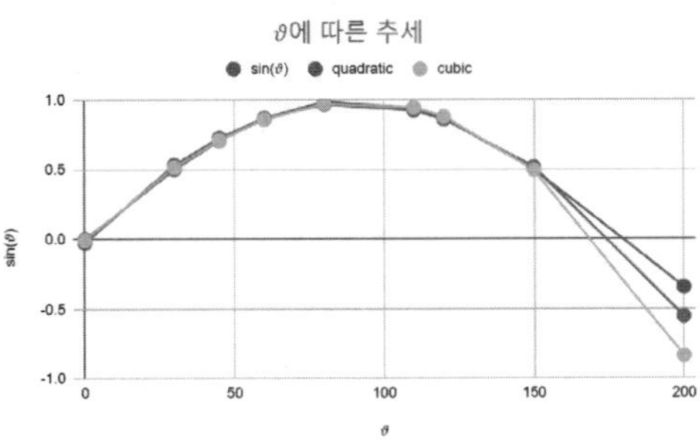

오차 값과 표준 편차 값은 3차 함수가 더 낮게 나와서, 잰 값은 2차 함수보다 더 잘 나타내지만, sin 함수 값에서 더 벗어나서 옳지 않은 판단이었을 것이다. 이 과정은 모형 함수를 잘 고르는 것이 추세를 잘 보여줄 수 있다는 것을 보여준다.

모형 함수로 2차 함수를 골랐다고 가정한다. 다음은 잘 알고 있는 2차 함수이다.

$$y = ax^2 + bx + c$$

계수인 a, b, c 값에 따라 함수 모양이 바뀐다. 앞 선 사인 함수 예에서는 a=-1.250E-4, b=2.237E-2, c=-2.550E-2 값을 미리 계산해 넣었었다. 다음은 이 값을 조금 다르게 넣었을 때, 바뀌는 모습을 보였다.

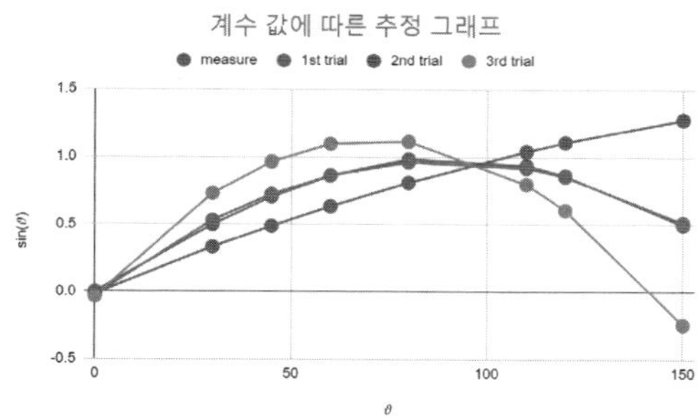

	a	b	c	average	분산
1st trial	−0.000125	0.02237	−0.0255	0.670690625	0.09422592437
2nd trial	−0.000025	0.01237	−0.0155	0.711003125	0.1655801919
3rd trial	−0.000225	0.03237	−0.0355	0.630378125	0.226223024

a, b, c 값을 늘리고, 줄여 바꾸는 것은 매우 많은 조합을 할 수 있지만 위 예에서는 절대값만을 늘리고, 줄여 봤지만, 가장 먼저 한 계수는 계산으로 가장 알맞은 값, 즉 분산 값이 가장 작을 때를 구했기 때문에, 분산 값은 커지기만 한다.

데이터에 맞는 곡선을 찾는 순서를 중간 점검하면, 1. 데이터 그래프에서 대략 함수 모양을 파악해 모형 함수 형태를 정하고, 2. 함수에 임의 계수로 값을 구하고, 3. 원본 데이터와 차이 값으로 분산 값을 계산해 확인했다.

분산 값은 원본 데이터와 모형 함수 차이를 보여주는 척도이고, 분산이 작을수록 원본 데이터에 잘 맞는 함수라고 할 수 있다. 이렇게 가장 잘 맞는 함수를 찾는 방법 가운데 레벤버그-마쿼트(Levenberg-Marquardt) 방법을 많이 쓴다.

랩뷰는 [Functions]-[Mathematics] 메뉴에 [Fitting] 묶음이 있고, 여러 '맞춤' 방법을 준다.

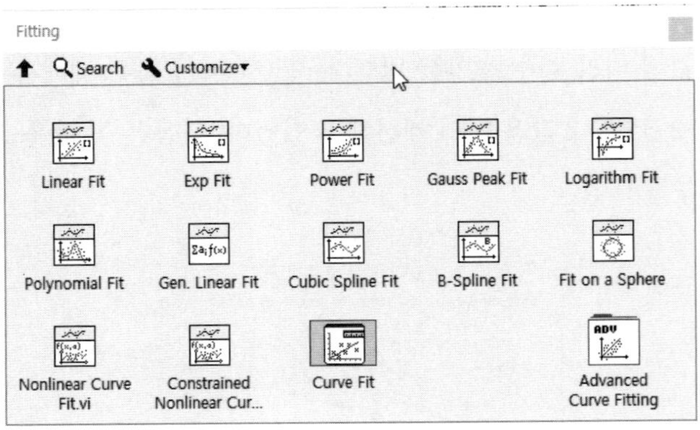

선형, 지수, 급수, 가우스 픽, 로그, 다항식 등이 있고, 여기에서는 선형은 다항식에서 가장 간단한 형태이므로, 다항식(Polynomial Fit) 과 지수, 급수, 로그 등 비선형 함수를 포함하는 비선형 곡선 맞춤(Nonlinear Curve Fit)에 대해 설명한다.

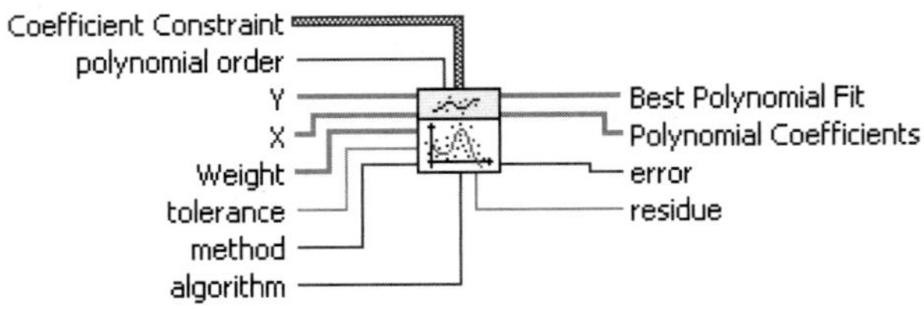

10.5 General Polynomial Fit VI

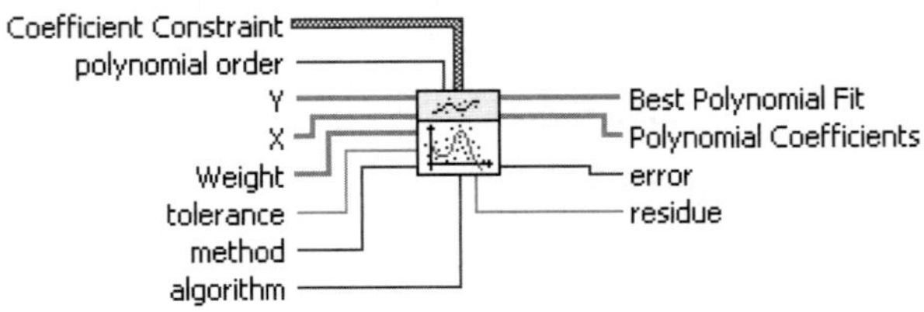

x 값 배열과 y 값 배열로 잘 맞는 다항식을 만들어 볼 수 있는데, 다항식 차수와 계산 방법, 알고리즘도 같이 정해줘야 한다.

다항식 차수는 기본값으로 2이고, 2차 함수를 만들고, 계수가 3개이므로, 다항식 계수에 원소가 3개인 배열을 내준다. 참고로 3, 4차 함수는 계수가 각각 4, 5개이다.

최소 자승법, 최소 절대 오차(residual), 바이스퀘어(Bisquare) 세 가지 맞춤 방법이 있다. 기본값은 최소 자승법이다. 알고리즘은 SVD, Givens, Givens2, Householder, LU Decomposition, Cholesky, SVD for Rank Deficient H 등 7가지 방법이 있는데, 기본값은 SVD이다. 가장 많이 쓰는 방법과 알고리즘이므로 그대로 놔두고 계산한다. 때에 따라 방법을 바꿀 수도 있겠지만, 여기에서는 기본 방법과 알고리즘을 쓴다.

y 값에 가중치를 둬서 맞춤을 할 수도 있는데, 가중치를 줄려면, y 값 모두에 각각 가중치를 정해줘야 하므로, y 값 배열과 같은 크기 가중치 배열을 입력해야 한다. 보통은 가중치를 주지 않아 모두 같은 가중치 1을 주고, 계산한다. 계산할 때, 데이터 가운데 빼고 싶은 값이 있을 수 있는데, 그때는 0 가중치를 주면, 계산에서 빼므로 데이터는 결과에 영향을 주지 않는다.

vi는 계산 결과로 가장 잘 맞는 다항식 곡선 값(결과 y) 배열을 내고, 다항식 상수 항부터 계수를 배열로 낸다. 오류가 있을 때, 오류를 주고, 'residue'에는 보통 제곱 평균 오차(MSE, Mean Square Error) 값 등 4가지를 내준다. 이제 입력할 변수들과 vi 가 내놓을 변수에 대해 알았으니, 데이터 값을 직접 만들고, 그 데이터 값에 잘 맞는 함수를 찾아보자. 다항식 계수를 입력하고, 어떤 범위에서 다항식 값을 계산한 배열 값을 만들고, 이 범위와 계산 값을 맞춤 vi에 입력하고, 같은 가장 잘 맞는 계수와 값을 확인한다.

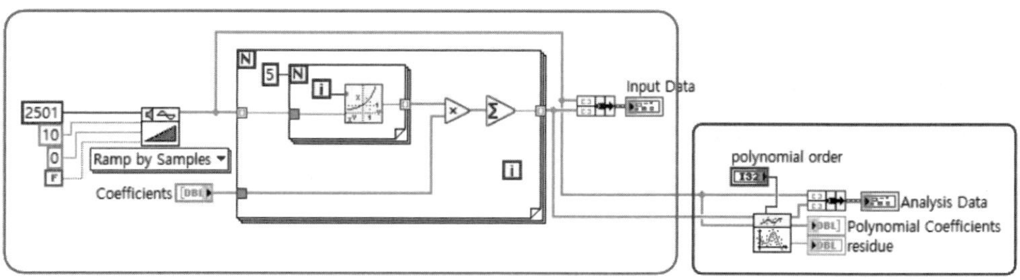

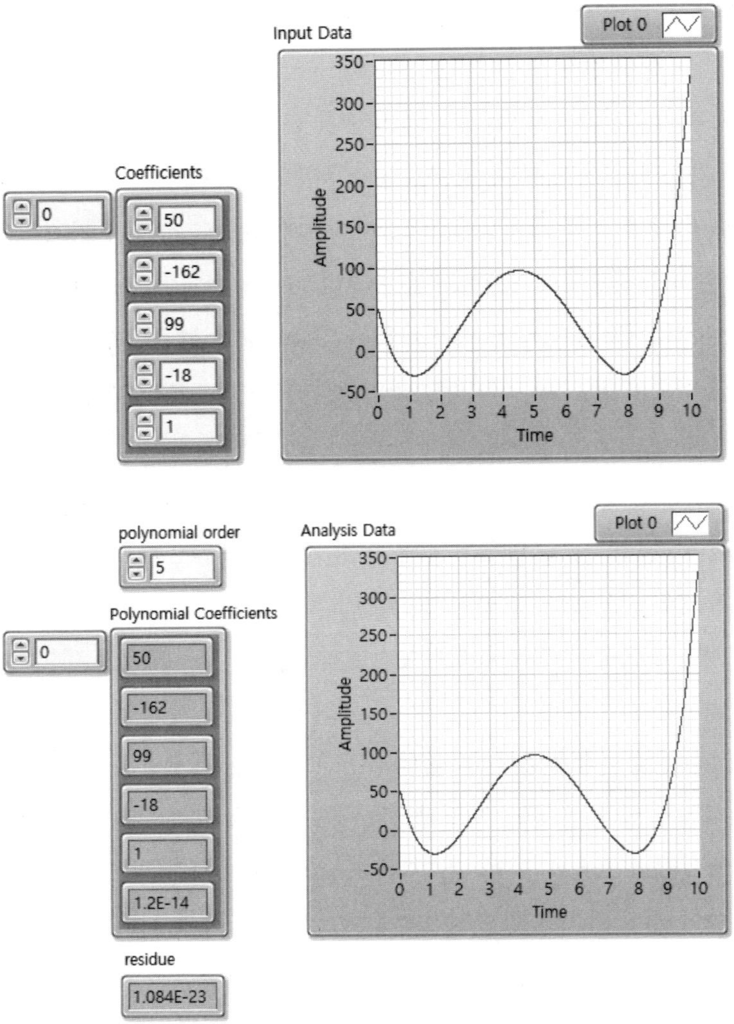

앞 블록 다이어그램에서 왼쪽 큰 네모에서 데이터를 만들었고, 오른쪽 작은 네모에서 데이터를 분석해서 'Polynomial Coefficients' 변수와 'Analysis Data' XY 그래프에 값을 보였다. 다항식을 일부러 한 차수 높은 5차로 만들었지만, 5차항 계수가 1.2E-14로 오차 한계 안에서 '0' 값이어서, 4차식을 뜻한다. 식으로 만든 데이터여서, 정확한 값이 나왔으니, 실제 잰 값처럼 오차를 넣어 만들어보자.

10.6 오차가 있는 데이터

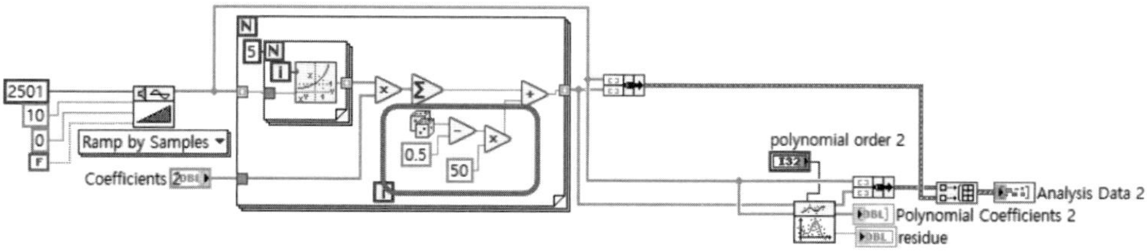

4차 함수 계수와 독립 변수 거듭 제곱들을 곱해 더한 값에 -25~25 범위 임의 값을 더해 오차를 만들었다.

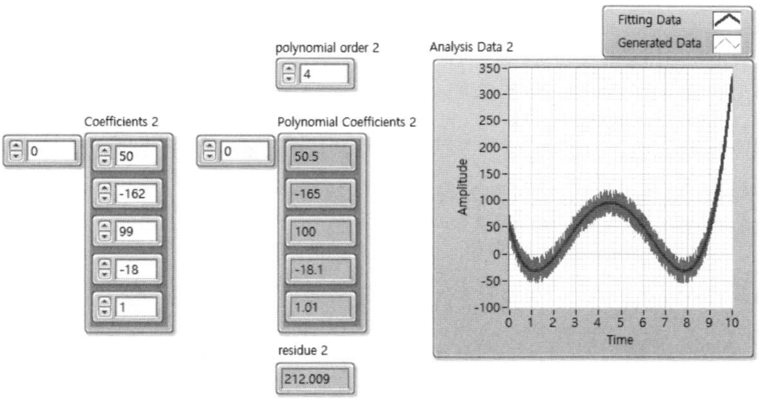

잡음 많이 섞인 그래프는 오차가 있는 데이터로 실제와 비슷하게 만들었고, 이 데이터로 맞춘한 4차 함수 그래프와 계수이다.

	상수항	1차항	2차항	3차항	4차항
만든 계수	50	−162	99	−18	1
찾은 계수	50.5	−165	100	−18.1	1.01
오차율	1.0%	1.9%	1.0%	0.6%	1.0%

알맞은 함수를 잘 찾았다고 판단할 수 있다.

10.7 Levenberg–Marquardt 방법

다항식에 그치지 않고 원하는 식에 맞춰 쓸 수 있기 때문에 레벤버그-마쿼트 맞춤 방법을 더 많이 쓴다.

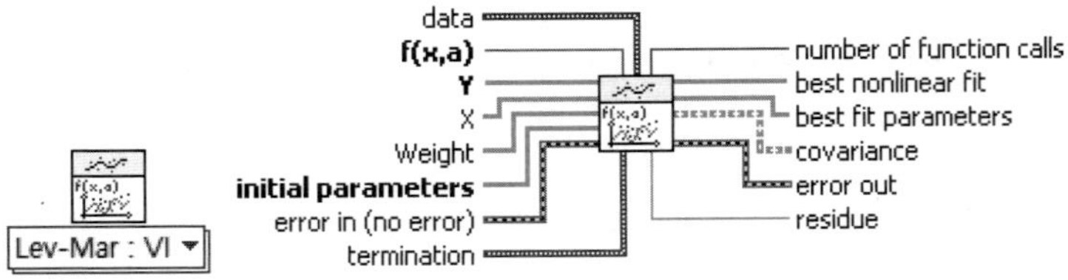

앞선 다항식 맞춤에 비해 어렵고, 복잡하다. 먼저 모형 함수 f(x, a)을 만들어 넣어야 하고, 'initial parameters'를 넣어야 한다. 이 초기값을 잘못 예상하면, 맞춤 함수를 만들지 못할 수도 있다. 이 함수에 필요한 최소 입력은 (1) 모형 함수 f(x, a), (2) x, (3) y, (4) initial parameters이고, 필요에 따라 (5) Weight, (6) termination, (7) data를 넣을 수 있지만, 안 넣어도 된다.

먼저 (1) 모형 함수가 필요한 데, f(x, a)이다. 이는 모형 함수를 정한 vi를 '참조'하는 값을 입력한다. [Functions] 팔렛 → [Application Control]에 있는 〈Static VI Reference〉 vi에 계수, 독립 변수와 함수값 사이 관계를 나타내는 vi를 넣어 참 조값을 레벤버그-마쿼트 맞춤 vi에 넣어줘야 한다. 먼저 다항 함수를 예로 썼으므로, 이 예를 확인한다. 모형 다항 함수는 지금 쓰는 〈Nonlinear Curve Fit LM〉 vi에서 마우스 오른쪽 클릭한 뒤 Help를 고르면, 다른 vi들처럼 도움말이 나오는 데, 'f(x, a)'에는 'Open template'가 있어, 이 형식에 맞춰 함수를 만들어야 한다. 다음은 template vi를 열고, 자리 배치를 바꾼 뒤, 중요한 변수 셋만 잘 보이도록 했다.

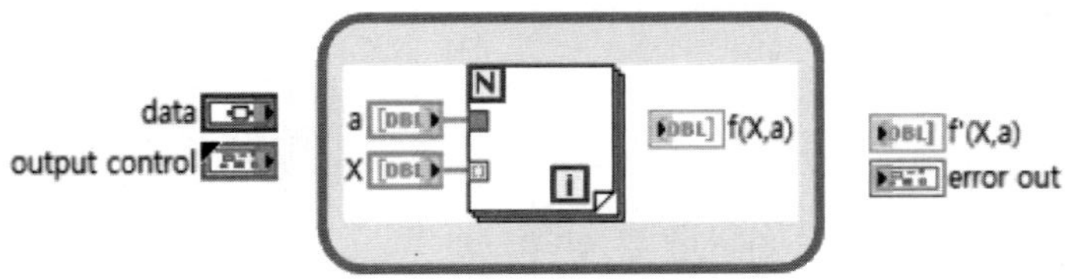

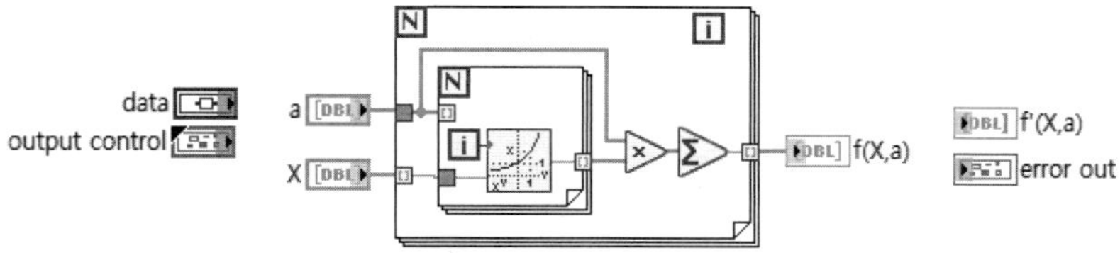

앞서 만들었던 함수를 복사해 넣었다. 계수 'a'와 독립 변수 'X'는 1차원 배열이고, 다항식 차수를 미리 정할 필요 없이 반복문 안쪽에 있는 반복문에서 쓰지는 않지만, 'a'를 연결하고, 'Enable Indexing'해 놓으면, 그 배열 수만큼만 되풀이하므로 반복문에 필요한 'N' 값을 안 넣어도 된다. 또한 독립 변수 'X' 수만큼 함수값 f(X, a)를 계산하므로, 반복문에 터널로 넣을 때 'Enable Indexing' 해서 미리 되풀이할 수를 정하지 않을 수 있다.

나머지 4 변수 ('data', 'output control', 'f(X, a)', 'error out')은 연결하지 않은 채 놔둬도 된다. 'error out'은 오류가 났을 때, 하는 일을 정해서 넣을 수 있지만, 여기에서는 생략했다. 이제 이 vi를 저장한다.

이때 프런트 패널이다.

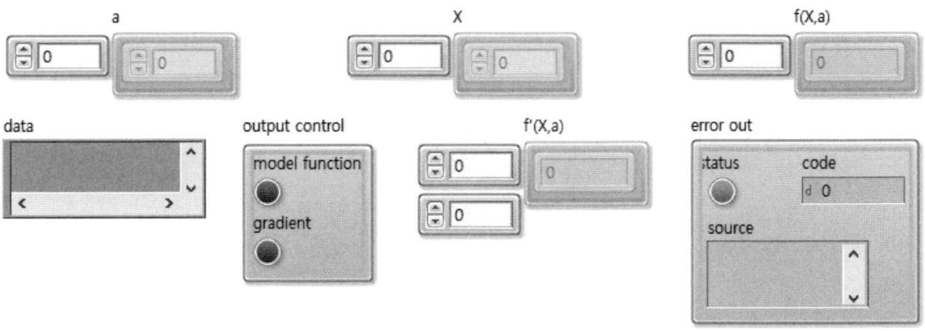

모형 함수까지 준비했다. (2) x, (3) y 데이터는 앞선 프로그래밍처럼 만들어서 입력할 것이다. (4) initial parameters는 구하려는 계수들 초기값으로, 계수 배열과 같은 크기로 값을 넣어주어야 한다. 4차 함수 예에서 이 값을 예상할 수 없다고 가정하고, (0, 0, 0, 0, 0)으로 해봤다.

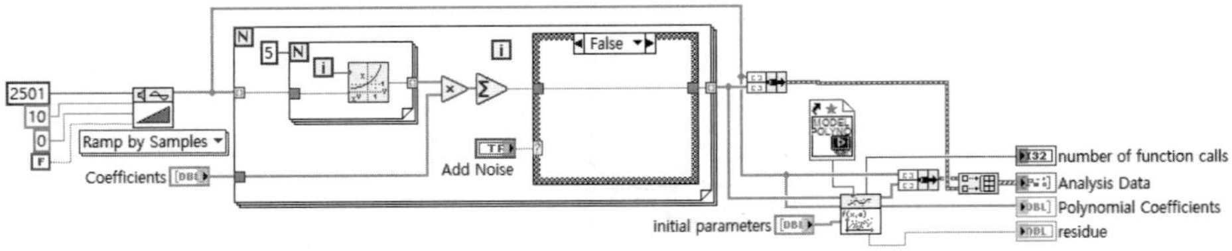

모형 함수는 '참조'로 넣어야 하므로, 〈Static VI Reference〉 vi를 고른다. 메뉴에서 'Browse for Path'를 골라, 모형 함수를 넣는다. 마지막으로 'Strictly Typed VI Reference'를 선택한다. 아이콘 모양은 다음처럼 바뀐다.

앞 선 4차 함수를 그대로 썼고, 다음은 그 결과이다.

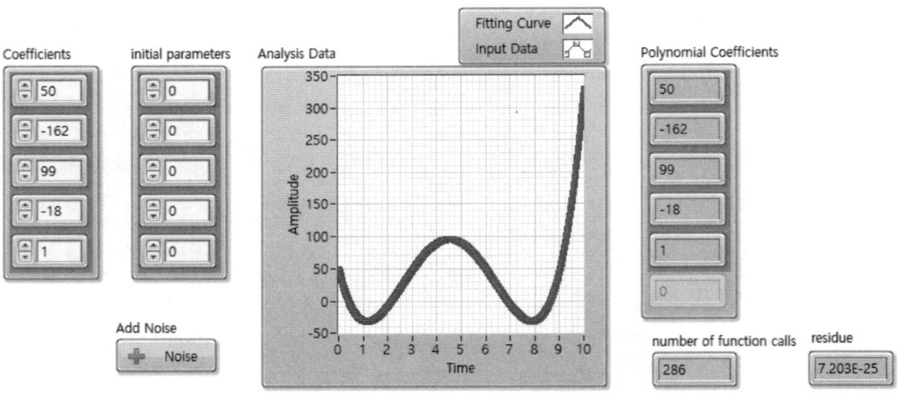

가장 왼쪽에는 데이터를 만들 때 쓴 계수를 보였다. 그래프 왼쪽에는 초기값을 (0, 0, 0, 0, 0)으로 정했고, 오른쪽에는 계산으로 찾은 계수이고, 입력 계수와 잘 맞는다. 함수를 286 번 되풀이했고, 계산 결과 오차는 7.203E-25로 '0'에 아주 가깝다.

입력 데이터를 점을 크게 표시해 선이 굵게 보이지만, 다음에 할 오차와 다르다. 잡음을 넣어, 실제 데이터처럼 시도했다.

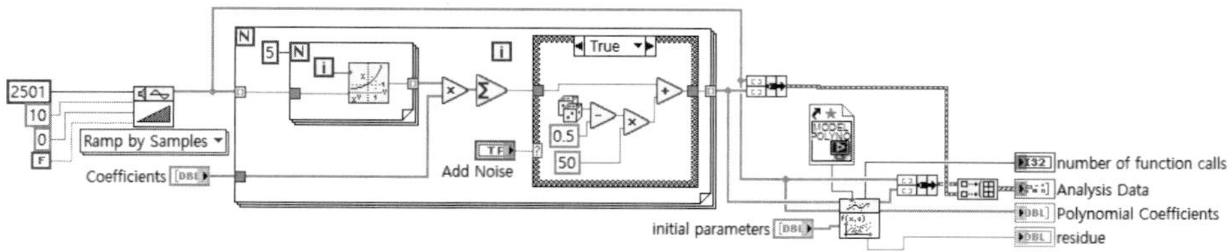

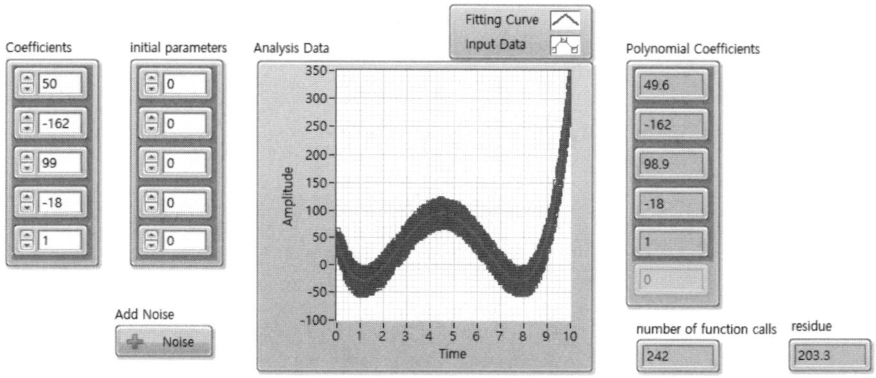

추세를 보여주는 계수는 (49.6, -162, 98.9, -18, 1)이다.

10.8 Levenberg–Marquardt 방법–sin 함수

sin 함수는 상황에 따라, 진폭, 주파수, 위치 바뀌지 않으면, 계수 4개로 정할 수 있다.

$$y(x) = A\sin(\omega x + \phi_0) + D$$

LM vi은 (1) 모형 함수 f(x, a), (2) x, (3) y, (4) initial parameters가 필요하고, 다시 해보겠다. 먼저 모형함수이다. 계수는 A, ω, ϕ_0, D 4개이고, 독립 변수는 다항 함수에서처럼 순차로 만들어준다. 다음은 사인 모형 함수이다.

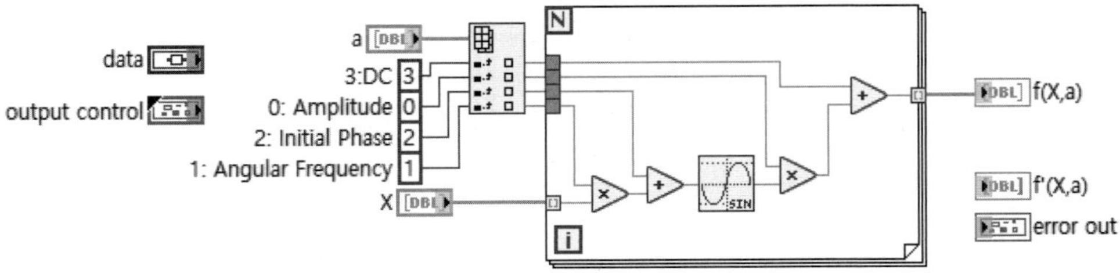

위를 vi로 저장하고, 맞춤 함수를 다음처럼 바꾸어 다시 저장한다.

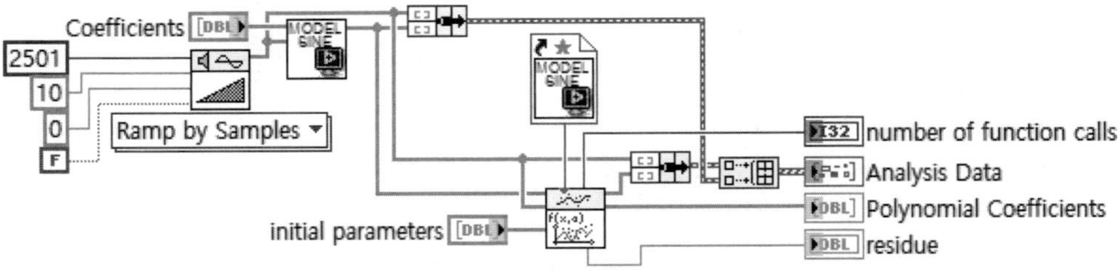

앞서 다항식에서는 다항 함수를 vi에 반복문으로 나타냈지만, 모형 함수로 이를 대신했다.

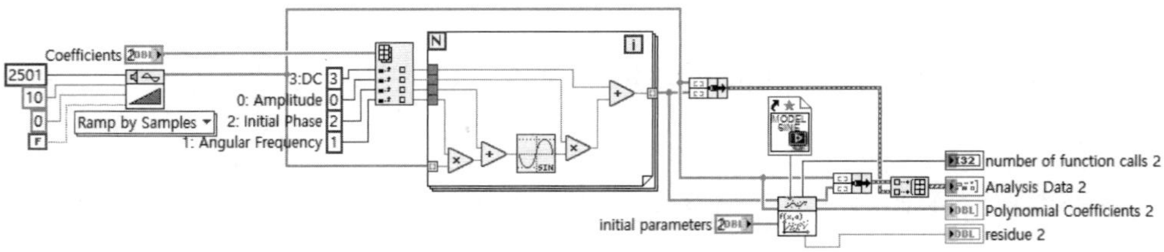

같은 기능이지만, 아래는 더 복잡해 보인다. 다음은 그 결과이다.

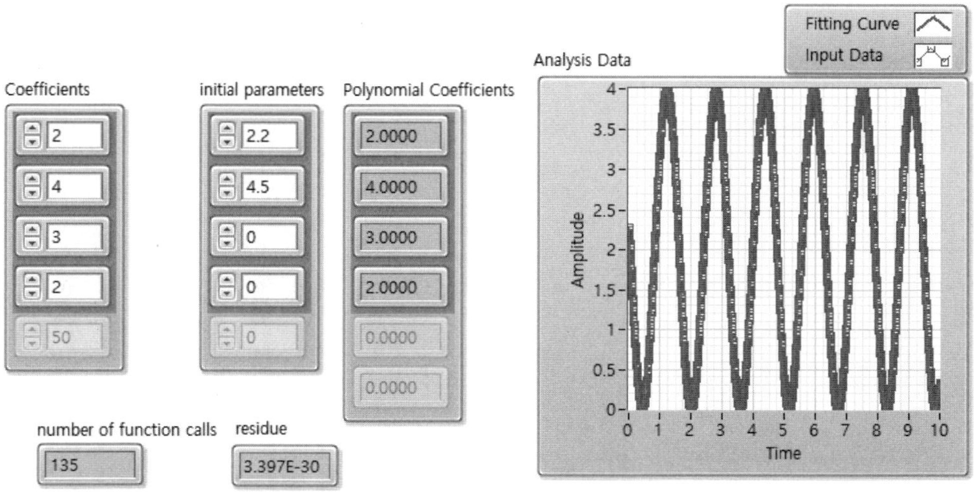

계수 A, ω, ϕ_0, D는 각각 2.0, 4, 3.14, 2로 정했고, 초기값으로는 2.2, 4.5, 0, 0을 넣어 아주 잘 맞는 값을 얻었다. 초기 위상 3.14는 -sin을 만들었다. 이제 이 초기 위상 값을 2π가 넘는 3+2π해서 9.28를 넣어보자.

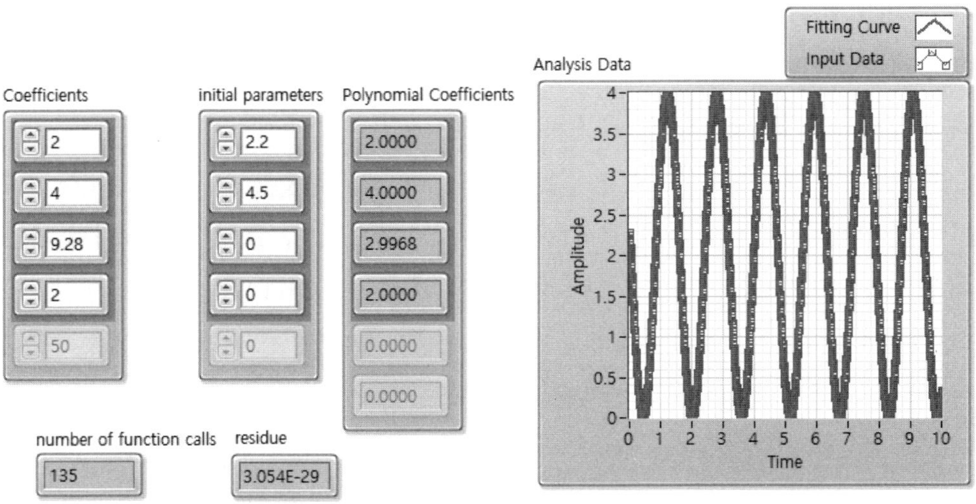

6.28은 정확한 2π 값이 아니므로, 3을 정확히 내지 않는다. 4π에 해당하는 값을 더해 넣어도 결과는 같다. 2π 마다 같은 결과를 주는 주기 함수이므로, 3만큼 평행이동한 것이

나, 9.28만큼 평행이동 한 것은 같기 때문이다.

초기값을 모두 0으로 넣으면, 이 함수는 계산을 못 하고 오류를 낸다. 모두 1로 넣으면, 결과는 이상하다.

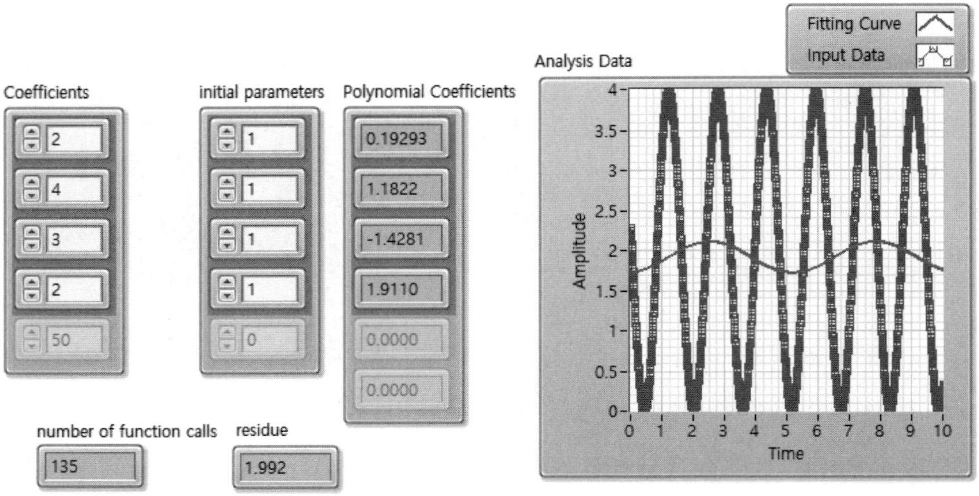

초기값을 잘 넣지 않으면, 다른 진폭, 다른 진동수를 내놓기 때문에 초기값을 잘 정해주어야 하는 단점이 있어 이를 고치려 한다. 일단 D 값은 평균값으로 구한다. 그리고, 초기위상은 $-2\pi \sim 2\pi$ 사이값이므로, 0으로 놓겠다.

진폭 A 값은 최대값과 최소값 차를 2로 나누는 데, 최대값이나, 최소값에 오류가 생겨 아주 많이 벗어난 값이 있다면, 진폭을 잘 나타내지 못할 것이므로, 전체 데이터 수 가운데 1% 정도에 해당하는 가장 큰 25개 값 평균과 가장 작은 25개 값 평균으로 진폭을 구해보자. 데이터를 소트해서 오름차순 정리하고, 전체개수를 100으로 나눠 1%에 해당하는 개수를 구해, 그 개수만큼만 잘라낸 배열 평균으로 최소값을 구하고 순서를 역으로 바꿔 같은 작업을 해서 최대값을 구해 두 수 차이를 구해 2로 나눈다. 주파수 ω 는 〈Power Spectrum〉 vi으로 구한다. 데이터와 데이터 측정 간격을 입력하면, 스펙트럼 값과 주파수 영역 간격을 낸다. 최대값은 DC 성분인 '0'에서 나오므로, 첫 번째 원소는 뺀 배열에서 최대값이 나오는 원소 지수를 구하고, '1'을 더하고, 주파수 영역 간격과 2π를 곱하면, 각

주파수를 대략 계산할 수 있다.

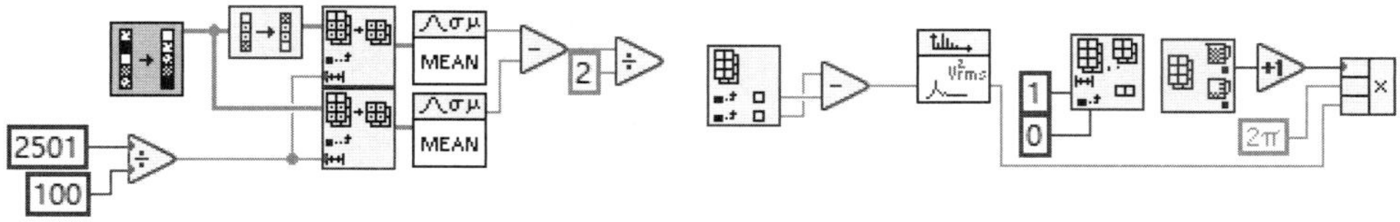

이렇게 계산한 값들을 차례로 배열로 묶어 초기 계수로 정해서 맞춤 함수에 입력하면, 준비가 다 끝난다.

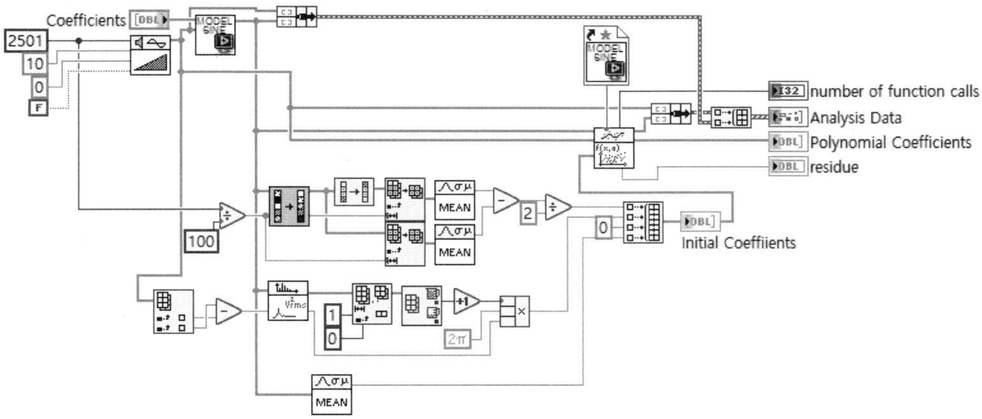

조금 복잡하니 subVI로 만들어 간단히 바꿔본다.

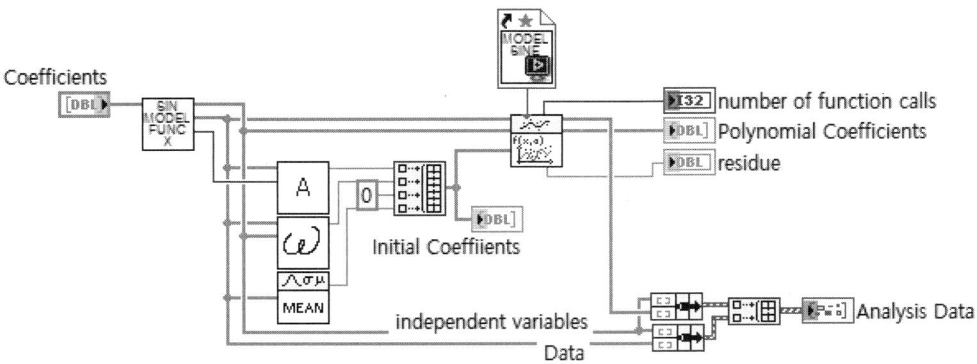

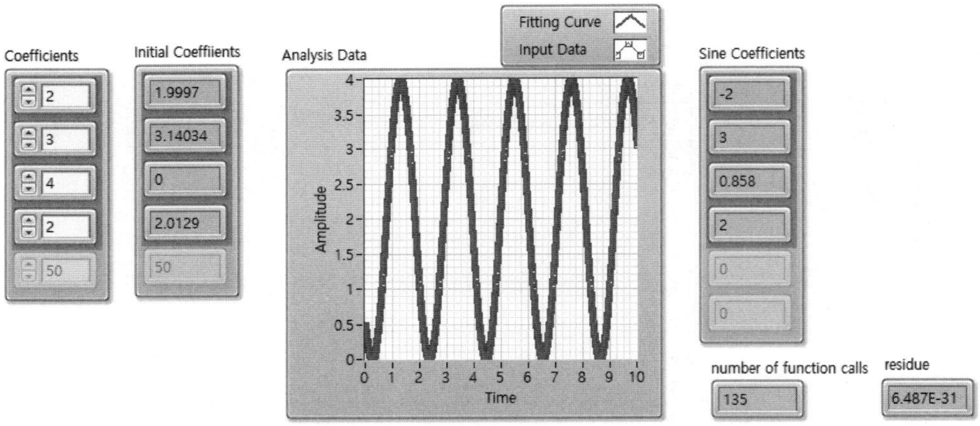

초기 값이 정해지고, 계산한 계수에 약간 오류가 있어도 데이터와 잘 맞는 함수를 찾았다. 진폭이 -2로 음수 값을 갖기 때문인데, 양수로 바뀌면, 초기 위상이 π만큼 달라져, 4에 가까운 값이 된다.

이제 잡음을 일부러 넣어서 결과가 잘 나오는지 확인한다.

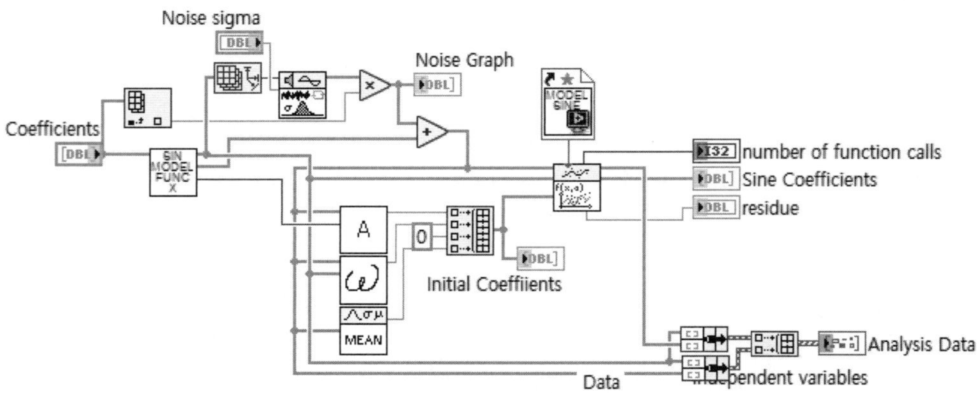

가우스 화이트 노이즈 함수로 표준 편차가 0.1인 잡음을 데이터 수만큼 원소로 갖는 배열로 만들고 진폭 크기에 따라 달라지도록 진폭을 곱해서 만든 데이터에 더했다. 이 경우 대략 -0.5~0.5 사이 잡음을 더한 결과이다.

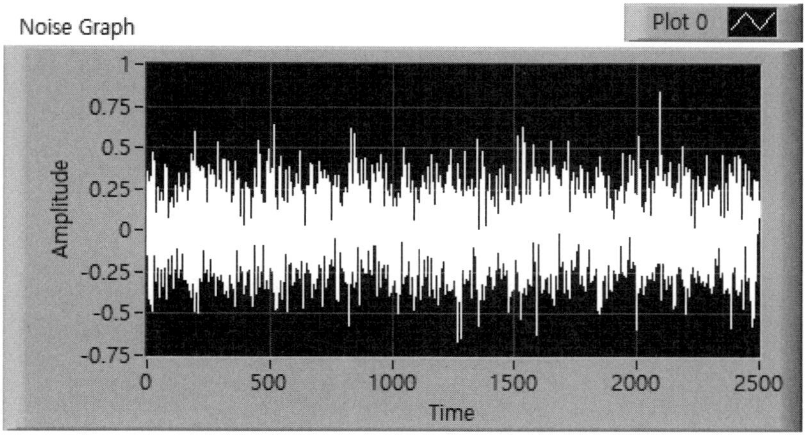

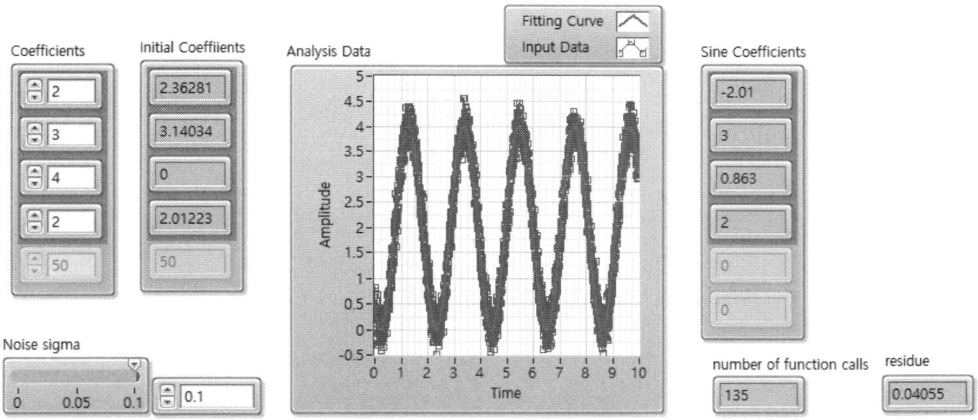

10.9 단진동

용수철에 추를 매달고, 추를 살짝 들어 놓으면, 중력 방향으로 오르고 내리는 진동 운동을 한다. 사인 함수로 이 운동을 잘 쓸 수 있다. 순수한 용수철 하나이기 때문에 가장 간단한 사인 함수가 필요하고, 앞서 설명한 것처럼 진폭, 각 진동수, 초기 위상과 DC 값이 사인 함수에 필요하다. 진동하는 진폭은 들어 올린 거리에 따라 달라진다. 추를 매달았을 때, 늘어난 평형 위치에서 들어 올린 거리만큼 올라가고 내려간다. 늘어난 평형 위치를 '0' 점으로 정할 수도 있지만, '0'점을 달리하면, 이 평형 위치 값은 바뀌지 않는 DC 값이다. 진동하는 주파수는 추 질량과 용수철 상수에 따라 달라진다. 마지막 초기 위상은 언제 재기 시작했느냐가 결정한다. 다음은 시간에 따른 위치이다.

$$y = A\sin\left(\sqrt{\frac{k}{m}}t + \phi_0\right) + D$$

다음은 다른 장비를 쓴 실험을 통해 얻은 데이터이고, 값은 따로 저장해 있다. 앞은 데이터를 계산식으로 만들었지만, 직접 얻은 데이터로 맞춤을 해 볼 것이다.

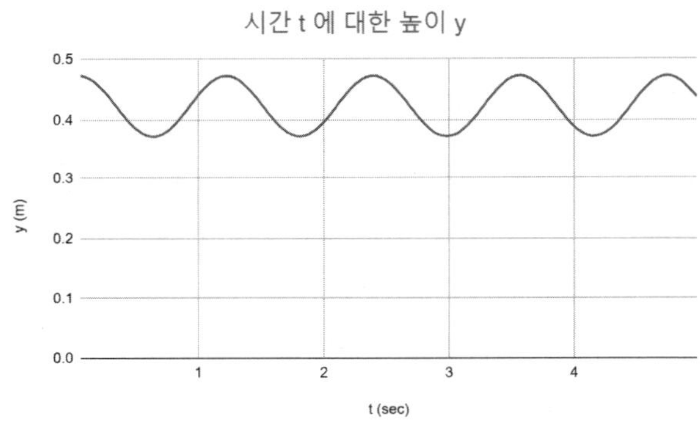

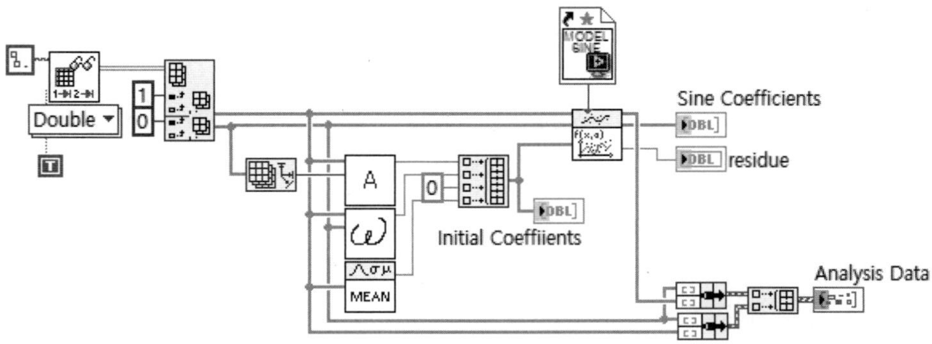

계수와 사인 함수로 데이터를 만드는 대신, 실험으로 얻은 데이터이므로, 계수값을 모르고 있다.

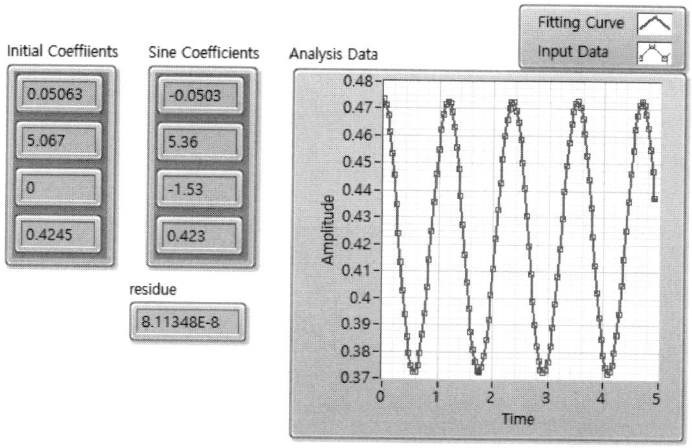

초기 계수와 맞춤 곡선 계수를 비교해 보자.

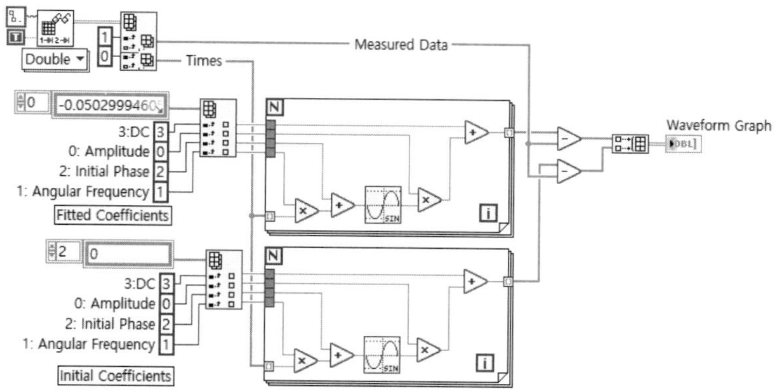

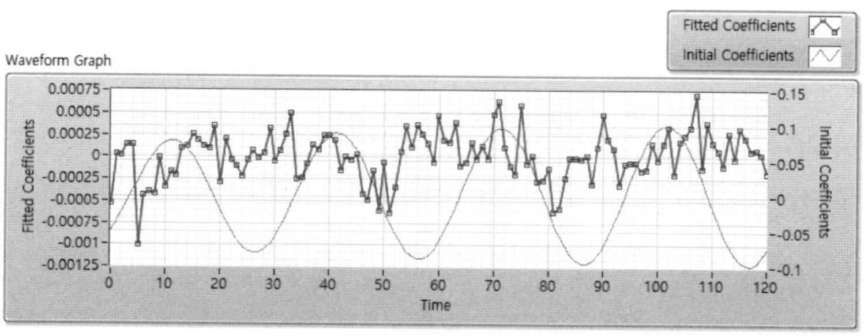

초기 계수에서 위상이 가장 많이 다르므로, 원래 데이터와 값 차이가 많이 난다. 맞춤 곡선과 원본 데이터 차이 RMS 값은 2.85E-4이다.

10.10 푸리에 변환

이산 푸리에 변환은 데이터를 이루는 주파수 분포를 보여주는데, 주파수 정밀도는 전체 측정 시간이 결정한다. 이 예에서는 2,501개 샘플로, 10초 동안 쟀으므로, 1/10=0.1 Hz 간격으로 2,501개 즉 250.1 Hz 범위에서 주파수 분포를 보여주는 데, -125.1~125.0 Hz 범위이다.

$$y(x) = A\sin(\omega x + \phi_0) + D$$

위 식으로 데이터를 만들었는 데, 다음으로 고쳐볼 수 있다.

$$y(x) = A\sin(2\pi f x + \phi_0) + D\sin(2\pi \times 0 \times x + \pi/2)$$

두 사인 함수를 더한 함수로 쓸 수 있고, 뒤에 있는 상수항은 주파수가 '0'인 진동이고, 앞 사인 모습은 주파수가 f인 함수이다. 따라서, 주파수 분석을 하면, 주파수가 '0'과 'f'를 준다. 가장 기본은 아래 Fourier 변환 vi로 FFT이다. 이 변환은 앞서 말한 것처럼, 주파수 범위가 -F_{max}~F_{max}까지이고, '0'을 중심으로 양쪽이 대칭이어서 한쪽은 뜻이 없다. FFT를 하면, x 축이 주파수 축이고, 그 주파수에 해당하는 양이 y 축 값으로 나타나는 데, 주파수 축이 -F_{max}~F_{max}이 아닌 0~F_{max}~-F_{max}~0 형태로, x 축 주파수 값이 작은 값에서 커져서 0을 지나 큰 값이 되는 것이 아니라, 0에서 시작해서 값이 커지다가 가운데에 가서 최대 주파수 다시 끝으로 가면서 0이 되는 값이 된다. 따라서, 보통 가운데에 0 이 있어 저주파 성분을 보이고, 양끝으로 가면서 고주파 성분을 보이는 데, 양쪽 끝이 저주파 성분이고, 가운데에 고주파 성분을 보인다. 이를 보통 모습을 보이려면, FFT vi에 'Shift?' 입력이 있는 데, 기본값은 False인데, True로 바꾸면, 양 끝이 고주파, 중간이 저주파 모양으로 바뀐다.

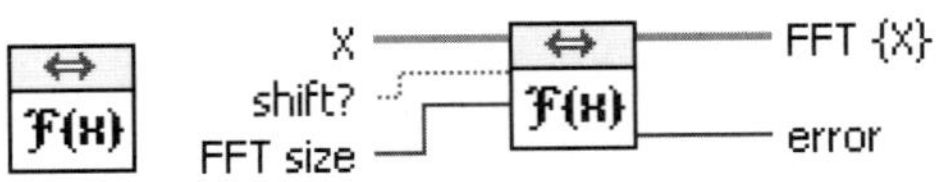

다음은 기본 가우스 함수 형태이다. 사인 함수에서 했던 것처럼 평행이동과 x, y 방향으로 확대, 축소해서 다른 형태로 만들 수도 있고, 옆에 그 함수를 나타냈다.

$$y = e^{-x^2} \quad y = A\exp\left(-\frac{(x-x_0)^2}{\sigma^2}\right) + B$$

위 가우스 함수 형태로 -10~10 범위를 101개 데이터를 만들어, 가우스 함수 값을 그래프로 그리고, FFT 한 결과는 복소수이므로 켤레 복소수를 곱한 다음 실수 부분만 보이는 그래프이다. (아래 FFT 그래프에서 x 축은 뜻이 없다. 단지 크기만 확인할 뿐이다. 양쪽 끝으로 갈수록 0에 가까운 값이고, 가운데는 값이 가장 큰 '5'이다.)

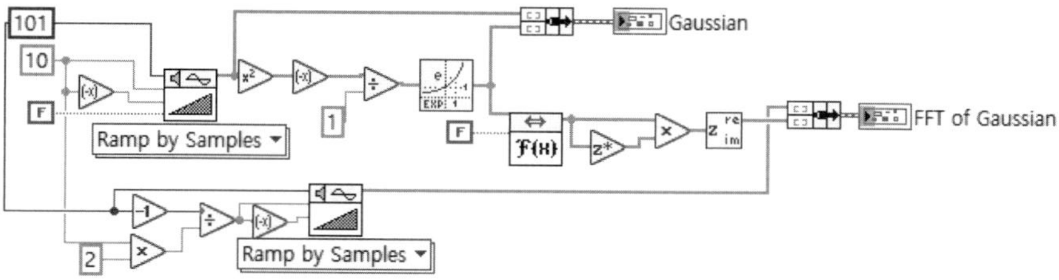

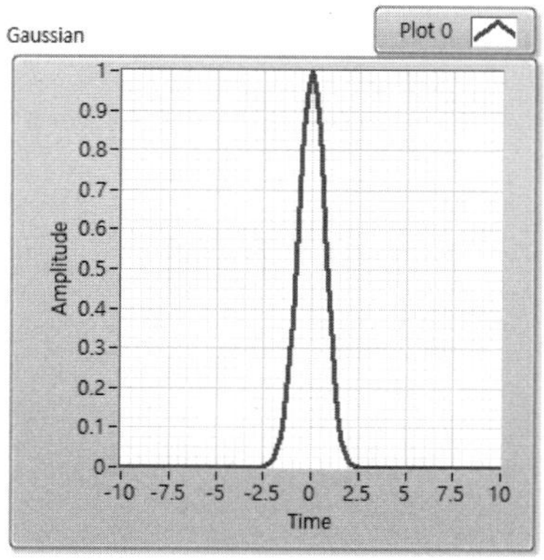

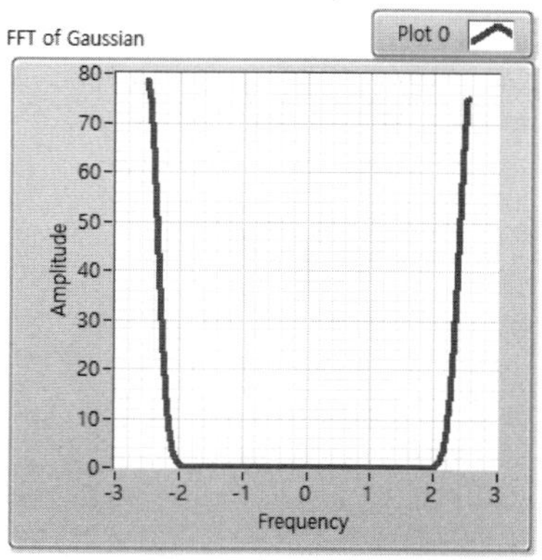

가우스 함수를 푸리에 변환하면, 폭과 높이는 달라지지만, 가우스 함수 형태가 되는 데, FFT 결과는 양쪽 끝에서 높은 값이 나오고, 중간에는 0이다. FFT vi에, F 를 입력했는데, 그 부분이 'Shift?'이다. 이제 저주파 부분을 가운데로 모으기 위해서 이 값을 T 로 바꾸고 실행하면, 다음 결과를 준다.

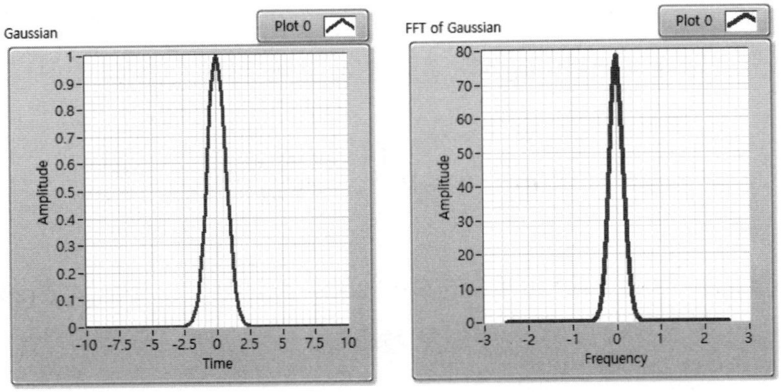

함수 폭을 σ^2 으로 바꿀 수 있는 데, 위 vi에서는 '1'을 썼는데, '5'로 바꾸면, 함수 폭은 x 축 방향으로 커지므로, 폭이 넓어진다. FFT 결과는 상대 모습을 보인다. 이 값을 0.1로 바꾸면 함수 값은 폭이 줄어들지만, FFT는 폭이 넓어진다.

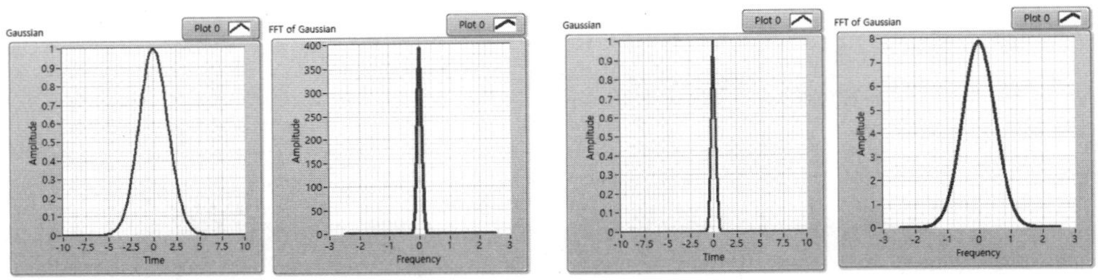

FFT는 데이터 수는 입력 데이터 수와 같지만, 같은 값을 두 번 주기 때문에 절반만 써도 되는 Power Spectrum vi를 쓴다.

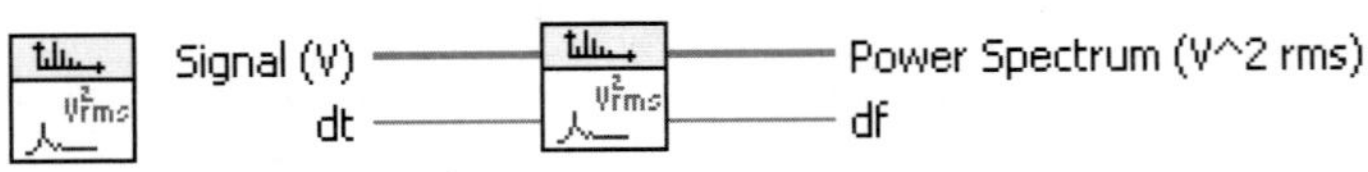

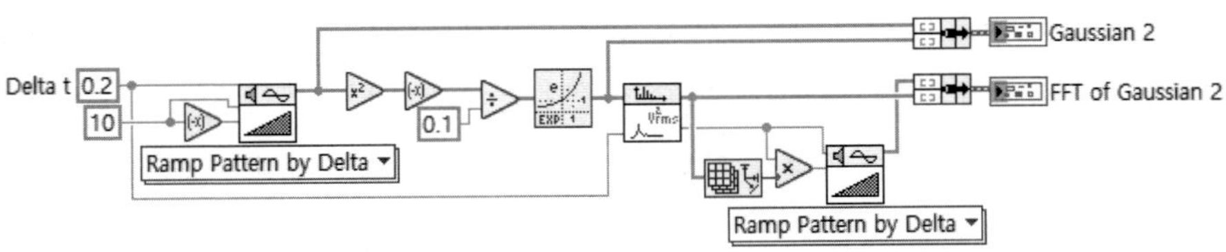

가우스 함수 값을 만드는 방법에서 독립 변수를 만드는 방법을 'Ramp Pattern by Delta'로 바꿨다. 시간 간격은 0.2초로 -10에서 시작해서 10으로 끝나도록 만들었다. 101개 데이터가 만들어지는 것은 앞선 예와 똑같다. 〈Power Spectrum〉 vi는 데이터와 시간 간격 'dt'를 독립 변수로 입력한다. 주파수 범위를 0에서 주파수 간격과 수를 곱한 값까지 범위로 정하고, 계산한 주파수 분포를 그래프 했다.

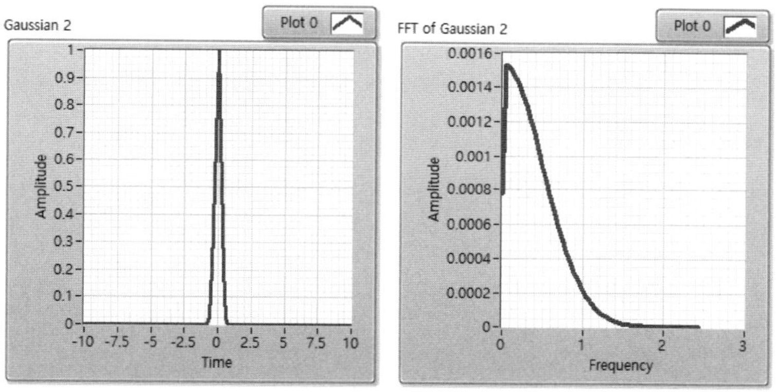

10.11 푸리에 변환 (예)–맥놀이(beating)

다른 예를 하나 더 만든다. 앞선 예는 사인 함수 하나와 주파수가 '0'인 상수항 합이었는데, 서로 다른 주파수를 가진 두 사인 함수 합 함수 예이다. 주파수 차이가 작은 두 사인 함수를 더하면, 진폭이 시간에 따라 바뀌는 맥놀이 현상을 볼 수 있다.

$$y = \sin(\omega_1 x) + \sin(\omega_2 x)$$

위 식은 다음처럼, 합을 곱으로 바꿀 수 있다.

$$y = 2\sin\left(\frac{\omega_1 + \omega_2}{2}x\right)\cos\left(\frac{\omega_1 - \omega_2}{2}x\right) = \left[2\cos\left(\frac{\omega_1 - \omega_2}{2}x\right)\right]\sin\left(\frac{\omega_1 + \omega_2}{2}x\right)$$

두 주파수를 평균으로 하는 사인 함수가 만들어지고, 2를 곱한 코사인 함수를 괄호로 묶어 앞에 곱한 형태로 바꿨다. 앞서 사인 함수 앞에 곱한 부분은 '진폭'이고, 두 주파수 차이 절반으로 바뀐다. 주파수는 음악에서 쓰는 '도', '레'에 해당하는 262 Hz, 278 Hz로 위 함수를 보인다. x 축 값과 맥놀이 주파수 등을 예상해 보자. 맥놀이 주파수는 8 Hz이고, 진동은 270 Hz이다. 맥놀이를 1.5번 보이려면, 0.1875초 범위이고, 270 Hz 진동은 약 50번 보일 것이다. 진동을 잘 보이려면, 한 번 되풀이할 때, 나이퀴스트 이론에 따라 최소 2 곳 이상 점을 보여야 하고, 2점으로는 주파수를 보일 수는 있어도 파형을 잘 나타내지는 못 한다. 따라서 진동 한 번에 10~20점 정도는 보여야 한다. 약 0.2초 사이를 2,500점으로 나누면, 점 사이는 0.00008초 간격이다. 270 Hz 진동 주기는 약 0.0037초이고, 0.00008초 간격으로 점을 나타내면, 46점 이상으로 나타내므로, 10~20점을 넘어 부드러운 곡선을 보일 것이다.

평균 주파수 진동과 맥놀이 주파수 진동을 그래프로 나타냈다.

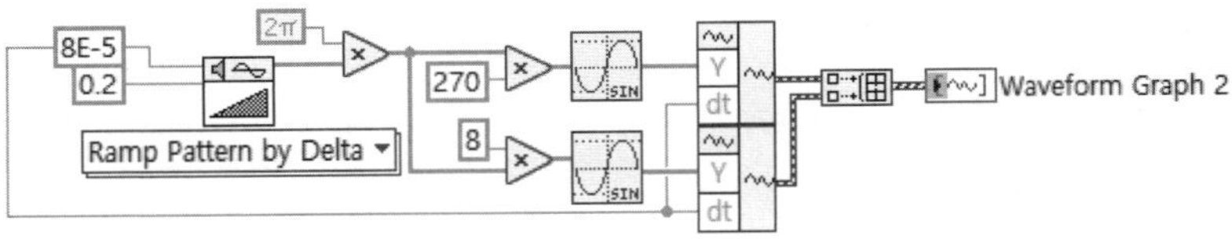

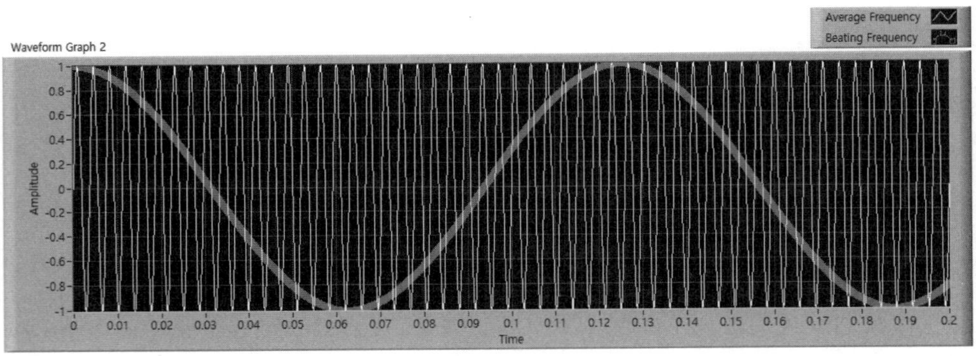

주파수 270 Hz, 8 Hz인 두 함수를 곱하거나, 주파수 262 Hz, 278 Hz 두 함수를 더한 결과는 같아 그래프는 하나만 보였다.

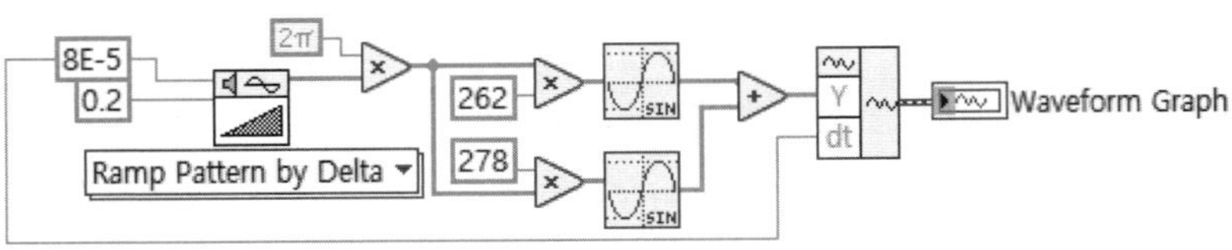

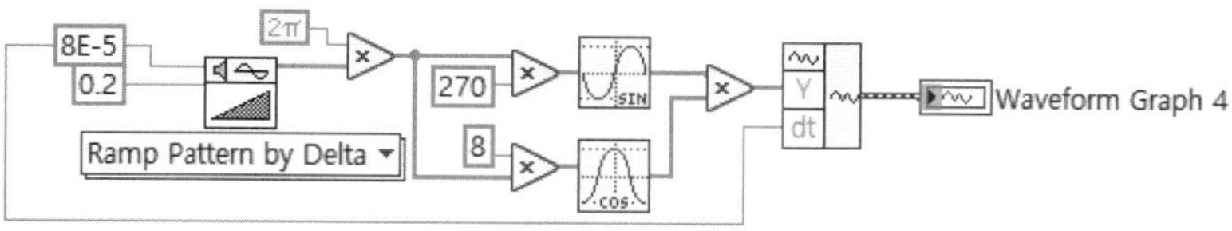

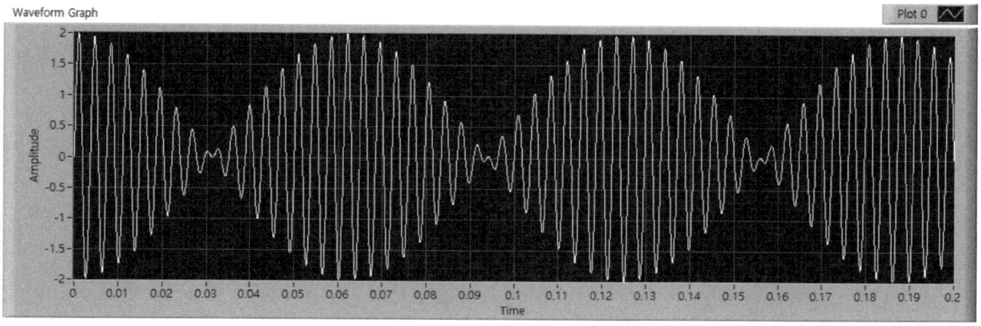

주파수 분석하려고 한 데이터 준비했다. 데이터에 대해서 잘 알고 있다. 주파수는 262 Hz와 278 Hz이다. 데이터 전체 시간은 0.2초이므로, 주파수 간격은 5 Hz이고, 데이터 수는 2,500개이므로, FFT로는 -6,250~6,250 Hz을 나타낼 수 있다. <Power Spectrum> vi로는 1,250점으로 0~6,250 Hz 범위를 5 Hz 간격으로 나타낼 수 있다.

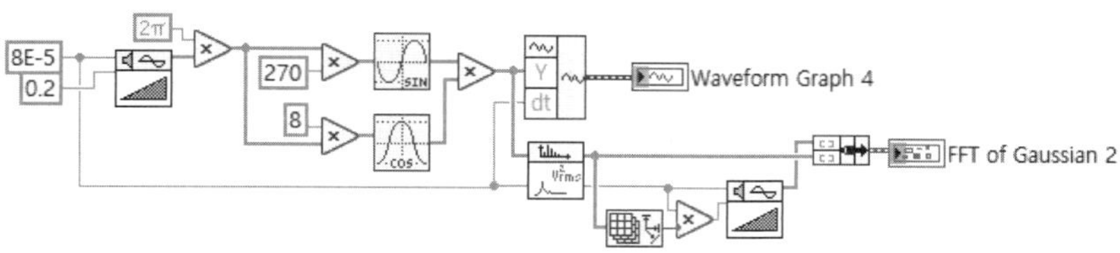

왼쪽에서 뾰족한 점이 나오는 데 그 부분만 x 축 범위를 좁혀 자세히 보였다.

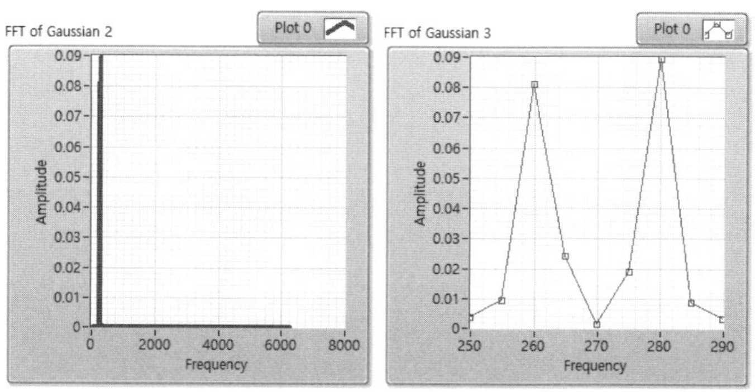

260과 280에서 꼭짓점이 나오는 데, 262와 278 Hz를 5 Hz 간격으로 표시해서, 정확한 값을 확인할 수 없었다. 1 Hz 간격으로 나타내려면, 1초 동안 잰 데이터가 필요하고, 그 데이터로 주파수 분석한 결과이다.

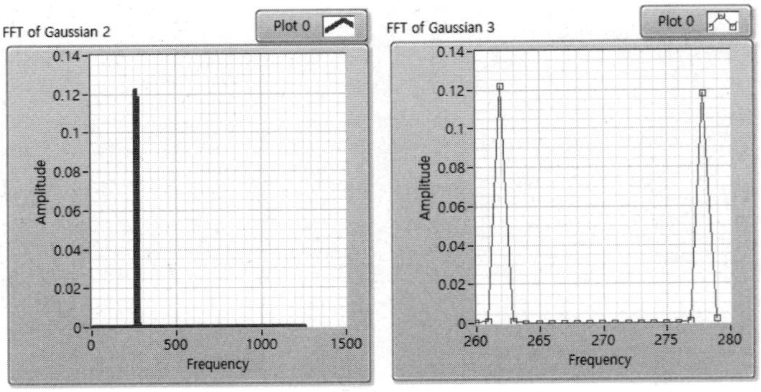

데이터를 더 오래 잴수록 주파수 간격을 좁게 관찰할 수 있고, 시간 간격을 짧게 해서 데이터 수를 많이 재면, 더 높은 주파수까지 관찰할 수 있다.

CHAPTER_11

데이터로 신호 만들기

CHAPTER 11

데이터로 신호 만들기

하드웨어로 전기 신호를 만들어보자. 디지털 정보를 아날로그 전기 신호로 바꿔야 하는 데, 이를 DAC(Digital to Analog Converter)라고 한다. 아날로그 신호를 읽는 아날로그 입력 단자는 여럿인데, 출력은 많지 않다. ELVIS는 아날로그 출력 2개와 전력 공급기 2개, 총 4개 채널을 가진다.

전기를 내보내는 장비들 가운데 전력 공급기와 함수 파형 발생기를 많이 쓴다. 전력 공급기는 전류와 전압을 곱한 값인 전력을 공급해서 전류 범위와 전압 범위를 정해야 한다. 함수 파형 발생기는 전류 범위가 크지 않고, 전압이 주이다. 여기에서는 함수 파형 발생기 만든다.

ELVIS 성능은 DAC 해상도는 10 비트이다. 출력 전압 범위는 ±10 V, ±5 V로 정할 수 있고, 최대 출력 구동 전류는 ±5 mA이고, 최대 구동을 넘어서는 전류 한계는 20 mA이고, 전압 보호는 ±25 V이다.

출력 단자는 ELVIS 브레드보드 31, 32 번 둘이고, RSE(Referenced Single Ended)로 만 구성할 수 있는 데, 가까운 'Ground' 가 참조점으로 49, 53번에 대한 전압이다.

쓸 수 있는 두 채널 가운데 한 채널만 쓰면, 2.8 MS/s 빠르기로, 두 채널을 같이 쓰면 2.0 MS/s로 줄어든다. 1 채널을 쓸 때, 1초에 2.8백만 전압 데이터를 전송할 수 있어서 주기로 바뀌는 신호를 만든다면, 한 주기를 최소 2점으로 만들어야 주파수를 전달할 수 있고(Nyquist 이론), 제대로 파형을 내놓으려면, 10~20점으로 만들어야 한다. 따라서, 140~280 kHz 신호가 최대 주파수이다. 그 이상 주파수 신호를 만들 수는 있지만, 파형을 제대로 만들 수는 없다.

출력 FIFO(First In First Out) 버퍼에 데이터를 쓰고, 바로 출력 단자로 전압을 내놓을 수도 있고, 써 놓은 데이터를 〈시작(Start)〉 vi로 출력을 시작할 수도 있다. 신호를 잴 때는 '시작' 한 뒤에 데이터를 읽었지만, 쓰는 것은 이 반대이다.

11.1 채널과 태스크 만들기–전압 범위

함수 파형 발생기 만들기 과정 가운데 가장 먼저 할 일은 오실로스코프와 같이 무엇을 할지 정하는 것이다. 프로그래밍으로 태스크를 만들어보자. 〈Create Virtual Channel〉 vi에서 'AO Voltage'를 골라 태스크를 만든다. 'output terminal configuration'에는 'RSE'만 쓸 수 있다. 최대값과 최소값은 부호는 다르고, 크기는 같은 값이므로 다음처럼 최대값만 넣고, (-) 부호를 곱해 최소값에 넣었다. 전압을 잴 때와 달리 범위는 ±10, ±5 V 둘뿐이다. 물리 채널은 6가지 가운데 고를 수 있는 데, ao0번을 골랐다. 이 채널은 브레드보드에 31번 핀이다.

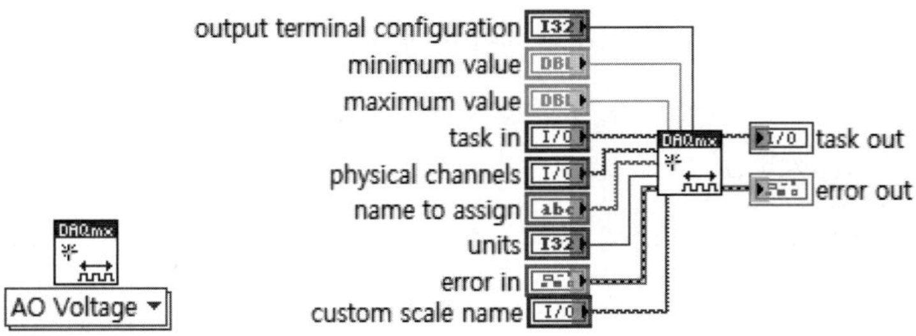

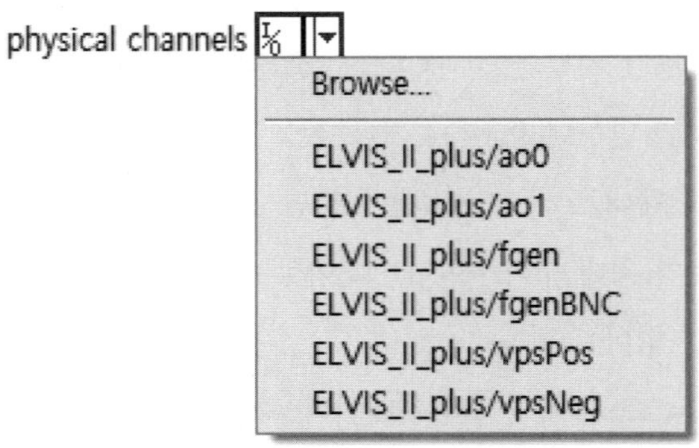

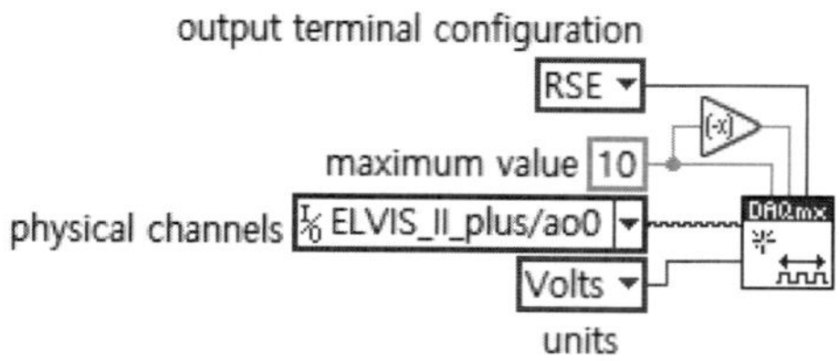

아날로그 전압 출력, 단자 구성, 전압 범위, 물리 채널을 골랐다.

11.2 채널과 태스크 조절하기–시간 범위

다음처럼 시간 범위를 정한다.

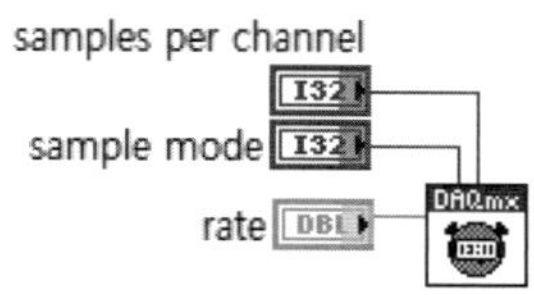

모든 입력을 컨트롤 객체로 만들었다. 'samples per channel' 은 오실로스코프에서 한 화면에 보여주는 샘플 수가 보통 2,500개이므로, 그 수로 정한다. 'sample mode'를 'Continuous Samples'로 정해 되풀이해서 데이터를 내보낼 수 있게 했다. 'rate' 속도는 1개 채널을 쓸 때, 2.8 MS/s, 2개 채널을 쓰면, 2.0 MS/s이다.

샘플 속도(rate)가 v_S이고, 한 주기 샘플 수가 N이라면, $f = v_S/N$ 주파수를 가진 진동을 만들 수 있다. 단위는 $[\mathbf{MS/s}]/[\mathbf{S}] = [\mathbf{1}/\mu\mathbf{s}] = [\mathbf{MHz}]$이다. 예로, 2.5 MS/s 속도로 한 주기를 20 S(샘플)로 만들었다면, 0.125 MHz=125 kHz 이고, 10 S로 만든다면, 250 kHz 주기 파형이다.

위 시간 설정에서는 'samples per channel'을 2,500 S로 정하고, 속도를 2.5 MS/s로 정하면, 1 kH이고, 250 kS/s 빠르기로 이 샘플 수를 만들어 내면, 100 Hz이다. 이 주파수는 1초에 2,500개 샘플을 100번 만들어낸다는 뜻이다.

〈DAQmx Write〉 vi는 최대 8,191 데이터를 메모리에 저장하고, 쓰고 있는 채널들은 공유해서 쓸 수 있는 데, 이 메모리에 데이터를 쓰고, 하드웨어 단자에 이 데이터를 넘겨주고, 메모리에서 지우고 다음 데이터를 받는 과정을 되풀이하는 데, 단자에 넘겨주는 속도가 더 빨라, 메모리에 쓴 데이터가 없으면, 오류를 내고, 프로그램은 멈춘다. 속도가 빠를 때는 메모리를 가득 채우지 않아 데이터를 저장할 부분을 남겨야 한다. 오실로스코프로 화면에 나타내는 데이터가 2,500개이므로 이 수로 설정한다.

설정하려는 주파수 범위를 0 Hz~, 10 Hz~, 100 Hz~, 1 kHz~로 나눴다. 10 Hz 이하 주파수는 샘플 속도를 2.5 kS/s로 했을 때, 최대 10 Hz였을 때, 250 샘플로, 최소 1 Hz였을 2,500 샘플로 한 주기를 만든다. 따라서 대략 2,500 샘플로 1 주기에서 10 주기를 만들 수 있다.

10~100 Hz 범위에서는 25 kS/s 속도로 정했다. 100~1,000 Hz 범위는 250 kS/s 속도를 1 kHz 이상에서는 2.5 MS/s로 정했다.

11.3 채널과 태스크 조절하기–신호 데이터

사인 신호를 〈Sine Pattern〉 vi로 만든다. 여러 방법으로 사인 신호를 만들 수 있는데, 가장 기본형태인 〈Sine Pattern〉을 썼다.

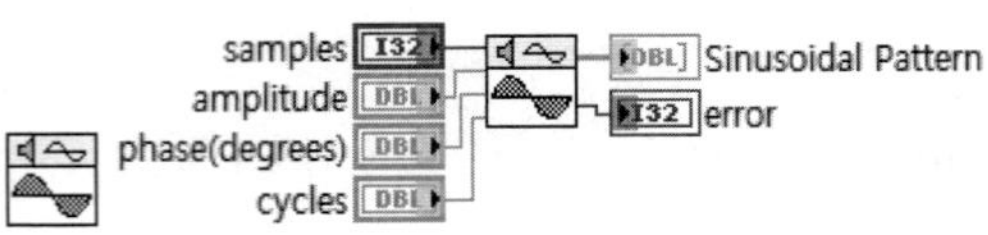

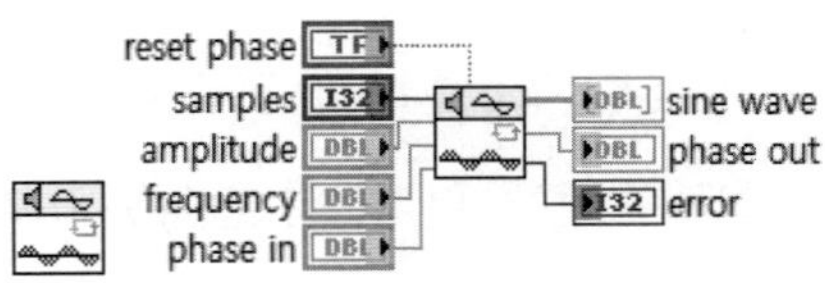

함수 기본 형태는 위와 같고, 〈Sine Pattern〉 vi는 샘플 수, 진폭, 처음 위상과 주기 수를 입력하면, 사인함수를 준다. 〈Sine Wave〉 vi는 샘플 수, 진폭, 주파수, 처음 위상을 주고, 처음 위상을 리셋할지를 결정하면, 사인 함수 값 배열을 만들어 주는 데, 연속해서 여러 번 되풀이하는 신호를 만들 때는 〈Sine Wave〉 vi를 쓰는 것이 더 좋은데, 여

기에서는 데이터를 한 번만 만들어 아날로그 쓰기 메모리에 쓰고, 이 데이터를 되풀이해서 출력할 것이므로, 데이터를 되풀이해서 만들지 않는다. 〈Sine Pattern〉 vi은 사인함수 처음과 끝이 '0'인 온전한 주기를 주므로, 되풀이해서 신호를 넣을 때 유리하다. 다음은 〈Sine Pattern〉 vi로 만든 약 2,500개 길이 1차원 배열 데이터를 두 개 이어서 약 5,000개 길이 배열을 만든 모습이다. 자연스럽게 이어져서 한 번에 만든 것 같아 보인다.

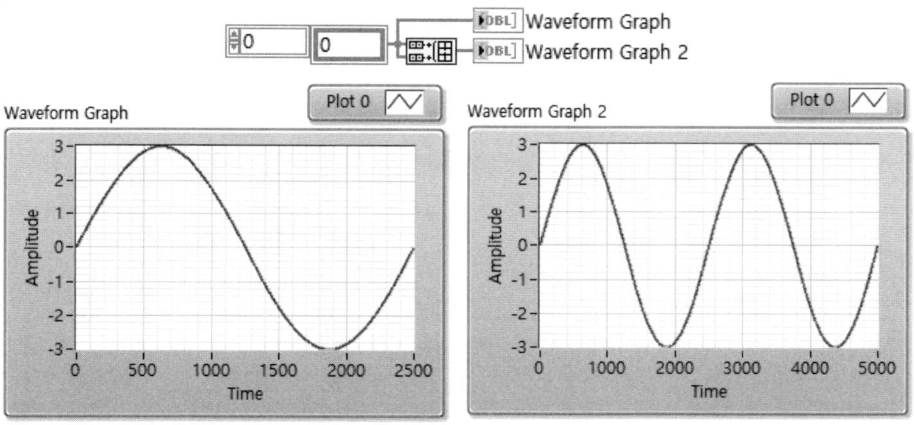

이번에는 〈Sine Wave〉 vi로도 위처럼 정확히 끝나는 점을 찾아 값을 입력할 수 있지만, 주파수를 잘 찾지 못했을 때, 다음처럼 두 데이터를 이으면 불연속 점이 나와서 연속 신호를 만드는 것에 불리하다. 할 수 없지는 않지만, 앞선 〈Sine Pattern〉 vi이 경우에는 더 유리했다.

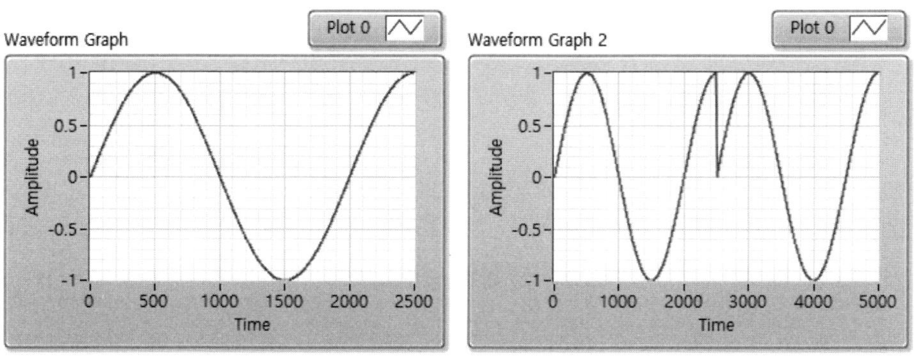

예제에서 많이 쓰는 〈Signal Generator by Duration〉 vi로 신호를 만들 수도 있다.

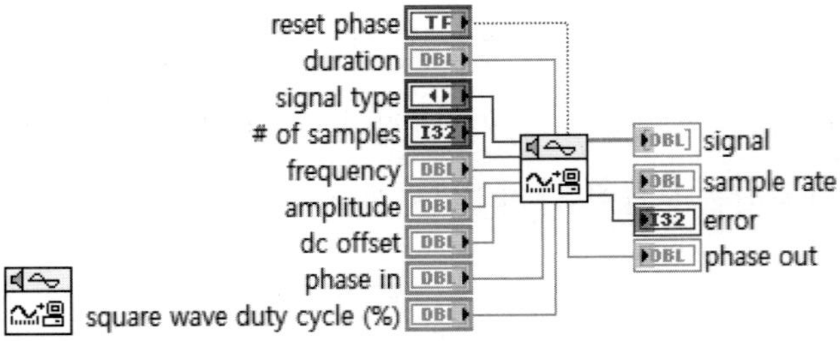

더 많은 설정을 할 수 있으므로, 기능은 더 좋고, 정교할 수 있지만, 복잡하다. 이 vi는 내부에 〈Sine Wave〉 vi와 선택 구문과 while loop로 만들었다. 아래 블록 다이어그램은 새로 만든 것이 아니라, 위 'Signal Generator by Duration'을 두 번 클릭하면 나오는 vi이다.

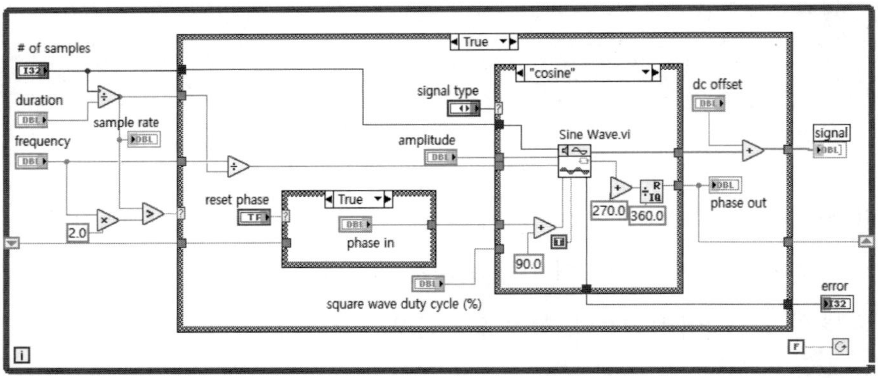

0~10, 10~100, 100~1,000, 1,000~ 등은 로그 함수가 쉽게 나눠준다. 이 값들을 로그 함수에 넣으면, 지표가 0, 1, 2, 3 등으로 나온다. 가수가 붙어 같이 나오므로, 수를 내림한 뒤 정수로 만들면, 나눌 수 있다.

이제 각 경우에 하는 일을 달리 쓸 수 있다.

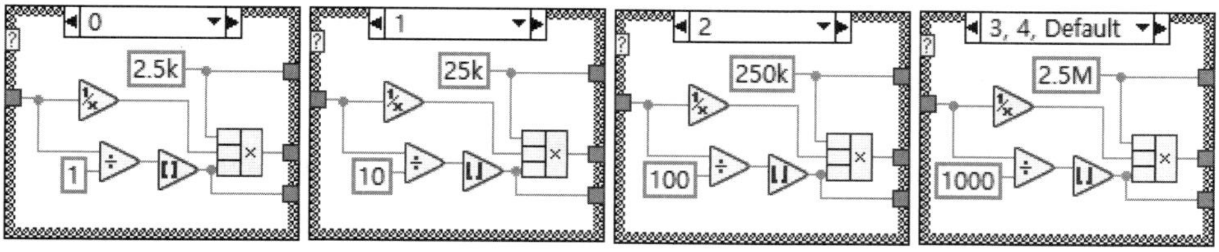

각 경우에 시간 범위에 넣을 'rate'와 사인 함수를 만들기 위한 샘플 수, 주기 수를 계산했다.

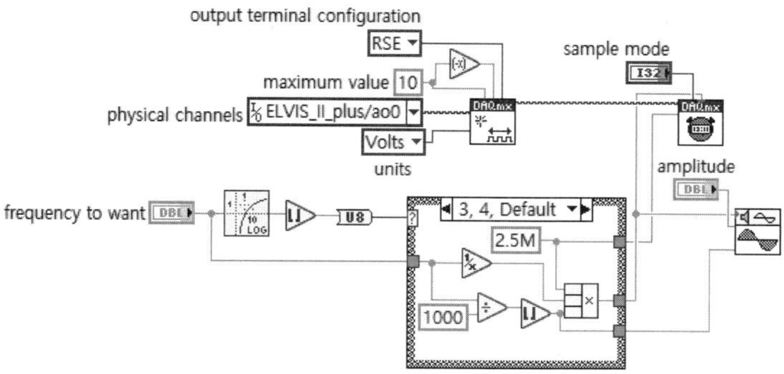

트리거 신호를 넣어 시작을 알릴 수 있지만, 따로 신호를 넣어 주어야 하니, 이곳에서는 생략한다.

전압 신호를 내놓을 출력 단자와 전압 범위, 단자 구성을 해서 태스크를 만들었고, 그 태스크를 이어 받아 시간 범위 설정을 마쳤다. 이와 함께 아날로그 출력할 데이터를 사인 함수 형태로 만들었다. 이제 이 신호를 아날로그 출력 메모리에 저장한다.

11.4 신호 데이터 저장과 출력

만든 태스크와 데이터를 〈DAQmx Write〉 vi에 입력해 단자에 전압을 낼 수 있다.

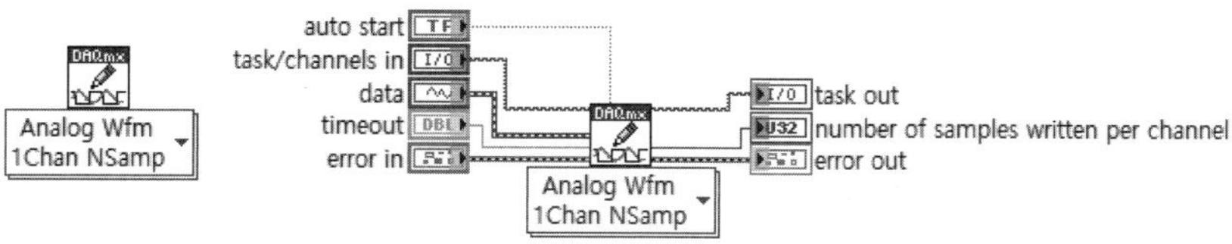

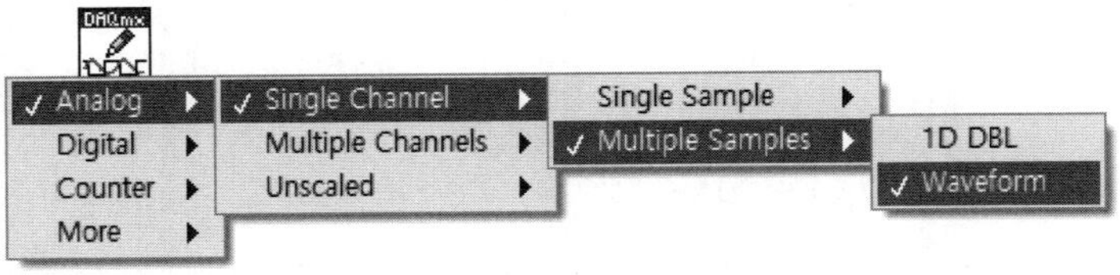

앞에서 설정한 태스크를 입력하고, 데이터를 연결한 뒤, 'auto start'에 'true'를 입력하면, 데이터를 입력하면 바로 출력 단자에 신호가 나간다. 'false'를 넣으면, 메모리에 데이터를 저장만 한 상태이다. 〈Start〉 vi로 시작을 알려야 한다.

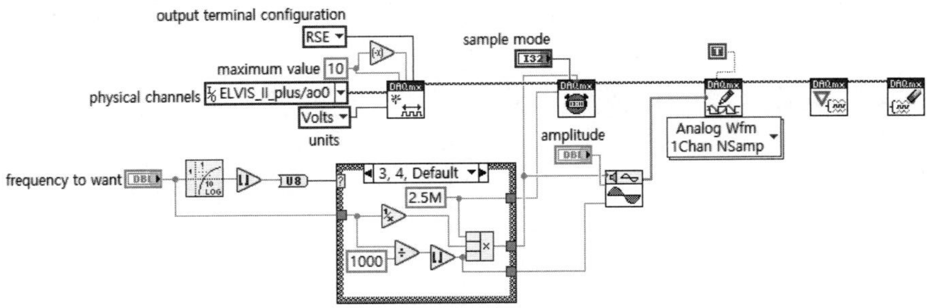

〈Write〉 vi가 자동 시작하도록 설정되었다. vi 실행하면 바로 단자에 전압이 나오고, 오실로스코프를 연결하거나, 작은 LED를 연결해 빛이 나는 지 확인할 수 있을 것이다. 물론 보통 LED를 쓸 때는 빛을 낼 수 있는 3.3 V 이상 전압을 연결해야 하므로, 진폭을 3.3 V 설정한다. 때에 따라 특정 조건에 전압을 내도록 만들 수 있다.

while 루프 안에 'case structure'를 두고, 조건으로 Start 2진 버튼을 연결했다. 버튼이 'Ture'상태이면, 〈Start〉를 실행하고, 기다렸다 마치고, 태스크를 지운다.

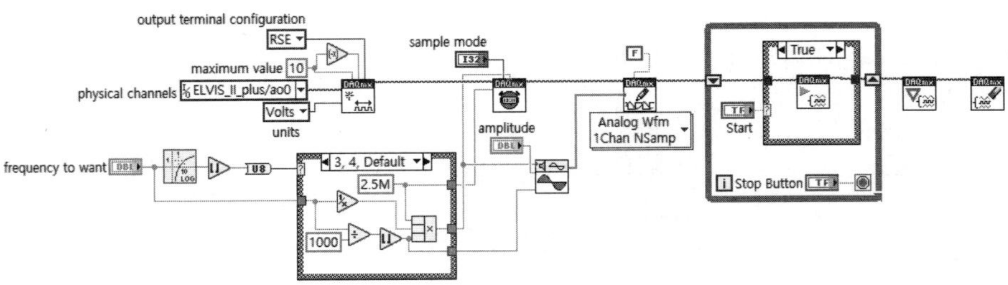

보통 함수 파형 발생기는 작동하는 가운데, 설정을 바꾸고, 전원을 끄거나, 신호 나가는 것을 멈추지 않으면 계속 데이터를 낸다. 위 함수는 작동하는 가운데 설정을 바꿔도 그 설정이 출력이 나타나지 않는다. 첫 부분에서 전압 범위는 바꾸지 않으면 고칠 것이 없다. 주파수와 진폭, DC 옵셋 값으로 시간 범위에 쓸 샘플 수, 속도 그리고 전압 데이터를 계산한 부분을 프로그램을 간단히 하려 SubVI로 만들었다.

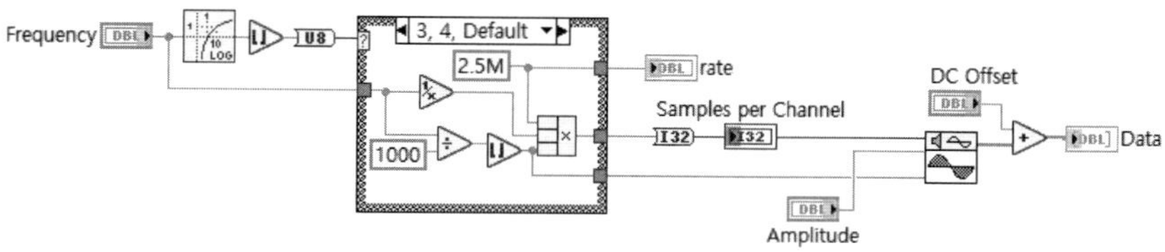

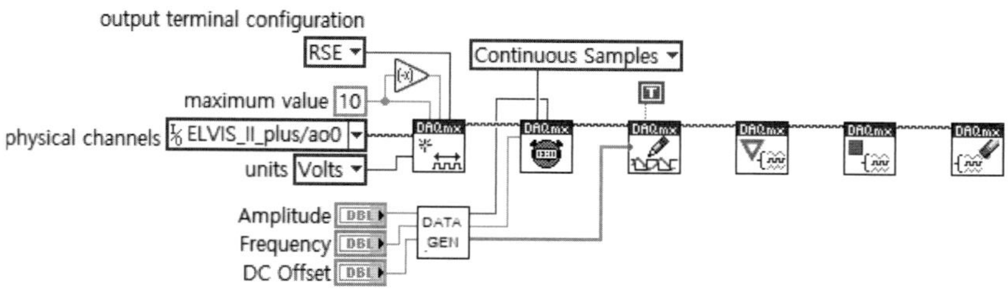

설정을 바꾸고, 데이터를 새로 쓰려 태스크를 멈춘다. 이를 while 루프 안에 넣어 되풀이한다.

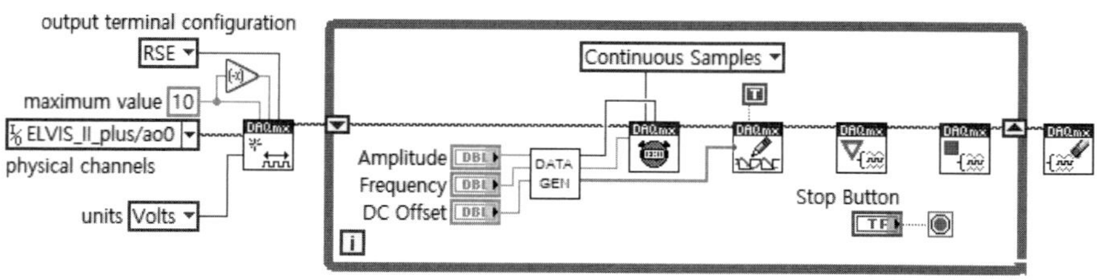

CHAPTER_12

신호를 주고 재기

CHAPTER 12

신호를 주고 재기

자연 현상은 늘 일어나지 않을 수 있고, 특별한 조건에서 일어날 수 있어, 그 조건을 만들어주면, 같은 현상이 일어나는지 관찰하는 것이 실험이다.

전자 회로 실험 가운데, 옴 법칙 실험은 가장 간단하면서도, 중요하다. 저항기 사이 전압을 바꾸면, 저항기를 지나는 전류가 바뀐다. 다음처럼 회로를 꾸미고, 전류와 전압을 재면 저항값을 알 수 있다.

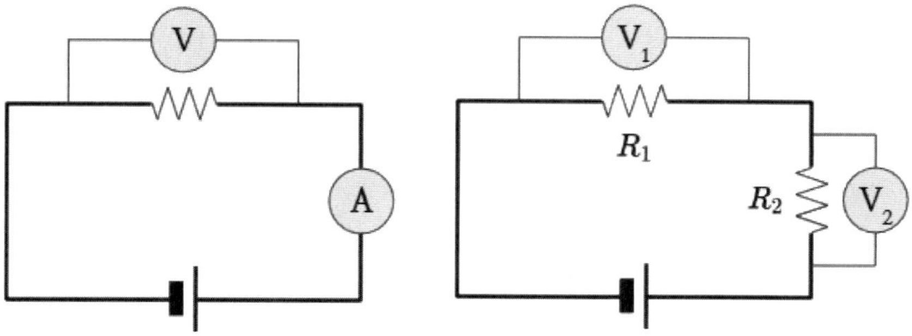

지금까지 아날로그 입력으로 전압을 재는 방법에 대해 알아봤었다. 전류 재는 방법을 안 알아봤는데, 전류 (I)는 옴 법칙을 잘 따르는 저항값을 알고 있는 저항기 (R_2)를 써서 전압 (V_2) 으로 바꿀 수 있다.

$$R_1 = \frac{V_1}{I} = \frac{R_2}{V_2} V_1$$

원래 회로에서 전압과 전류를 재려, 전압계와 전류계를 넣는 순간 회로 상태는 바뀐다. 따라서 정확한 값을 잴 수는 없지만, 참에 가까운 값을 재야 한다. 전류계는 저항기를 직렬로 연결한 것으로, 전압계는 병렬로 연결했다고 볼 수 있다. 직렬 연결에서는 저항값이 작을수록, 병렬 연결에서는 클수록 회로에 영향을 덜 준다. 위 그림에서 R_1을 재려, R_2를 쓴다면, 어떤 값을 써도 괜찮다. 그러나, 회로에 흐르는 전류, 전압 등을 알려 할 때, 전압을 잴 때는 저항값을 크게 하는 것이 좋다. 전류를 잴 때는 저항값이 작아야 좋고, 션트(shunt) 저항이라고 한다.

회로 특성이 아닌 저항값을 재는 실험을 해 본다.

12.1 저항값 재기

저항값을 재려면, 값을 알고 있는 저항기 1개와 전압 2 곳을 잰다. 2 곳 전압을 한 번만 재도 계산할 수 있지만, 전압과 알고 있는 저항으로 비례식을 만들고 기울기 값을 알려는 저항값으로 계산한다.

$$V_2 = R_2 \times \frac{1}{R_1} V_1$$

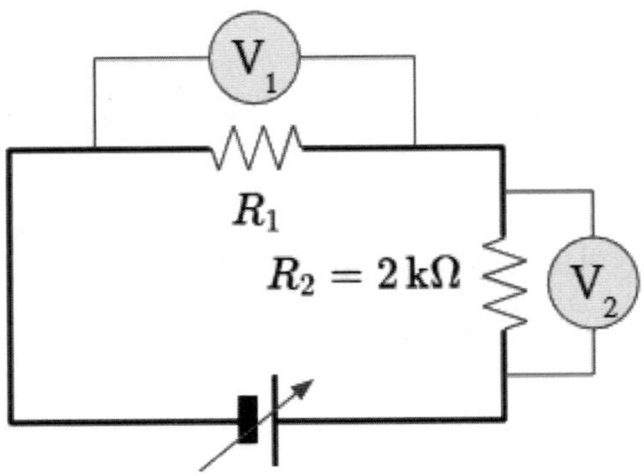

전원은 아날로그 출력에서 $-10 \sim 10\,\mathrm{V}$ 범위로 바꾸고, ELVIS가 안정하게 낼 수 있는 출력 전류는 $\pm 5\,\mathrm{mA}$이므로, $2\,\mathrm{k\Omega}$이 알맞다.

프로그래밍 해 보자. 먼저 재료를 정한다.

① 최소와 최대 출력을 컨트롤 객체에서 입력 받아 설정하고, 채널 하나에 한 값을 넣으면 그 값이 유지하므로 값을 하나 입력 받아 출력에 쓰는 아날로그 출력.

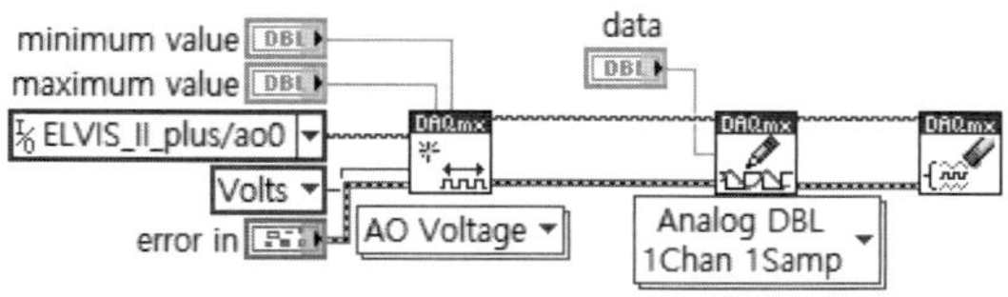

② 출력에 넣어줄 값 배열을 〈Ramp by Delta〉 vi로 선형 값을 만들고, 처음값(-5 V)과 멈춤값(+5 V) 그리고 증가값(0.1 V)으로, 컨트롤에 입력한다.

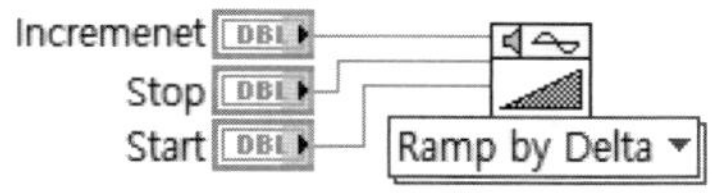

③ 전압 범위를 바꾸며 잴 수 있는 아날로그 입력 2개.

a. 기준이 달라야 해서 차동 모드를 쓴다.

b. 값을 하나만 읽어도 되지만, 여러 번(1 kH 속도로 100번) 재서 평균하자.

c. 채널 하나로 태스크를 만들고, 그 태스크에 채널을 하나 더 만들어 넣고, 시간 설정한 다음 읽으면, 채널마다 '100'개 데이터를 얻으므로 2차원 배열이 나온다.

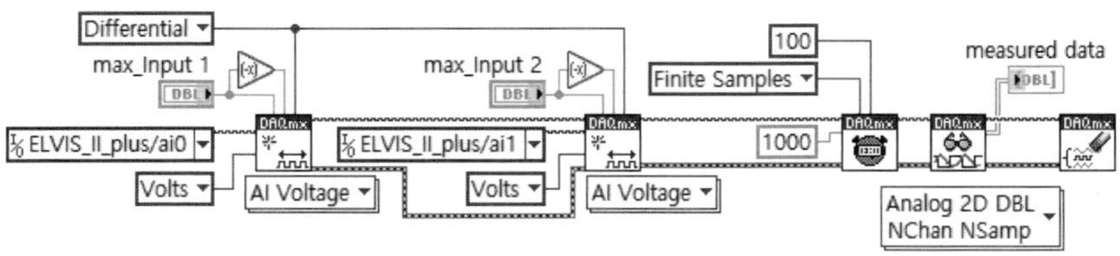

④ 잰 2D 데이터는 출력 전압 한 개마다 배열이 하나씩 나온다. 각각을 평균하고, 클러스터로 묶어 'XY Graph'로 보이는 데, 데이터를 계속 모아서 쌓는다.

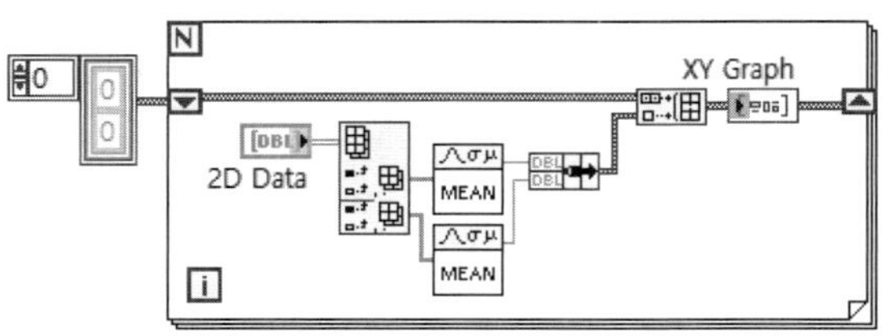

아래는 위 4 단계를 묶어서 프로그램 하나를 만들었다. 전압 출력한 다음 재야하므로 순서를 정하는 데, 에러 선을 차례로 이어주면, 그 선으로 데이터를 받아야 함수 vi를 진행할 수 있다. 책에 쪽이 좁아 빼곡히 배치했다.

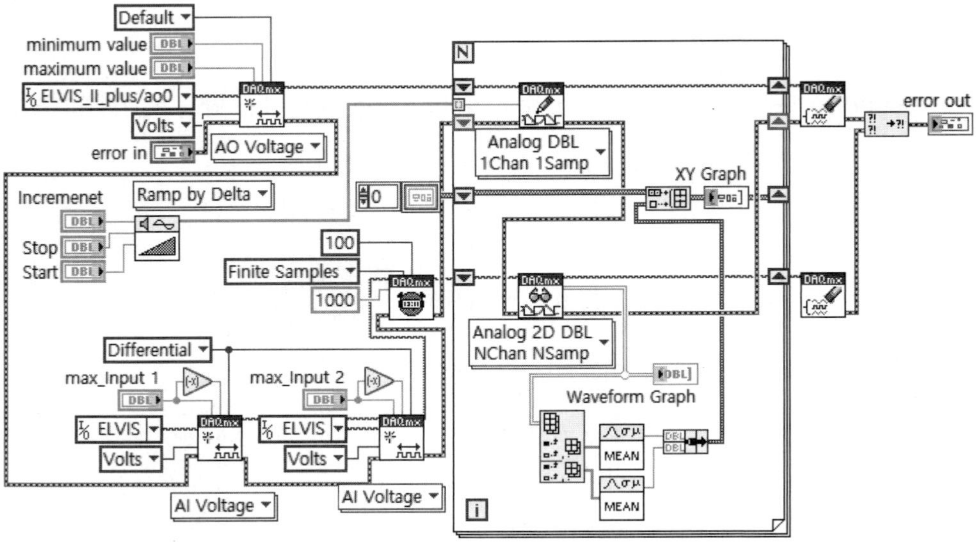

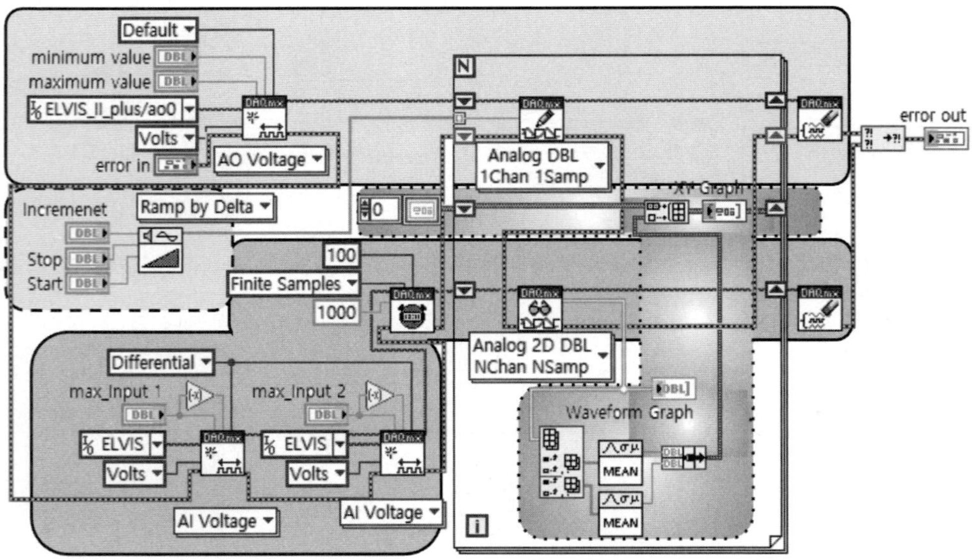

앞서 준비한 4개 재료를 구역으로 나타낸 그림이다.

설정을 위한 입력과 출력 등을 다 뺀 다음 그림은 큰 틀만 보였다.

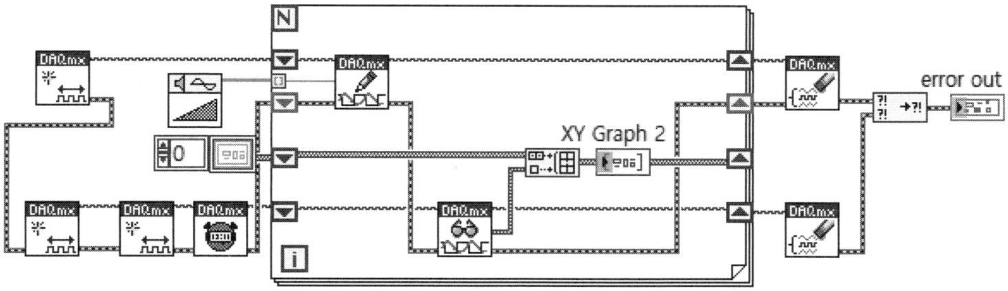

에러 선은 아날로그 출력 태스크에서 시작해, 아날로그 입력 태스크 둘을 거쳐 시간 설정을 한 뒤 아날로그 쓰기, 아날로그 읽기, for 루프를 마치고, 태스크 삭제로 끝이 난다. for 루프에서 데이터를 그래프로 보여준다.

이제 여기에서 나온 데이터를 분석해서, 저항값을 구한다.

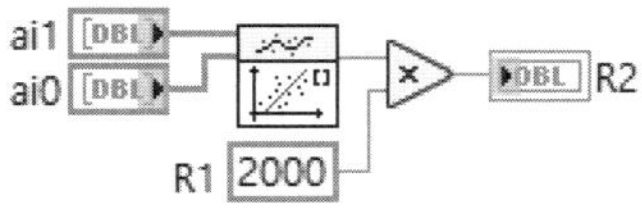

아날로그 입력 0과 1에 들어온 신호를 각각 x, y 값으로 입력하고, R1 값을 곱해 저항값을 구할 수 있다.

12.2 RC 시상수(time constant) 구하기

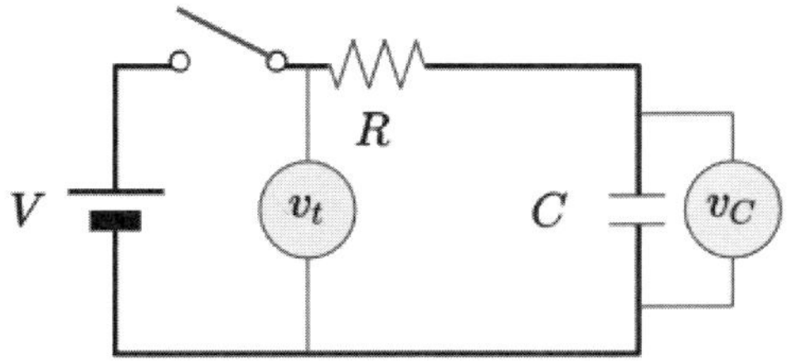

직류 전원을 저항기와 축전기를 직렬연결하면, 전원 음극에서 흘러나온 전자는 축전기로 옮겨가고, 축전기 반대극에서는 전원 양극으로는 전자가 흘러가 회로에는 전류가 흐른다. 축전기에는 전하가 계속 쌓이고, 두 극 사이에 전위차가 생기는 데, 전원과 전위차가 같아지면, 더 이상 전류가 흐르지 않는다. 앞선 실험에서 전원이 바뀔 때 저항기 사이 전위차는 곧바로 바뀌지만, 축전기 사이 전압은 시간에 따라 달라진다. 키르히호프 전원 규칙을 따져 시간에 따른 전압을 구해 본다.

$$V + v_R(t) + v_C(t) = V - i(t)R - \frac{q(t)}{C} = 0$$

회로를 흐르는 전류와 축전기에 쌓이는 전하는 시간에 따라 바뀌고, 두 값 사이에는 다음 관계가 있다.

$$i(t) = \frac{dq(t)}{dt}$$

이 관계를 앞 선 식에 넣어 정리하면, 시간에 따른 전하량을 구할 수 있다.

$$V = R\frac{dq(t)}{dt} + \frac{q(t)}{C} \quad \rightarrow \quad \frac{dt}{RC} = \frac{dq(t)}{VC - q(t)}$$

변수를 양쪽 변에 나눠 '변수 분리'했고, 각각 적분해서 미분을 없앤다. 처음 시간과 전하량을 '0'이라 하면,

$$\int_{t=t_0=0}^{t=a} \frac{dt}{RC} = \int_{q(t_0)=q_0=0}^{q(a)=Q} \frac{dq(t)}{VC - q(t)}$$

$$\frac{1}{RC}t\,\Big|_0^a = -\ln\left[VC - q(t)\right]\Big|_0^Q, \quad Q = VC\left(1 - e^{-\frac{a}{RC}}\right)$$

마지막으로 Q 대신 $q(t)$ 로 a 대신 t 로 바꿔 시간에 따른 전하량을 구할 수 있다. 하지만, 여기서 구하려는 양은 전하량이 아닌, 전류이다. 앞에 전류 정의를 쓴 것처럼, 시간으로 미분해서 구한다.

$$i(t) = \frac{dq(t)}{dt} = \frac{V}{R}e^{-\frac{t}{RC}}$$

전하량과 전류에 대한 식을 따져 보자. 처음 시간이 '0' 일 때, 축전기에 쌓인 전하량은 '0'으로 없었을 것이고, 전류는 축전기가 전류를 방해하지 않는 상태로 저항기만 연결한 회로처럼 흐른다. 시간이 지나면, 축전기에는 전하가 쌓여 시간이 오래 지나, 시간이 무한대라고 가정하면, $q(\infty) = VC$로 저항기가 없이 전원과 축전기만 연결한 상태와 같아진다. 회로에 흐르는 전류는 '0'이므로, 저항기 사이 전위차도 '0'이다.

$$q(t) = VC\left(1 - e^{-\frac{t}{RC}}\right) \rightarrow v_C(t) = \frac{q(t)}{C} = V\left(1 - e^{-\frac{t}{RC}}\right)$$

축전기 사이 전압을 직접 재고, 계산식과 맞출 것이다. 그 가운데 모르는 값이 있다면, 분석으로 찾을 수 있다.

프로그래밍 해 보자. 먼저 재료를 정한다

① 최소와 최대 출력을 컨트롤 객체에서 입력받아 설정하고, 채널 하나에 한 값을 넣으면 그 값을 유지하므로, 처음에 '0' V 상태로 만들고, 신호로 '5' V를 입력한 뒤, 측정을 마치면 다시 '0' V 상태로 바꾸고, 태스크를 지운다.

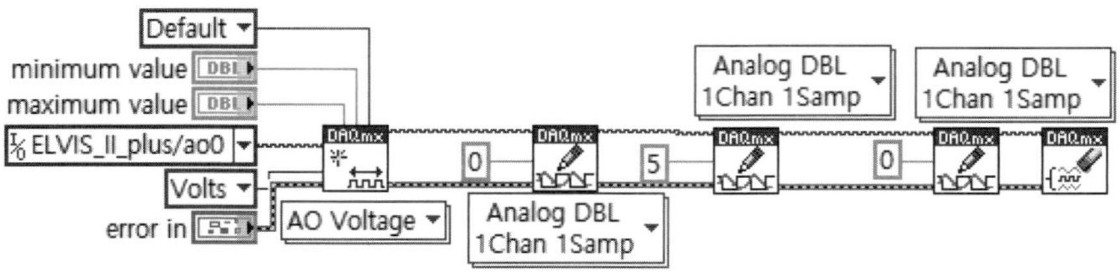

② 채널 두 개로 비슷한 범위 전압을 잴 것이므로, 최대값, 최소값 설정이 같아 두 채널로 태스크를 만든다. 시간 설정하고, 트리거 설정은 아날로그 입력 설정을 하면, 'Reference' 트리거 설정할 수 없고, <Start> vi로, 태스크를 시작한다. 읽기를 시작했지만, 데이터가 트리거 수준을 지나는지를 기다린다. 트리거 신호가 들어오면, 읽어 데이터를 낸다.

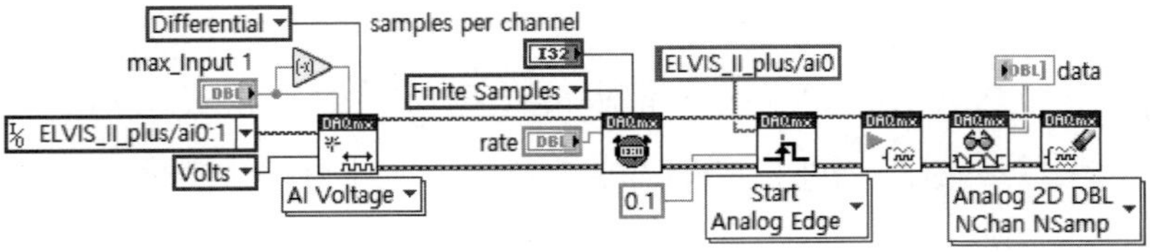

③ 얻은 데이터를 앞 선 계산식에 맞춰 RC 값을 또는 C 값을 찾는 것이 목적이다.

$$v_C(t) = \boxed{V}\left[1 - \exp\left(-\frac{t - \boxed{t_0}}{\boxed{RC}}\right)\right]$$

네모 안 변수를 분석을 통해 찾기 위해 다음처럼 모형을 만든다.

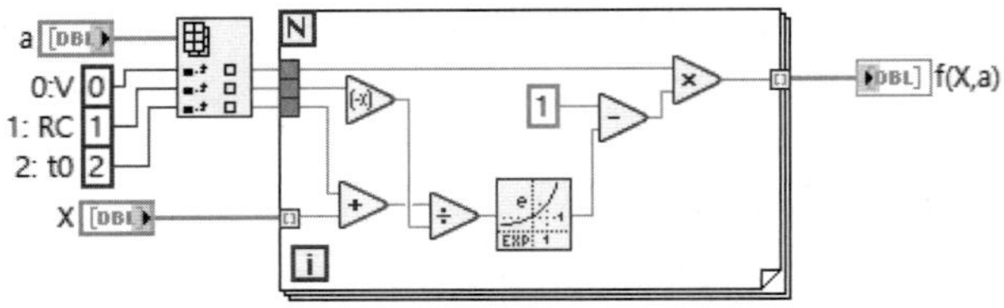

④ 위 모형으로 2번에서 잰 데이터를 레벤버그-마쿼트 맞춤으로 변수 값을 찾는다.

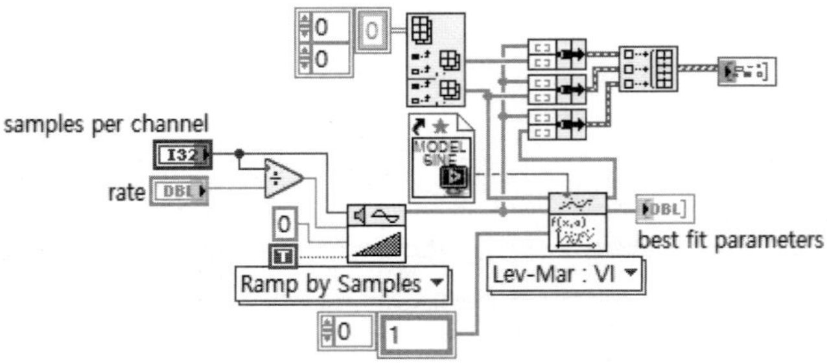

재료는 준비가 다 됐고, 차례대로 이을 것이다. 첫 재료에서 처음 상태를 만들려 전압을 '0' V로 출력하고, 축전기에 신호로 '5' V를 내놓고, 마무리로 처음 상태를 만들려 '0' V를 이어 냈다. 신호 '5' V를 내놓아 회로를 자극한 다음에는 전압이 어떻게 바뀌는지 잰다. 바뀌는 순간을 모르니, 아날로그 입력 0(ELVIS_II_plus/ai0)에 신호가 '0.1' V로 바뀌어 커지는 순간부터 데이터를 읽기 시작하도록 트리거를 설정했고, 아날로그 읽기를 〈Start〉해 놓으면, 트리거 신호가 들어오면, 읽기를 시작해 2 채널에서 여러 데이터를 각각 읽어

'data'에 내놓는다.

2 채널에서 나온 데이터는 회로에 연결한 전체 전압과 축전기 양끝 사이 전위차이다. 전체 전압은 아날로그 출력 전압이고, 트리거 신호이다. 축전기 양끝 전압을 레벤버그 마쿼트 맞춤으로 수학식 계수를 찾고, 맞춤 데이터와 두 측정 데이터를 한 그래프에 보인다. 다음은 설정 부분과 입력과 출력 부분, 분석 부분을 이어 붙였다. 옆에는 작게 그 재료 부분을 나눴다.

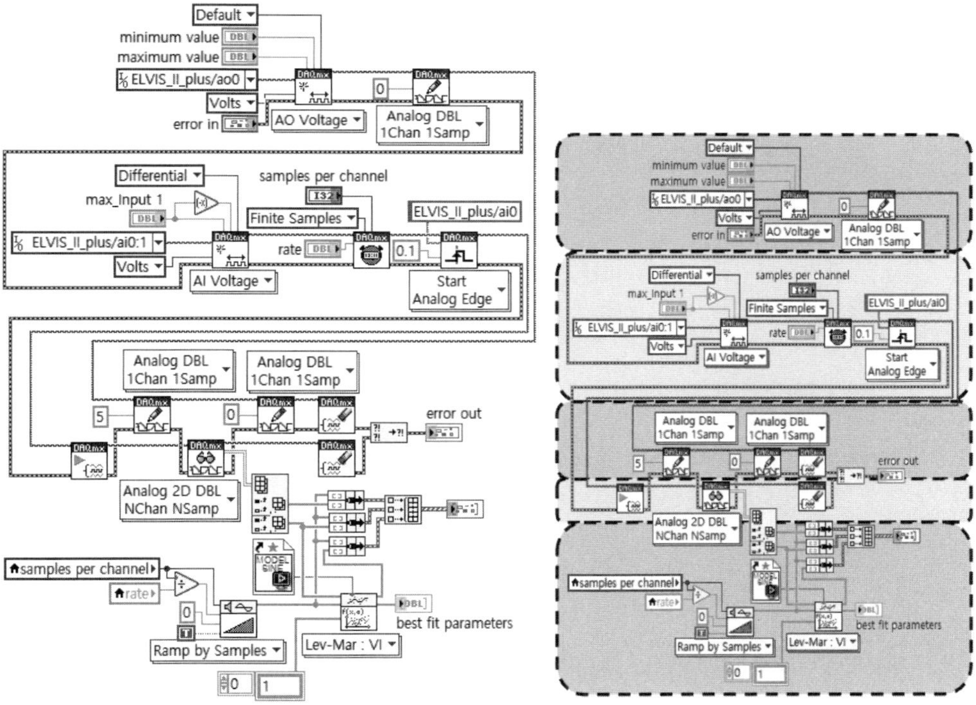

10 kΩ 저항과 **1 μF**를 직렬 연결하고, 아날로그 출력에서 5 V 전압을 직렬로 연결한 회로에서 측정한 그래프와 위 수학 식에서 V, RC, t_0를 차례로 분석한 배열이다. 설정한 값은 $V = 5.0$, $RC = (10 \times 10^3\,\Omega) \times (1 \times 10^{-6}\,\mathrm{F}) = 0.01\,\mathrm{s}$, $t_0 = 0$이다.

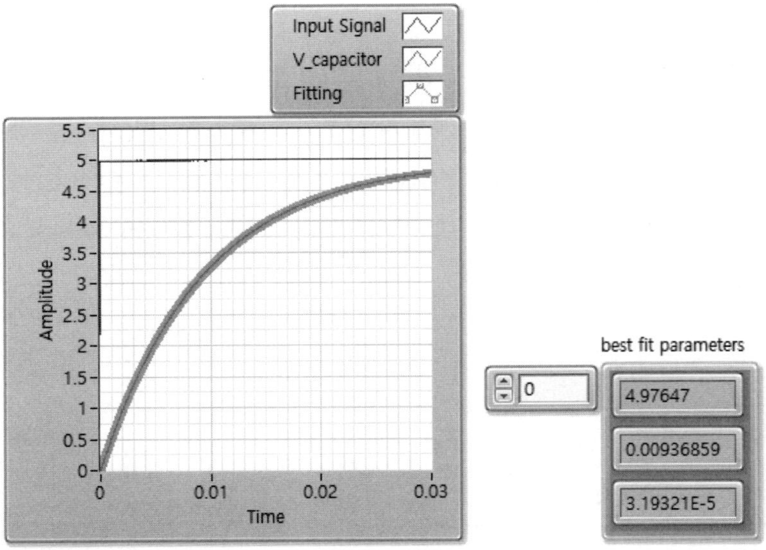
Input Signal
V_capacitor
Fitting
Amplitude
Time
best fit parameters
0
4.97647
0.00936859
3.19321E-5

CHAPTER_13

신호를 읽고, 신호에 따라 작동하기

CHAPTER 13

신호를 읽고, 신호에 따라 작동하기

주변에 작동하는 많은 전자 제품들은 신호에 따라 작동한다. 전원 스위치로 만든 신호는 작동하거나, 멈추거나, 기능한다. '전등'은 스위치와 빛이 나는 등과 전원이 이루고, 스위치는 전기 에너지를 연결, 차단하는 역할을 하고, 전기 에너지가 들어가면, 빛이 나는 간단한 구조이다. 전구는 필라멘트를 열과 산소때문에 타지 않도록, 산소를 뺀 유리공에 넣고 전극을 연결할 수 있게 만든다. 220 V 전원에서 교류 전기 에너지를 받는다. 요즘은 LED 전등을 더 많이 쓴다. LED는 직류 전원이 필요하고, 전압은 12 V, 24 V, 또는 160 V, 310 V 등을 쓰기 때문에 입력 전압을 바꿔야 하므로, 교류 220 V에 바로 연결해 쓰는 LED 등은 교류를 직류로, 전압을 바꾸는 회로가 들어 있어, 복잡하다. 여기에서는 이런 회로가 들어 있지 않은 간단한 백열등과 DC 전원인 배터리를 쓴 예로 설명한다.

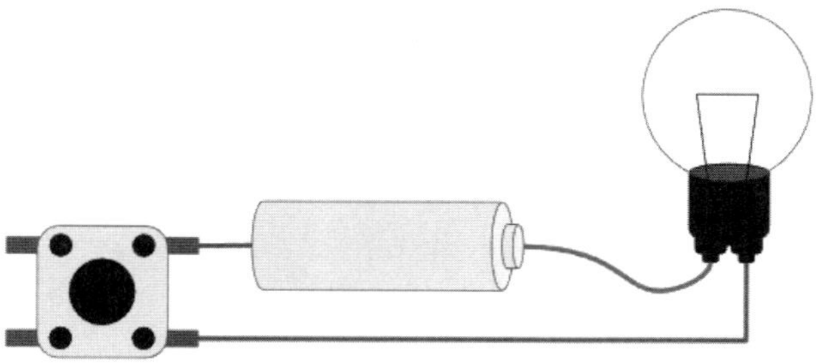

개체를 6개로 나눠보고, 선 3개는 색과 길이가 다르지만, 그 기본 특성은 같아서 같은 클래스이고, 전구와 스위치, 배터리는 기능이 서로 다르고 모양, 색도 다르므로 서로 다른 클래스로 하는 게 좋고, 총 4개이다. 위 그림에 쓴 스위치는 택트(tact), 또는 푸시 버튼 스위치라 부르고, 눌렀을(press) 때만 연결하고, 누르지 않으면(release) 연결이 끊어

진다. 스위치 특성을 바꿔 누른 상태를 잠글(latch) 수도 있다.

이 스위치에 '손으로 누르는' '신호'가 들어가고, 그 신호에 따라 빛이 켜지고, 꺼진다.

이 장에서는 빛 신호를 받아 저장하고, 똑같은 신호를 LED로 빛 신호로 만들어 보고자 한다. 예로 TV 또는 에어컨디셔너(에어컨) 리모트 컨트롤러(리모컨) 신호를 받아들여 저장하고, LED로 이 신호를 만들 수 있으면, 리모컨을 복제할 수 있고, IoT 기능을 안 가진 전자 제품에 리모컨으로 IoT 기능을 줄 수도 있다.

13.1 스위치 종류

위 실험 장치를 랩뷰로 구현한다. 스위치를 누르면, 전구에 전원이 연결되어 빛이 나도록 하는 데, 전원을 넣으면 값이 흘러 들어가도록 설정하고, 값이 들어가면 그 값에 따라 빛이 나도록 장치를 꾸민다.

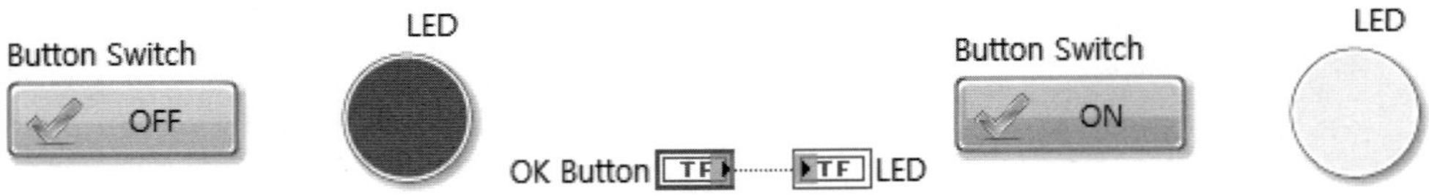

랩뷰에 다음 같은 스위치 여러 종류가 있지만, 모양만 다를 뿐 모두 같은 특성을 가진다. 'Blank Button'에서 그림만 더 넣은 것이다.

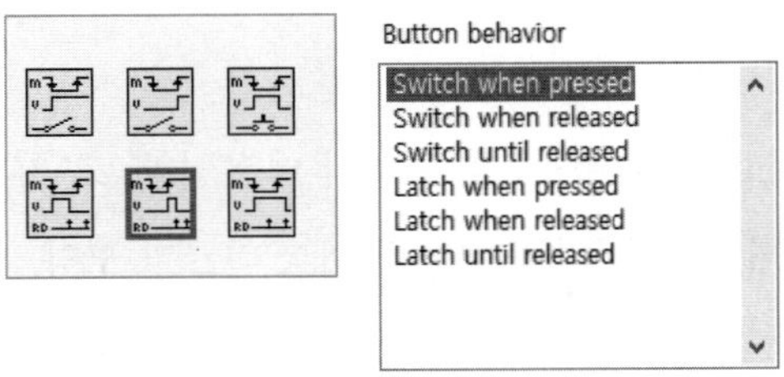

2진수로 '0' 또는 '1' 값을 낸다. 'Mechanical Action'은 6가지 종류가 있다.

위 아이콘에서 윗줄에 있는 'Switch'는 눌렀을 때, 상태가 바뀐다. 눌렀을(pressed) 때 바뀌거나, 눌렀다 놓을 때(release) 때 바뀌거나, 누르는 동안만 상태가 바뀌도록 설정할 수 있다. 'Latch'는 상태가 잠깐 바뀌고 다시 원래 상태로 되돌아온다. 놓는 기계 행동(mechanical action)과 전압 값(voltage)과 대략 행동을 보여준다.

13.2 회로 꾸미기-1

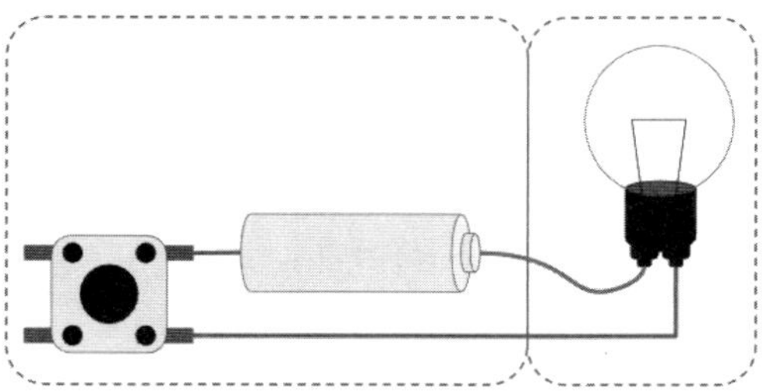

배터리 음악과 스위치를 연결한 선, 배터리 양극과 전구를 연결한 선, 전구와 스위치를 연결한 선, 객체는 3개인데, 역할을 크게 하지 않아 무시한다면, 객체 3개가 중요 기능을 하는데, 스위치와 배터리를 한 기능으로 묶으면, 객체 2개로 완성할 수 있고, 앞 선 예이다.

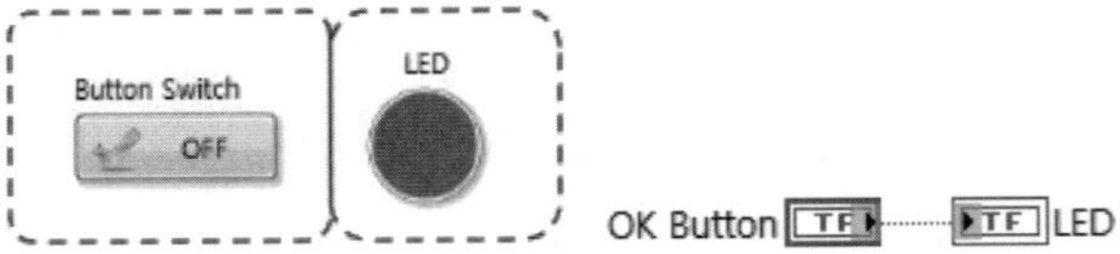

위 그림에서 전구를 LED로 바꾸고, 소자 순서를 조금 바꿔 회로도로 그렸다.

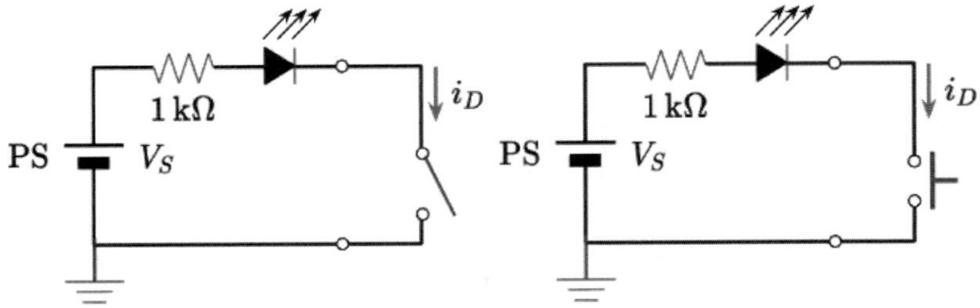

손으로 스위치를 누르면 신호가 바뀌어 LED가 빛이 나고, 왼쪽 스위치는 누르면 그 상태를 유지하고, 오른쪽은 누르고 있는 동안만 회로를 연결하는 스위치이다. 스위치를 저항기라 하면, 연결했을 때는 저항값이 '0', 끊었을 때는 '무한대'라 할 수 있겠다. LED도 저항기로 스위치도 저항기로 바꿔 보겠다. **1 kΩ** 저항기와 LED를 합해 저항기 R_1과 스위치는 저항기 R_2로 놓으면, R_1 사이 전압은 다음 식으로 구할 수 있다.

$$V_{R_1} = \frac{R_1}{R_1 + R_2} V_S$$

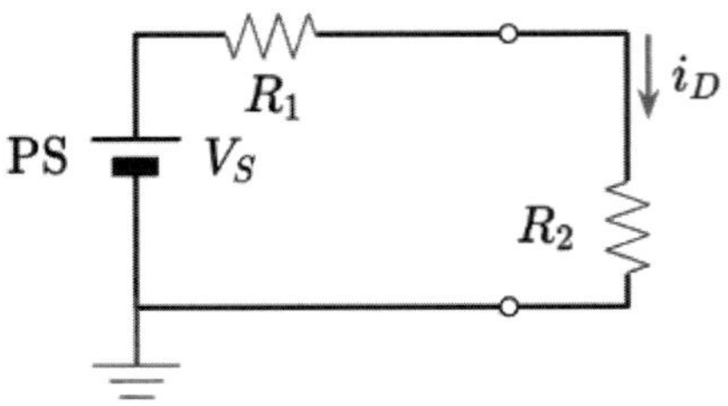

스위치를 닫아 $R_2 = 0$이면, $V_{R_1} = V_S$이고, 전류는 $I_{R_1} = V_{R_1}/R_1 = V_s/R_1$이고, LED에 빛이 나오고, 스위치를 열어 $R_2 = \infty$이면, $V_{R_1} = 0$이고, 전류 또한 $I_{R_1} = 0$ 이므로, LED에는 전류가 안 흘러 LED는 안 켜진다.

스위치를 저항값이 '0'에서 '무한대'까지 연속으로 바꿀 수 있는 가변 저항으로 바꾸면 다음과 같다. 가변 저항은 보통 '손으로' 움직여 저항값을 바꾸는 데, 때로는 주위 환경에 따라 센서가 저항값을 바꾸는 회로를 꾸밀 필요가 있다.

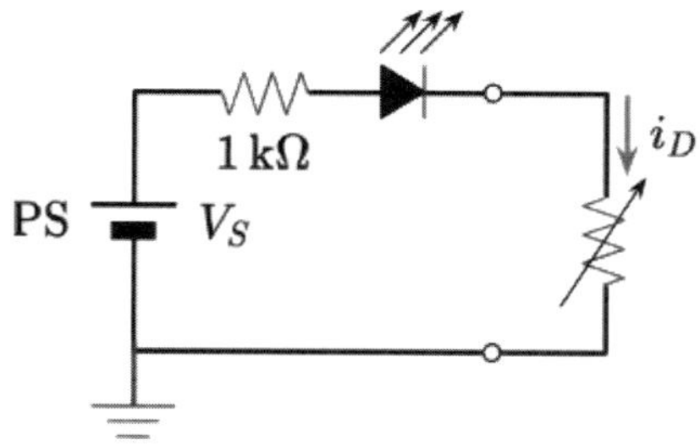

위 회로를 조금 바꿔 빛 센서가 달려있어 움직이는 물체가 있으면 빛이 켜지는 센서등으로 꾸며보자. 이 등은 물체에서 반사한 빛이 센서로 들어가면 빛이 켜지고, 몇 초간 켜진 상태를 유지한 다음 꺼지지만, 일단 반사한 빛이 들어왔을 때만 켜지는 회로를 꾸민다. 빛을 받아들이는 센서로 광 다이오드(PD, Photo Diode)를 쓸 것이다. 광다이오드 활성 영역(active area)으로 빛이 들어가면, 정공(hole)과 전자(electron) 쌍이 나뉘어 양극(anode)에서 음극(cathode) 방향으로 정공이 흐르고, 전자는 반대 방향으로 흘러 전류가 흐른 결과를 준다. 전류는 전위차가 만들고, 전류가 흘렀으니 전위차가 생겼다고 할 수 있다. 하지만, 이 전류량은 매우 적어, 신호로 쓰려면, 증폭해야 한다. 이 형태는 다음 그림과 같고, 태양광(photovoltaic, 광전압) 모드라 하고, 순방향으로 신호를 만들어 준다.

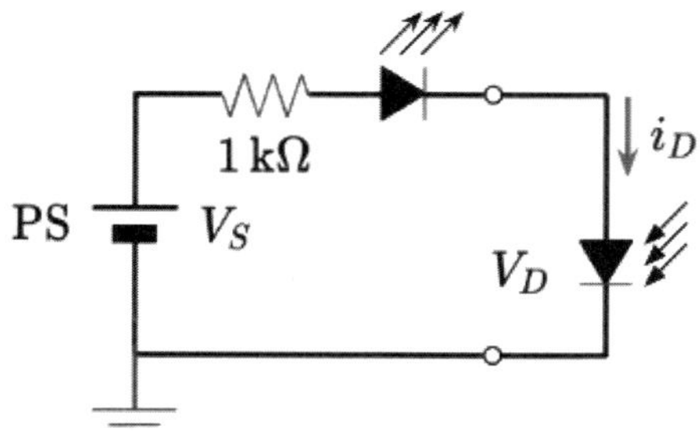

이 모드에 순(forward)방향 전위차를 연결하면, 전위차가 만드는 전류는 다이오드를 지나 흐르고, 빛이 들어가서 생기는 신호 전류와 전위차가 만드는 전류가 더해져 흐른다.

따라서 광다이오드에 빛이 들어오거나, 들어오지 않거나 LED에서는 빛이 나지만, 밝기가 아주 조금 바뀐다.

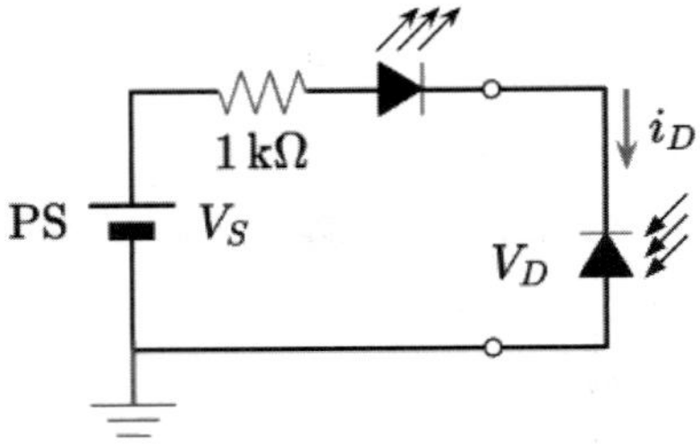

다이오드 음극(K, cathode)에 양(positive)전위를 양극(A, anode)에 음(negative)전위를 연결하면, 역(reverse)전압을 연결했다고 하고, 광다이오드는 저항이 무한대에 가까운 값이고, 스위치 연결이 끊어진 것과 같다. 따라서, LED는 빛이 안 난다. 광다이오드에 빛이 들어오면, 활성 영역에서 정공과 전자 쌍이 나오고, 정공은 전원 음전위 쪽으로 전자는 전원 양전위쪽으로 흘러간다. 따라서, 회로에는 전류가 흐르고, 광다이오드에 들어오는 빛 양에 따라 나오는 정공과 전자 쌍 수가 달라져 전류가 바뀌고, LED는 밝기가 달라진다.

13.3 프로그래밍 준비-1

프로그래밍으로 녹색 인디케이터 밝기를 바꾸려 한다. RGB(Red, Green, Blue) 색은 1 바이트(8 비트), 2 바이트(16 비트), 4 바이트(32 비트) 데이터로 나타낸다. 그 가운데 부호가 없는 32비트 정수로 색을 나타내는 방법에 대해 알아본다. 첫 번째 바이트는 비워두고, 두 번째 바이트는 빨강, 세 번째 바이트는 녹색, 네 번째 바이트는 파랑, 값을 나타내고 이를 더해 256^3=16,777,216가지 색을 만들어낸다. 부호 없는 32비트 정수는 0~4,294,967,295까지 4,294,967,296가지 수를 나타낼 수 있지만, 첫 바이트가 없으므로, 0~16,777,216를 나타낸다.

X	X	X	X	X	X	X	X	R	R	R	R	R	R	R	R	G	G	G	G	G	G	G	G	B	B	B	B	B	B	B	B

따라서 R, G, B 값은 각 8비트 값으로 다음처럼 계산한다.

$$\mathrm{RGB} = \mathrm{R} \times 256^2 + \mathrm{G} \times 256^1 + \mathrm{B} \times 256^0$$

프로그래밍으로 RGB 값을 만들 때, 위 계산식으로 각 RGB 값을 계산하는 것보다 데이터 조작(data manipulation)으로 값을 만든다. '조작'이라는 말이 진짜 같은 가짜를 만들거나, 어떠한 일을 사실인 듯 꾸미는 행동을 뜻해서, 좋지 않은 느낌이지만, 여기에서는 한자 뜻 그대로 '지어 만듦'을 뜻한다. [Function] 팔렛 → [Numeric] → [Data Manipulation]에서 〈Join Numbers〉 vi를 골라 데이터를 지어 만들 수 있다.

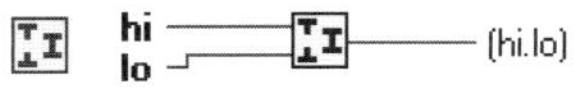

'hi' 영역에 넣은 수와 'lo' 영역에 넣은 수를 '앞쪽'과 '뒤쪽'에 놓아 두 배 길이를 만든다. 아래는 8 비트 둘을 이어 붙여 16 비트로 만들었다.

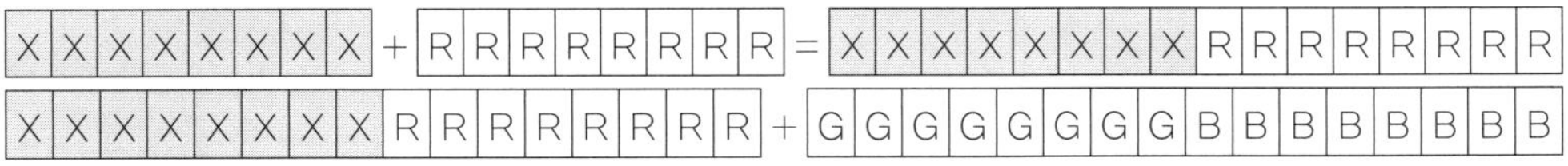

두 16비트를 붙여 위쪽에 있는 32 비트 데이터를 만들 수 있고, 아래는 프로그래밍이다.

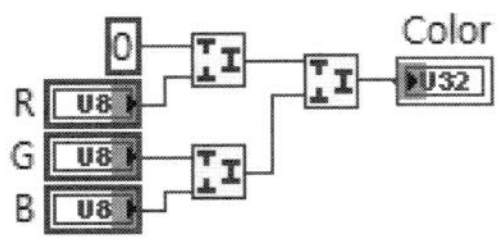

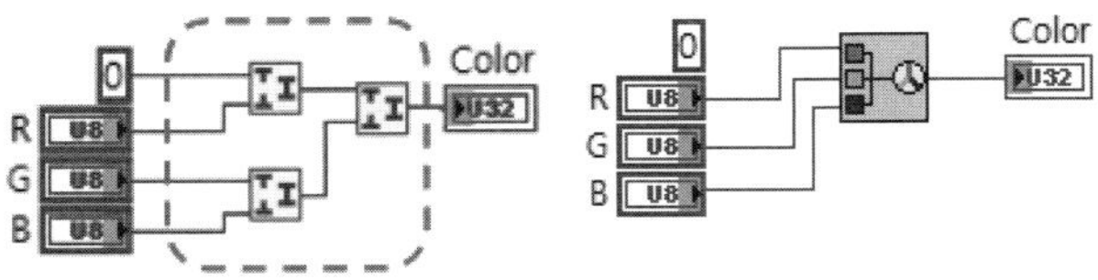

네모 안 부분을 SubVI로 바꾸면 오른쪽과 같지만, [Function] 팔렛에 〈RGB to Color〉 vi가 있어 가져왔다. 이 가운데, 'G' 값만 바꾸고, 'R'과 'B'는 '0'으로 놓으면, 녹색만 바뀐다.

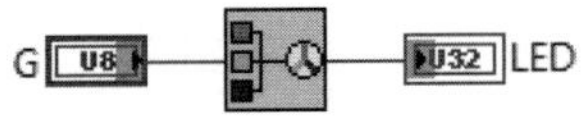

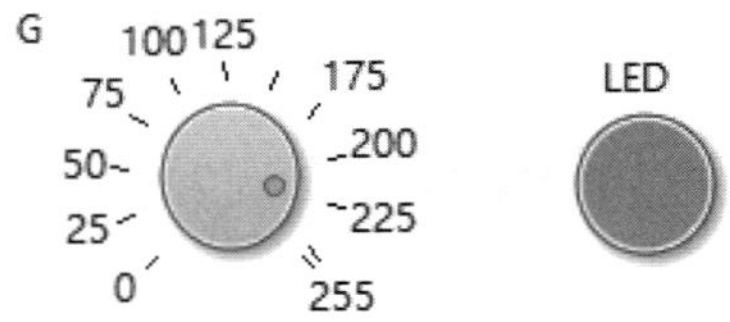

위 컨트롤에서 값을 바꾸어 'RGB to Color' vi에 입력해, 32비트 색 값으로 바꾸고, LED에 그 값을 넣어 LED 색을 바꾼다.

이제 값이 바뀌는 물리 현상이 있다면, 그 값에 해당하는 색 값으로 바꾸어 LED 색을 바꿀 수 있다. 현상을 나타내는 값이 '0'~'255' 사이에 있지 않은 문제가 있다. '0'~'1' 사이에만 바뀔 수도 있고, '-100'에서 '217'까지 바뀔 수도 있어서, 모든 현상을 잘 나타내려면 값을 조정한다. 다음은 여러 방법 가운데 가장 흔하고 쉬운 방법이다. 현상이 일어나는 '최소(min)'값과 '최대(max)'값으로 범위를 바꾼다.

$$\mathrm{G}(x) = \frac{x - \min}{\max - \min} \times 255 \;\rightarrow\; \mathrm{G}(x) = \mathrm{int}\left(\frac{x - \min}{\max - \min} \times 255\right)$$

예로 앞선 광 다이오드는 회로에서 빛이 들어가지 않으면, 저항값은 무한대에 가깝고, 유한 저항기와 무한 저항기를 직렬 연결한 상태이므로, 광 다이오드 사이 전압(v_{PD})은 연결한 전원 전압에 가깝다. 광 다이오드가 빛을 받으면, 저항값은 낮아지고, 전압도 낮아져, 0에 가까울 수도 있다. 전원 전압을 5 V를 연결했다면, v_{PD}은 들어가는 빛 밝기에 따라 5~0 V 일 수 있다. LED 밝기는 v_{PD}가 5 V 이면, LED 사이 전압이 '0'이므로, 그 LED를 지나는 전류(i)는 0이고, 가장 어둡고, v_{PD}가 0 V라면, 저항기와 LED 사이 전압이 커지고, i는 커지고, 가장 밝다.

이 현상을 프로그래밍하면, 기능을 하는 함수(프로그램) 결과는 LED 밝기이고, 독립 변수를 PD 사이 전압 v_{PD} 으로 정할 수도 있고, PD에 들어가는 빛 밝기 정할 수도 있다. 여기에서는 빛 밝기로 정한다. 빛 밝기를 0~1로 정하고, v_{PD}는 5~0 V로 바뀌는 것으로 정한다.

13.4 프로그래밍 준비-2-바코드(Barcode)

문자열 혹은 숫자열을 글씨 형태로 쓰기도 하지만, 코드(code)로 나타내기도 한다. 코드는 한 형태 정보를 다른 형태로 나타내는 것으로, 아스키(ASCII)와 바코드는 흔히 알고 있는 코드이다. 아스키는 문자와 숫자를 256가지 다른 수로 나타낸다. 바코드는 문자와 수를 약속으로 정한 폭이 다른 검고, 흰 막대로 나타낸다.

예로 책에 있는 글이나, 전화번호 같은 정보를 대부분 나라에서는 왼쪽에서 오른쪽으로 차례로 읽는다. 책을 오래 읽으면, 뒤집어진 글도 읽을 수 있고, 휴대전화 번호를 거울로 본다고 해도, '010-'이 있는 곳부터 읽는다. 물론, 숫자도 글자처럼 모양으로 방향을 정할 수 있어 읽는 방향을 정할 수 있다. 바코드도 시작과 끝을 정하고, 차례로 읽는 '스캔'을 한다.

0 12345 67890 5

종이에 그리거나, 쓴 것은 공간에 나타낸 것이다. 누군가에게 휴대전화 번호를 알려주려, 명함을 주고받기도 하지만, 숫자를 말로 불러주기도 한다. 명함은 거꾸로 볼 수 있지만, 말로 번호를 뒤부터 알려주지는 않는다. 명함에 쓴 글자는 공간에 나타냈지만, 말로 불러주는 것은 시간에 나타냈다. 시간이 뒤집어지면, 정보가 달라진다.

바코드를 눈으로 볼 수 있다면, 이미 빛이 있어 반사하는 신호가 있다. 눈을 볼 수 있다면, 눈과 똑같은 기능을 하는 이미지 센서(카메라 등)로 찍어서 신호가 주는 정보를 얻어낼 수 있지만, 분석할 부분이 더 많아진다. 특정 색(보통 붉은색) 빛을 바코드에 보내고, 반사하는 빛을 스캔한 뒤 신호에서 바코드 처음과 끝을 알아내고, 전체 폭을 정한 다음 흰, 검은 막대 폭을 계산해 코드 값을 읽어낸다. 이미지 센서 신호는 공간을 분석하는 것이지만, 막대 폭을 하나씩 스캔하는 것은 시간에 따른 신호를 분석하는 것이다. 바코드 스캐너는 공간 신호를 시간 신호로 바꿔 정보를 얻는다. 여기에서는 이 과정을 실험과 분석하지는 않는다. 다만, 시간에 따라 신호를 바꿔 정보를 전하는 리모컨 신호와 같다는 것을 이해하길 바란다.

13.5 프로그래밍 준비-3-리모컨

빛을 신호로 쓴다면, 색(파장, 주파수), 등을 바꿀 수 있는데, 밝기는 전류 크기와 거리에 따라 달라질 수 있다. 따라서 변수가 2개이므로 잰 밝기가 바뀌었다면, 거리가 바뀐 것인지, 전류가 바뀐 것인지 구별하기 어렵다. 두 변수 가운데 하나가 바뀌는 것을 알고 싶으면, 다른 변수가 바뀌지 않는 상태로 만들어야, 신호로 쓸 수 있다.

색을 따로 바꾸어 신호로 쓸 수 있는 데, 예로 거리에 있는 신호등이다. 초록, 빨강, 노랑 등을 따로 쓴다. 파장, 주파수를 바꾸는 것이 그리 쉽지는 않아 몇 개만 쓸 때는 괜찮지만, 많은 신호를 만들기는 어렵다. 그러나, 파장 둘을 더 해서, 중심 파장을 신호로 쓸 수 있다. 예로 빨강과 파랑 빛을 더하면 마젠타 색이 나오는 데, 이는 두 밝기가 비슷했을 때이고, 빨강을 밝게 파랑을 어둡게 하면, 마젠타에서 빨강이 더 많아 보이고, 반대로 만들 수 있다. RGB(빨강, 초록, 파랑) 세 가지 색을 각각 256단계로 밝기를 바꾸면, 앞서 말한 32비트 색 신호를 만들 수 있다. 아주 작은 점에서 RGB 빛 신호를 바꾸고, 이를 많이 모아 놓으면, 그림을 나타낼 수도 있다. 예로 컴퓨터에 이어놓은 모니터와 TV 등이다.

눈에 보이는 빛은 천장 등 기구, 햇빛 등을 비롯해 아주 많고, 리모컨 신호를 빛으로 하려면, 주변 빛보다 더 밝은 빛을 신호로 써야 한다. 낮에 봉화대에서 불빛 대신 연기를 신호를 쓴 이유이다. 물론, 밤에는 연기가 보이지 않고 불빛이 더 좋은 신호이다. 신호를 뺀 나머지를 잡음이라고 하면, 햇빛 등은 신호가 아니므로 잡음이고, 아주 크다. 리모컨이 신호를 전달하려면, 주변에 있는 잡음보다 큰 신호를 보내야 하고, 빛을 신호로 쓴다면, 주변 잡음보다 더 밝아야 할 것이다. 주변에 잡음 신호가 많지 않은 940 nm 적외선 파장을 쓰면, 사람은 이 전자기파를 볼 수 없지만, 이 파장에 잘 반응하는 센서는 신호를 얻을 수 있다. 따라서, 보통 리모컨은 적외선을 쓴다. 때에 따라, 적외선보다 주파수가 더 작고,

파장이 긴 전자기파를 쓰기도 한다. 리모컨은 이미 만든 규칙에 따라 빛을 내놓는 데, 꼈다 켰다를 되풀이하고, 끄고 켜는 시간 길이를 신호로 쓴다. 검고, 흰 선을 그려놓은 바코드를 켜지고 꺼지는 시간으로 나타낸 것과 같다. 전화 번호나 바코드처럼, 시작점(010-)을 알리고, 시간에 따라 빛을 바꾼다. 한 전자 제품 리모컨 신호를 앞에 설명한 회로로 받아 오실로스코프로 봤다.

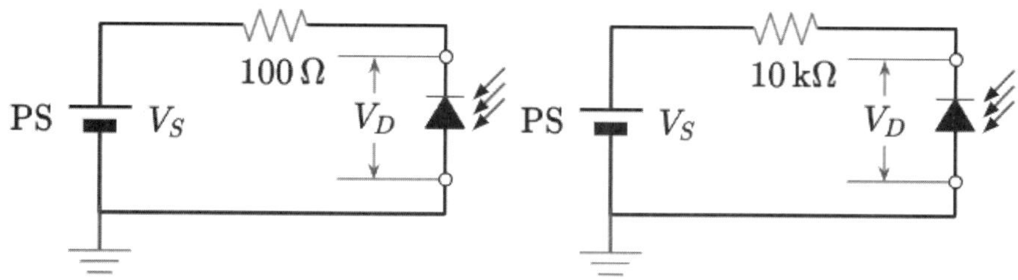

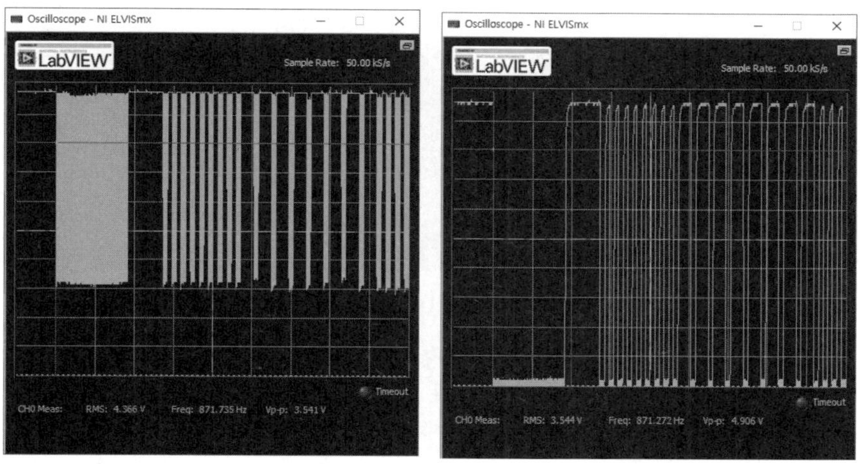

오실로스코프는 볼 수 있는 폭이 정해 있어, 모든 신호를 보면, 간격이 너무 좁고, 간격을 잘 보려면, 전체 신호를 볼 수 없다, 폭을 잘 보이려, 신호 뒤 부분을 포기하고, 50.00 kS/s (5 ms/Div) 빠르기로 봤고, 오프셋을 -2.5 V로 두어 아래 방향으로 옮겼다. 전압 범위는 500 mV/Div이다. 신호 선이 위쪽에 5 V 정도가 될 때는 빛이 없어 PD 저항값이 크고, 아랫쪽 0 V 근처에 있을 때는 리모컨에서 빛이 켜진 신호가 들어와 PD 저항값이 0에 가까웠음을 뜻한다.

직렬 연결한 저항을 100 Ω, 10 kΩ으로 회로를 조금씩 바꿔 잰 신호 모습이다. 신호가 아래로 내려갔을 때는 리모컨 빛이 들어오는 상황이다. 100 Ω 저항을 연결하면, RC 시상수가 작아지고, 신호가 빠르게 바뀌는 것을 볼 수 있으나, 10 kΩ 저항을 연결하면, RC 시상수가 100배 커지고, 빠른 신호를 볼 수 없었다. 빠르게 바뀌는 신호와 느리게 바뀌는 신호가 섞여 있는 데, 한 번에 볼 수 있으면 더 좋겠지만, 나눠서 재는 것도 좋다.

먼저 빠른 신호를 먼저 보고자 한다.

13.6 프로그래밍 준비-4-신호 캐리어

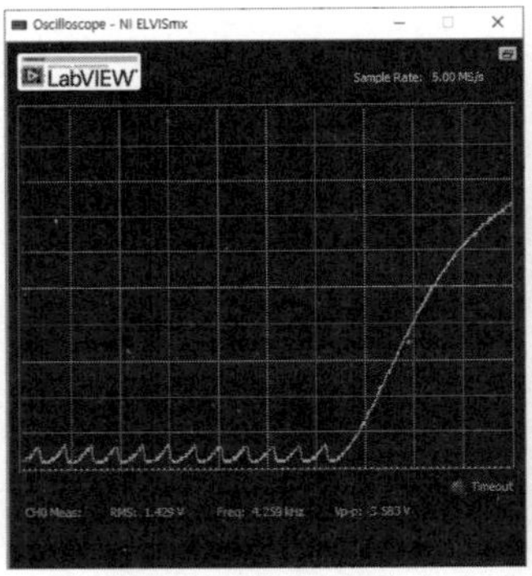

20 kΩ

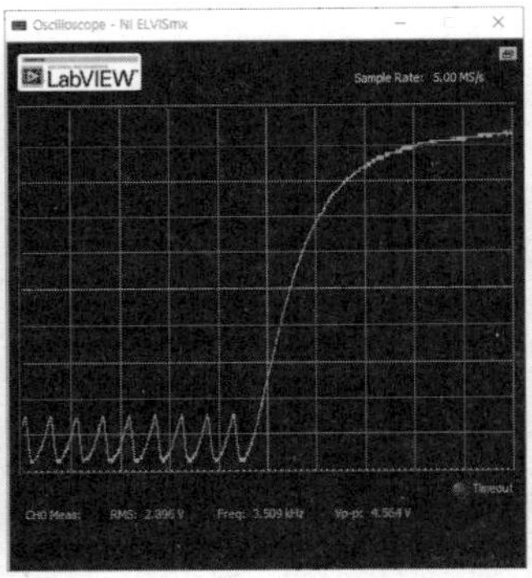

10 kΩ

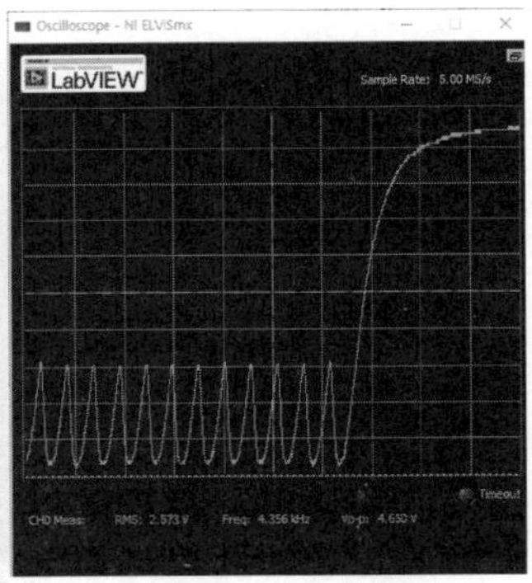

5kΩ

빠른 신호를 보려면, 저항값을 작게 하는 것이 좋은 데, 수 kΩ으로는 알맞지 않다.

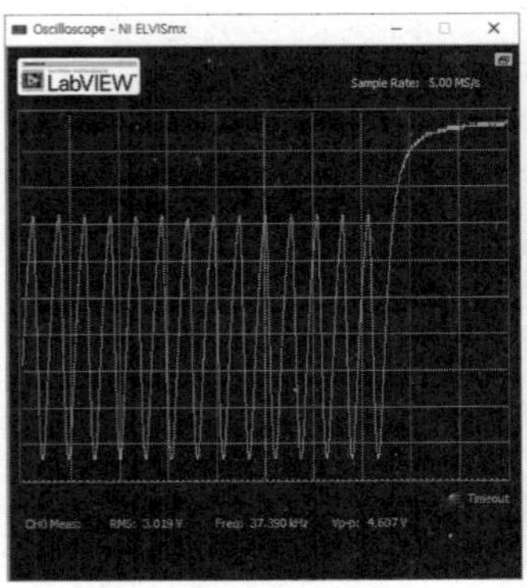

2 kΩ

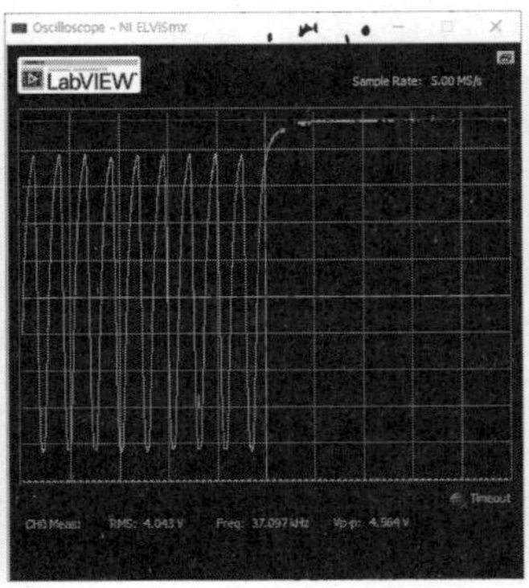

1 kΩ

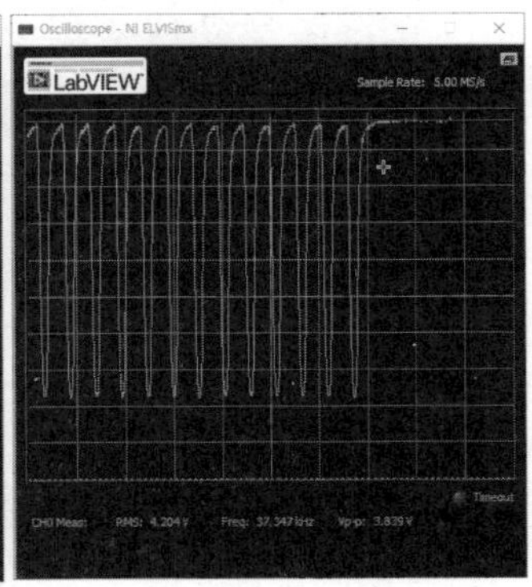

0.5 kΩ

앞선 실험에서 1 kΩ을 연결한 뒤, LED가 켜져 있는 부분만 관찰하려, 트리거 수준을 2 V 상승으로 바꾸고, 트리거 앞 신호를 거의 없앴다.

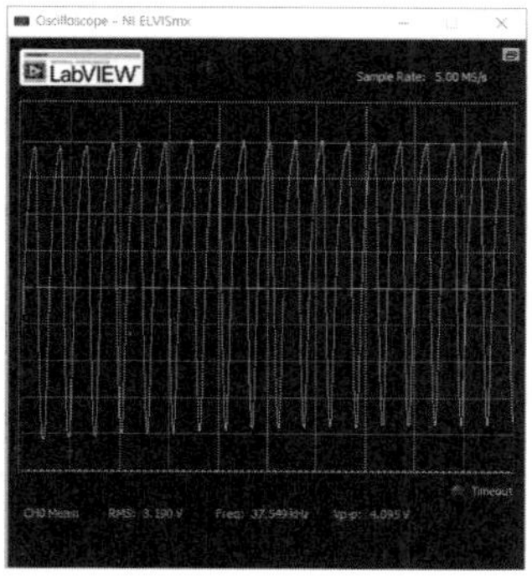

캐리어 주파수는 37.549 kHz로 쟀지만, 잴 때마다 조금씩 달라지고, 38 kHz라 정한다.

13.7 프로그래밍 준비-5-신호

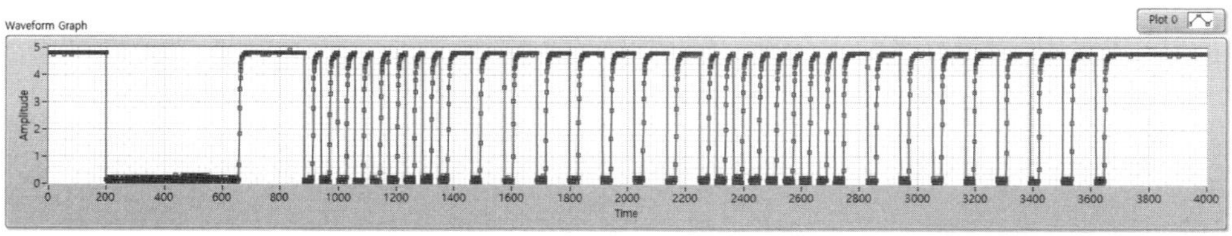

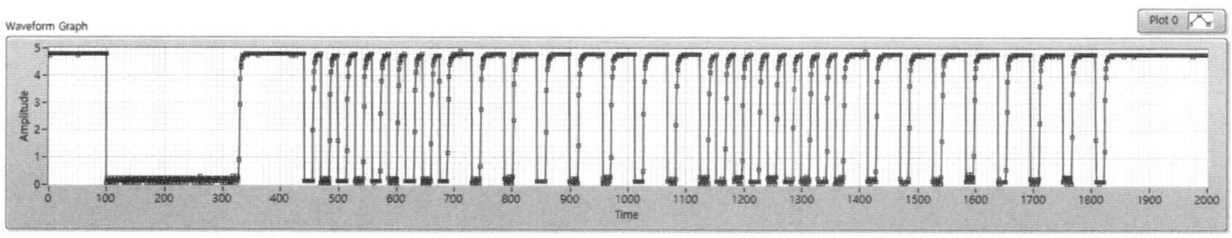

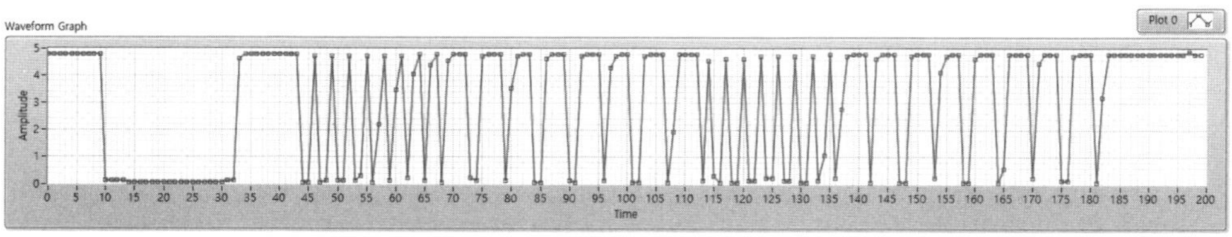

위는 각각 (1) 50 kS/s, 4 kS, (2) 25 kS/s, 2 kS, (3) 2.5 kS/s, 200 S로 쟀다. (1)과 (2)는 큰 차이를 보이지 않지만, (3)은 신호를 잘 받아들이긴 하지만, 파형을 그리는 데이터가 부족하다. 더 빨리 재면 더 좋은 데이터를 주 긴하지만, 양이 많아지므로 알맞게 타협해야 하고, 10~25 kS/s 빠르기로 800~2 kS을 수집하는 게 알맞다.

위에서 처음 (200 S)/(50,000 S/s) = 0.004 s (또는 (100 S)/(25,000 S/s) = 0.004 s) 4 ms는 트리거 신호 앞이다. 그 뒤 약 9 ms 동안 빛이 나서 0 V를, 그 뒤 4.5 ms 동안 다시 빛이 꺼져 5 V가 되는 총 13.5 ms 동안을 리모컨 시작을 알리는 'Lead code'라고 한다.

리드 코드에서 처음 9 ms 동안 38 kHz × 9 × 10^{-3} s = 342 번 정도를 꺼졌다 켜졌다를 되풀이 하고, 4.5 ms 동안 꺼져있다. 그 뒤는 켜져 있는 시간이 일정하지만, 꺼진 시간은 짧기도 하고, 길기도 하다.

13.8 프로그래밍 준비-6-디지털 화(Digitization)

잡음이 크지 않다는 가정 아래, 중간값보다 높으면 '0'으로 낮으면 '1'로 바꾸고, 막대그래프로 바꾸면, 바코드처럼 보인다. 데이터를 파일에 저장했고, 파일을 읽어 분석한다.

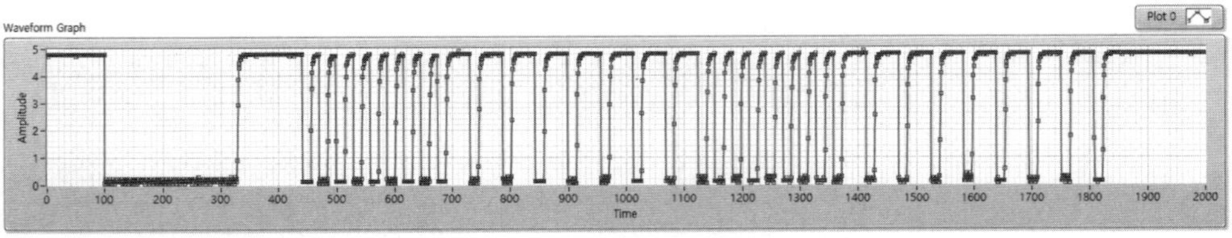

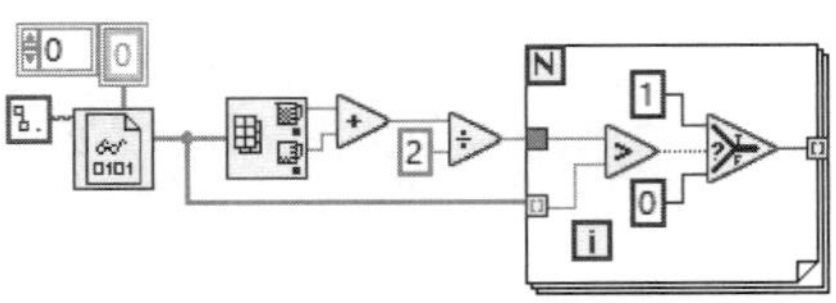

저장 파일에서 실수 배열을 모두 읽어들이고, 최대값과 최소값을 더한 뒤 2로 나눠 중간값을 찾는다. 배열 값을 이 중간값과 비교해 크면 '1'로 작으면 '0'으로 바꿔 배열로 저장한다.

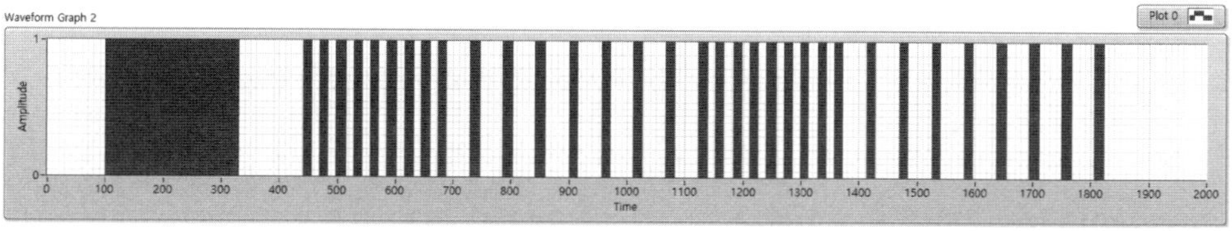

처음 켜지고 꺼진 두 사각형 가로 길이는 각각 9, 4.5 ms를 가리킨다. 높이는 뜻이 신호가 있고 없음만을 뜻한다. 빛이 켜지기 시작하는 곳, 즉 0에서 1로 바뀌는 곳과 꺼지는 곳, 즉 1에서 0으로 바뀌는 곳은 신호 배열에서 첫 행을 빼면, 1 행은 0 행으로, 2 행은 1 행으로 옮겨간다. 이제 이 옮긴 배열과 원래 배열을 빼면, 증가 값을 볼 수 있다.

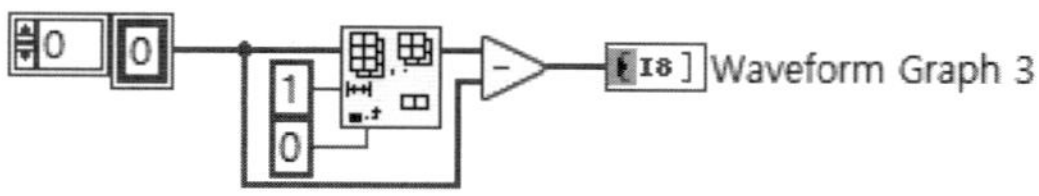

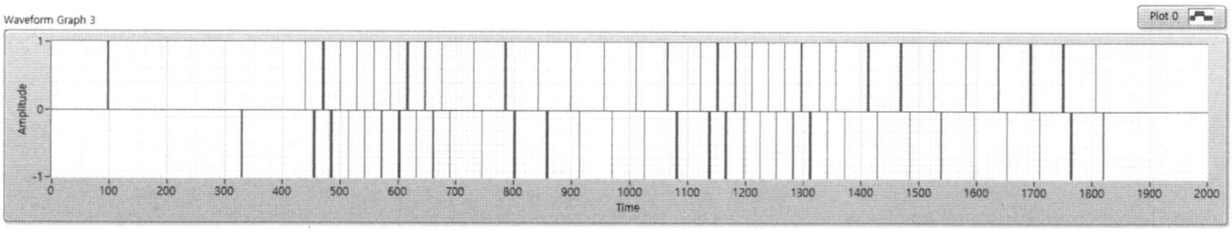

이 값이 처음 '1'이면 처음 빛이 켜지는 때이고, 이 앞 부분은 트리거 앞이다. 다음 '-1'이 나오면, 빛은 꺼지고, 4.5 ms 동안 꺼져 있고, 다시 '1'이 나오면서 빛이 켜진다. 다음 '-1'까지는 빛이 켜지는 데, 이 간격은 다음 '1~-1'까지 모두 같다. '-1'에서 '1'까지 꺼져 있는 동안이 신호이고, 배열 요소 15개에 해당하는 시간은 0.6 ms이고, 'F'로 코드화하고, 41개에 해당하는 시간은 1.6 ms이고, 'T'로 코드화한다.

위 2,000 샘플에서 '1'과 '-1' 값 위치를 찾는다. <Search Unsorted 1D Array> vi로 위치를 찾는 데, 샘플 배열과 찾으려는 원소(1과 -1)를 넣고, 시작할 배열 위치를 입력하면, 시작 위치에서 첫 번째 찾은 배열 위치를 내준다.

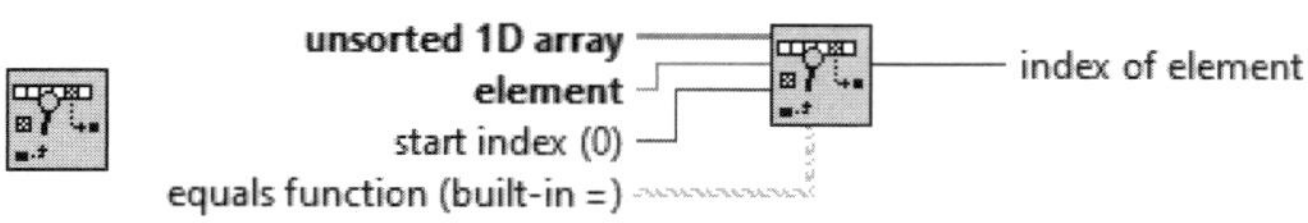

첫 번째 '1'을 찾으면, '99'를 내준다. '-1'은 '328' 번째 원소이다. 328번째 뒤로 '1'을 찾아, '440' 번째 원소를 찾고, 그 번호부터 '-1'을 순서대로 찾으면 차례대로 가리킴 수를 찾을 수 있다. 〈Search Unsorted 1D Array〉 vi는 마지막에 수를 못 찾으면 '-1'를 내놓으므로, 이 값이 나올 때까지 되풀이한다.

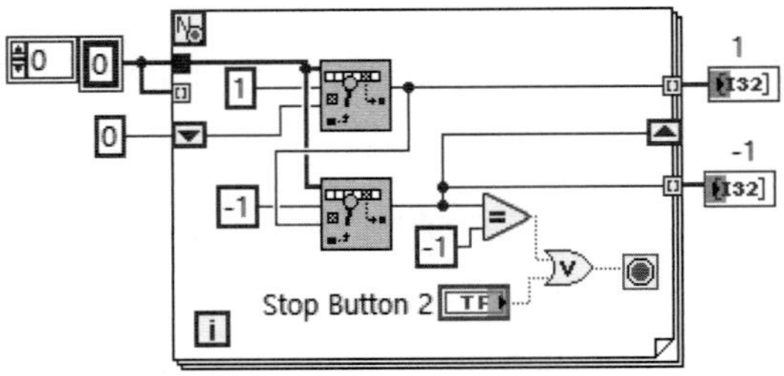

찾고 싶은 코드는 (440-328), (470-455), …이므로 '1' 배열에서 첫 원소 '99'을 지우고, '1' 배열에서 '-1' 배열을 빼면, 다음 결과가 나온다.

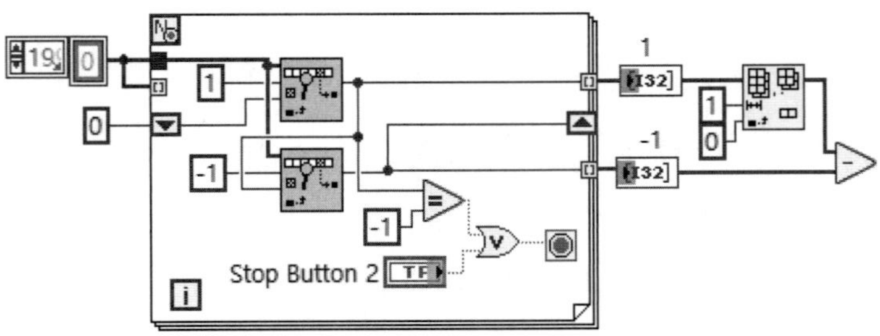

첫 원소는 '112'이고, 리드 코드를 뜻하고, 마지막 원소는 '-1822'인데, 마지막 LED 빛이 꺼진 곳을 뜻하고, 뜻이 없다. 그래서, 처음과 마지막 원소를 지우고 신호를 코드화한다.

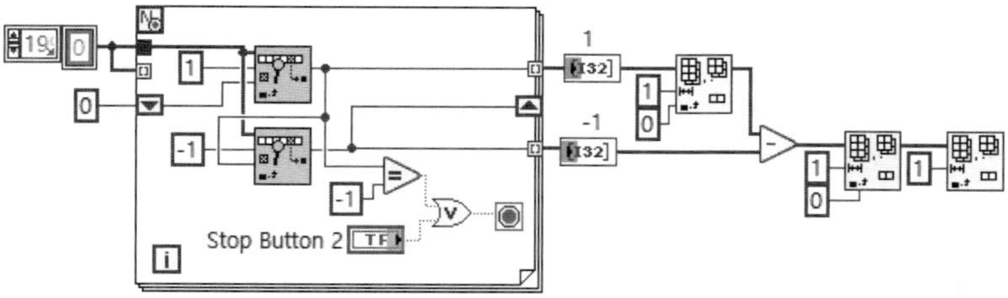

이 신호는 (14 또는 15)와 (41 또는 42) 값을 갖는 두 부분으로 갈린다. 이 값들이 '20' 보다 크면, 'T'로, 작으면 'F'로 바꾼다.

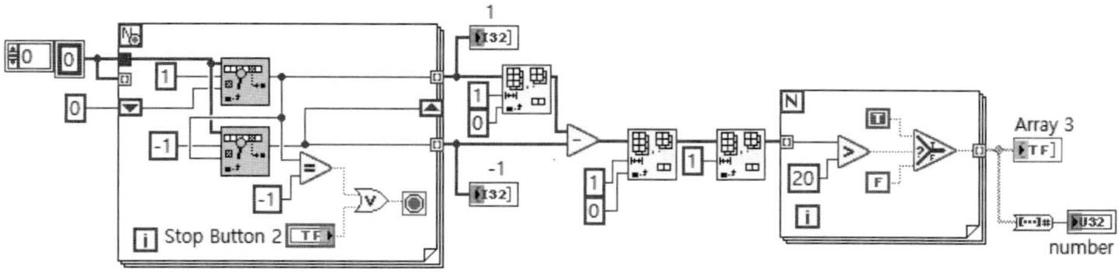

위 신호를 바꾼 코드 'Array 3'는 다음과 같다.

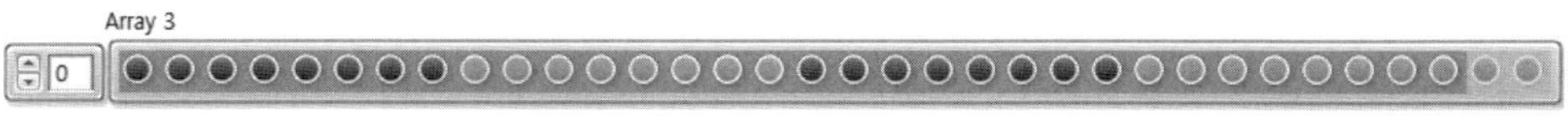

2진수로 1111/1111/0000/0000/1111/1111/0000/0000이다. 이 배열을 수로 바꿀 수 있다.

2진수 1111은 십진수 15이고, $15 \times 16^7 + 15 \times 16^6 + 15 \times 16^3 + 15 \times 16^2$=4,278,255,360이다.

13.9 신호 재생

600 μs 동안 LED를 켜고, 550 μs 동안 끄는 'F' 동작과, 600 μs 동안 LED를 켜고, 1,600

μs 동안 끄는 'T' 동작을 4,278,255,360 코드에 따라, 차례로 FFFF/ FFFF/ TTTT/ TTTT/ FFFF/ FFFF/ TTTT/ TTTT를 실행한다. 리모컨 신호이므로, 처음에 리드 코드와 마지막에 600 μs 동안 LED를 켜고, 끄는 동작을 하면 신호를 재생할 수 있다.

앞서 캐리어 신호는 38 kHz로 정했고, LED를 1/76,000초 동안 켜고, 1/76,000초 동안 끄면 38 kHz가 만들어진다.

리드 코드는 9 ms 동안 캐리어 신호를 보내므로, 76kS/s × 9ms = 684 S, 1과 0 신호 묶음을 342개를 보내고, 0 신호 342개를 보내면 4.5 ms 동안 빛이 꺼진 상태로 두어 리드 코드를 완성한다. 여기에서 '1' 신호는 아날로그 출력으로 내보낼 전압 값인데, 1.2~1.5 V가 알맞다.

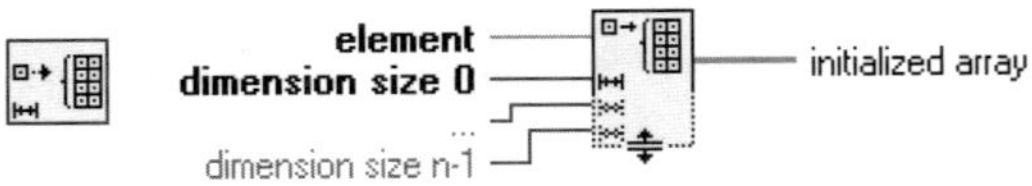

〈Initialize Array〉 vi에 원소와 길이를 입력하면, 모두 같은 원소로 배열을 만들 수 있다. LED를 켜는 1.5 V와 끄는 0 V 전압 값을 원소로 342개 원소를 가진 배열을 만든다.

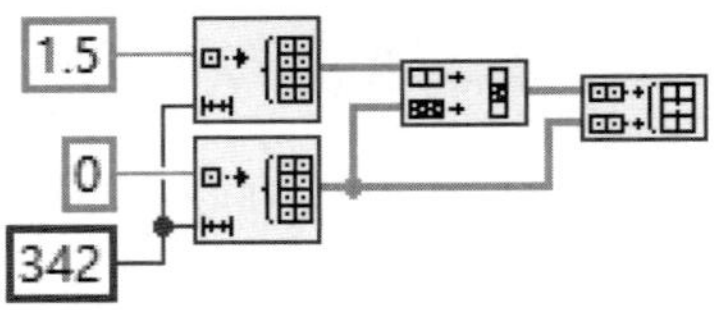

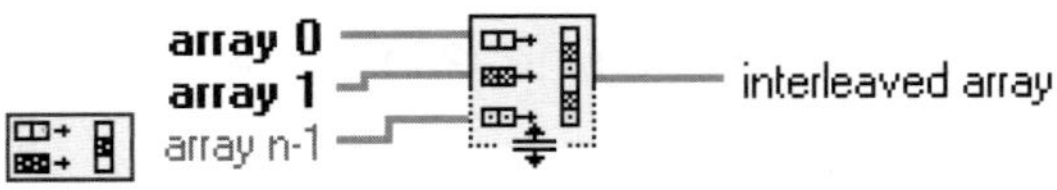

〈Interleave 1D Arrays〉 vi로 입력한 배열 원소들을 교차로 긴 1차원 배열을 만들 수 있다. 1.5와 0 V 배열을 교차로 원소 배열하면, 684개 원소로 캐리어 신호를 만들 수 있다.

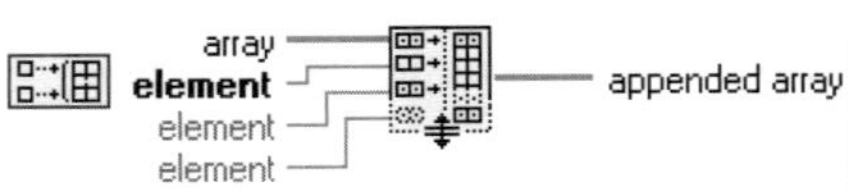

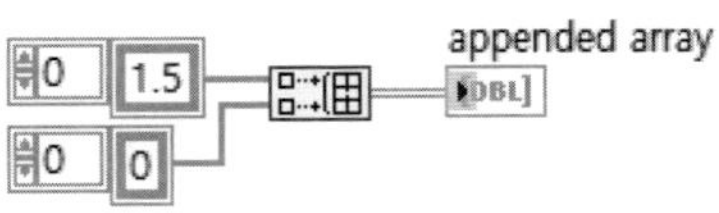

<Build Array> vi로 배열 둘 이상을 묶을 수 있는 데, 배열 차원이 늘어난다. 1차원 배열 둘을 묶으면 2차원 배열이 나온다. 여기에서 필요한 것은 차원을 더 넣는 것이 아니라, 캐리어 신호 배열 뒤에 꺼짐 배열을 이어 붙이는 것이다. 이 vi에서 오른쪽 클릭한 뒤 메뉴에서 'Concatenate Inputs'을 고르면, 이어 붙인 배열이 나오므로, 차원이 바뀌지 않는다.

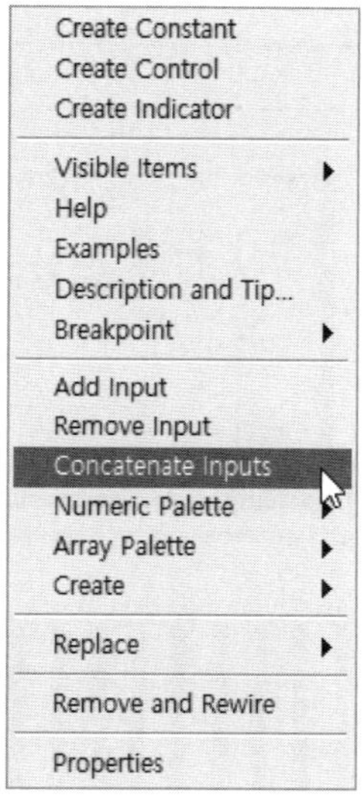

이제 리드 코드 완성했다.

만든 신호 코드에서 'F'는 15 S/(25 kS/s) = 0.0006s 동안 캐리어 신호를 보낸 뒤에 14 S/(25 kS/s) = 0.00056 s 동안 꺼진다. 76 kS/s 빠르기로 아날로그 출력하므로, 76 kS/s × 0.0006 s ≈ 46 S로, 1.5 원소를 23개, 0 원소를 23개 갖는 1차원 배열을 만들고, 원소 교차해서 배열을 만든 뒤, 0 원소를 76 kS/s × 0.00056 s ≈ 43 S개를 갖는 1차원 배열을 이어붙이기 한다.

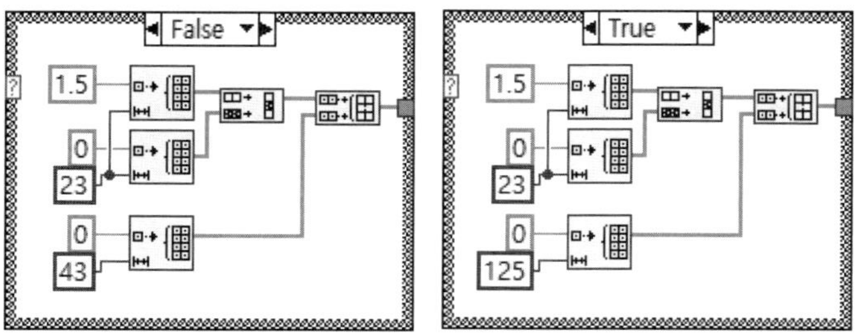

만든 신호 코드에서 'T'는 똑같은 캐리어 신호를 보낸 뒤에 41 S/(25 kS/s) = 0.00164 s 동안 꺼진다. 앞서와 같이, 캐리어 신호를 보낸 뒤, 0 원소를 76 kS/s × 0.000164 s ≈ 125 S개를 갖는 1차원 배열을 이어붙이기 한다. 신호 코드 마지막에 리모컨 신호 마지막을 뜻하는 비트 마크 신호를 한 번 붙여주면 신호는 완성이다.

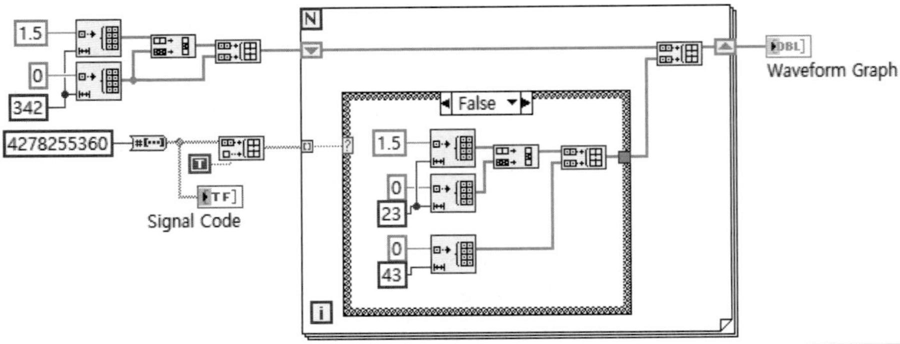

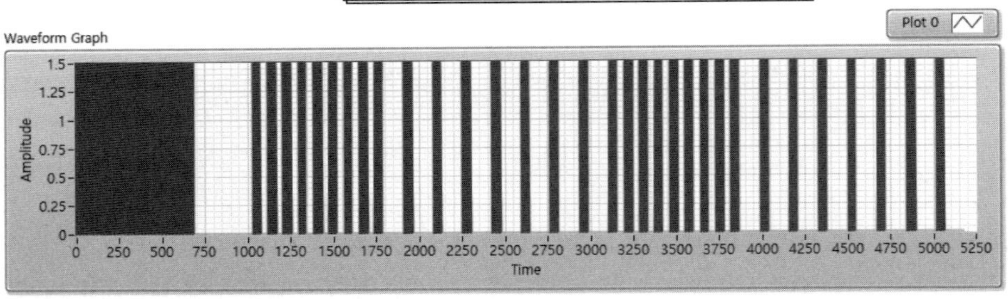

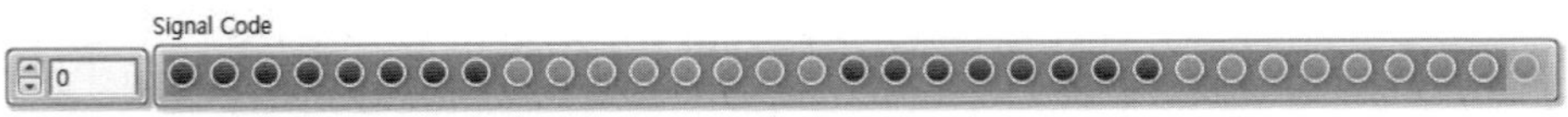

이제 이 신호를 아날로그 출력 프로그램 하고 실행하면, 리모컨과 같은 역할한다.

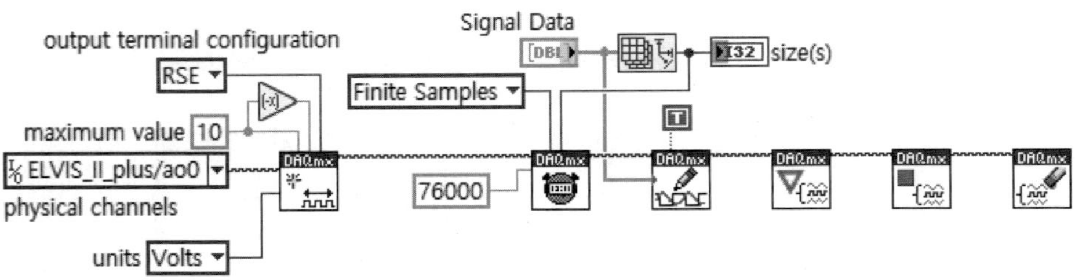

위에서 만든 데이터 신호를 아날로그 출력으로 내보낸다. 빠르기는 76 kS/s, 신호 배열 원소 수만큼 유한한 자료를 내보내도록 설정한다. vi를 실행하면, 바로 출력하도록 'auto start'를 'T'로 설정했다.

LabVIEW로 프로그래밍과 전자 회로 실험을 배우자

지은이 부상돈, 김현우
펴낸이 양오봉
펴낸곳 전북대학교출판문화원

초판 1쇄 인쇄 2024. 2. 24
초판 1쇄 발행 2024. 2. 29

전북대학교출판문화원 전북특별자치도 전주시 완산구 어진길 32 (풍남동2가)
전화 (063) 219-5319~5322
FAX (063) 219-5323
출판등록 2012년 8월 20일 제465-2012-000021호

값 20,000원

ISBN 979-11-6372-222-9 93420